全国网络安全与执法专业系列教材

网络安全与执法导论

徐云峰 王靖亚 邵翀 王斌君 编著

WUHAN UNIVERSITY PRESS
武汉大学出版社

图书在版编目(CIP)数据

网络安全与执法导论/徐云峰,王靖亚,邵翀,王斌君编著.—武汉:武汉大学出版社,2013.8(2021.1 重印)
全国网络安全与执法专业系列教材
ISBN 978-7-307-11343-5

Ⅰ.网…　Ⅱ.①徐…　②王…　③邵…　④王…　Ⅲ.①计算机网络—安全技术—高等学校—教材　②计算机网络—公安机关—行政执法—高等学校—教材　Ⅳ.①TP393.08　②D631

中国版本图书馆 CIP 数据核字(2013)第 154730 号

责任编辑:林　莉　　　责任校对:王　建　　　版式设计:马　佳

出版发行:**武汉大学出版社**　(430072　武昌　珞珈山)
(电子邮箱:cbs22@ whu.edu.cn 网址:www.wdp.com.cn)
印刷:武汉市宏达盛印务有限公司
开本:787×1092　1/16　印张:15.5　字数:390 千字　插页:1
版次:2013 年 8 月第 1 版　　2021 年 1 月第 8 次印刷
ISBN 978-7-307-11343-5　　定价:39.00 元

前　言

公安机关肩负着维护中国共产党的执政地位、维护国家长治久安、保障人民安居乐业的重大政治责任和社会责任。根据我国行政体系的职能划分，“预防、制止和侦查违法犯罪活动”①是国家赋予公安部门的神圣职责。在网络化的虚拟信息社会中，维护其稳定、安全，防、控、打各种新型的计算机犯罪是公安机关义不容辞的责任。

本书共分为7章。第1章（引论）描述了信息化的发展而形成的“虚拟社会”中各种技术安全、社会安全、网络犯罪等严重的形势，我国法律和国家赋予公安机关治理“虚拟社会”面临的巨大挑战和艰巨任务，以及网络安全与执法技术专业的知识体系结构。第2章（网罗天下）阐述了 Internet 网络、电信网络、电视网络、物联网络和三网合一等各种网络促进社会信息化情况，以及由于网络发展而促使的第四媒体和“虚拟社会”的发展变化情况。第3章（网安天下）阐述了管控“虚拟社会”涉及的法律、管理、技术、标准和伦理等方面的新挑战和亟待解决的问题。第4章（网管天下）阐述了微观层面的技术管理和宏观层面的行政管理内容。第5章（网情天下）阐述了“虚拟社会”中网情、舆情和情报等主要工作。第6章（网控天下）阐述了“虚拟社会”中突发舆情和安全事件的预防、控制与处置。第7章（网侦天下）阐述了网络犯罪以及侦查取证和检验鉴定等内容。

徐云峰负责本书的整体框架构思和设计。具体分工为：徐云峰和王斌君负责第1章的撰写工作，徐云峰和王靖亚共同负责第3、4、6章的撰写工作，徐云峰和邵翀共同负责第2、5、7章的编写工作。徐云峰负责整本书的统稿工作。

在本书出版之际，对关心和支持我们编写和出版工作的所有同志表示感谢。在本书的写作过程中，得到王斌君教授以及多位实战部门专家的悉心指导，在此对他们无私的帮助表示诚挚的感谢。

由于作者水平有限，欢迎大家多提宝贵意见。

作　者

2013年5月于北京

①中华人民共和国人民警察法（中华人民共和国主席令第40号），1995。

目 录

第1章　引　论

1.1　网络安全保卫的形势和任务

信息技术是 20 世纪最伟大的发明之一，随着计算机、计算机网络和通信等关键信息技术的飞速发展，计算机以从纯粹的科学计算领域，发展到工业控制、事务管理等广泛领域的应用，深入到政治、国防、外交、工业、金融、商业和教育等社会的方方面面，深入到人们工作、学习和生活的角角落落，正在深刻影响着人们的工作模式和生活方式，乃至整个社会的协作模式和结构。信息在社会发展和人民生活中的隐形和从属地位，逐渐变为显式的主导地位，信息与物质和能源一起构成当今社会的三大基础元素，已成为推动社会发展的巨大原动力。计算机和计算机的通信网络已发展成为现代社会的“中枢神经”，人类社会正在、已经、将来必将更加依赖于由计算机、计算机网络和通信网络构成的网络化的虚拟社会。

1.1.1　网络安全现状

然而，信息技术也是一把双刃剑，它在给人类带来文明、进步和便利的同时，也带来了新的安全隐患和威胁。敌对国家和组织利用计算机网络煽动国家分裂、民族仇恨，制造各种政治危机；网络上各种信息良莠不齐、鱼目混珠、泥沙俱下，流言蜚语、黄色信息充斥；敌对势力和黑客利用网络针对网络上的信息大肆进行攻击和各种破坏活动；网上信息的真伪难以辨认，在电子政务、电子商务和网上银行等各类社会活动中数据的真实性、可靠性无法保障，各种合同等纠纷层出不穷；计算机病毒肆意泛滥，严重影响了信息化社会的正常运转和健康发展；在虚拟的“网络空间”中也滋生一种新型的计算机犯罪，犯罪分子利用高科技手段，大肆窃取国家机密，涉及金融犯罪的数量剧增、数额巨大，产生了严重的社会危害。由于我国关于计算机犯罪的法律法规尚不健全，对计算机犯罪的防御、控制、侦查取证、定罪量刑等尚待研究，这方面的专业技术人才严重匮乏。在网络化的信息社会中，国家机密、企业秘密和个人隐私的保护显得尤为重要，信息化社会中的这些安全问题使国家安全、社会安全面临新的严重挑战。网络化空间（称为“领网”）已经继领地、领海、领空之后，成为国家安全的重要组成部分，备受各国政府和人民的关注，它是国家意志、政府行为的体现，必须引起高度重视，需要全社会的广泛参与。

1.1.2　公安机关对网络安全保卫的神圣职责

公安机关肩负着维护中国共产党的执政地位、维护国家长治久安、保障人民安居乐业的重大政治责任和社会责任。根据我国行政体系的职能划分，“预防、制止和侦查违法犯罪活动”①是国家赋予公安部门的神圣职责。维护网络虚拟社会的稳定、安全，防、控、打

①中华人民共和国人民警察法（中华人民共和国主席令第 40 号），1995。

各种新型的计算机犯罪是公安机关网络安全保卫部门必须深入研究和探讨的问题。

为适应信息化社会的发展要求，公安部党委根据国家赋予公安机关的事权，以邓小平理论和“三个代表”重要思想为指导，全面落实科学发展观，牢固树立政权意识，认真研究了信息化技术对未来社会的影响，分析了新形势下国家安全和社会安全的新要求，以及各种传统犯罪在信息化社会的新特点，及时作了战略部署，成立了公共信息网络安全监察警种，建制从公安部到省公安厅（局）到地市局的公共信息网络安全监察局、处、科等组织机构，以网上侦察和情报信息为主线，以监督管理和技术手段为支撑，以有效控制网上有害信息传播和恶意操作、有效防止网上组织策划非法活动和组党结社、有效打击网络违法犯罪、有效保障信息网络安全为目标，不断加强专业队伍、专业手段、专门知识和专门机制，不断提高网上发现处置、侦察打击、主动进攻和防范控制能力，争取网上斗争的掌控权和主动权，全面开展公共信息网络安全监察工作。

1.2 网络安全保卫工作的光辉历程

网络安全保卫部门以维护国家安全和社会政治稳定为首任，以网上侦察情报为主线，充分发挥安全监察管理和网络技术手段两个优势，及时发现、严密侦控、有效防范、依法打击境内外敌对势力、敌对分子以及各种违法犯罪分子利用网络进行的各种煽动、渗透和破坏活动。通过 20 多年的网上斗争和历练，网络安全保卫部门职能不断明确、队伍不断充实、法律法规不断完善、信息网络控制能力不断增强，网络安全保卫警种也已经成为公安部机关开展网上斗争，维护信息化的虚拟空间安全，乃至国家安全和社会稳定的重要力量。

1.2.1 网络安全保卫部门的发展

1983 年 9 月，国务院批准公安部成立计算机管理监察司。同年末，计算机管理监察司改名为计算机管理监察局（公安部第十一局），标志着公安机关正式肩负起计算机管理和监察任务。

1988 年 12 月 21 日，公安部印发了《全国公安计算机安全监察工作会议纪要》，要求各省、自治区、直辖市公安厅、局迅速建立起一支公安计算机安全监察队伍，为全国计算机管理和监察工作提供组织保障。

1998 年 9 月，经中编办批准，公安部原计算机管理监察局改名为公共信息网络安全监察局。其主要职责是：指导并组织实施公共信息网络和国际互联网的安全保卫工作；掌握信息网络违法犯罪动态，提供计算机犯罪案件证据；研究拟定信息安全政策和技术规范；指导并组织实施网络安全监察工作。

2001 年，经部领导批准，政治部做出了《关于同意十一局调整内设机构职能的批复》（公人[2001]273 号），将十一局的职责调整为：指导并组织实施公共信息网络和国际互联网的安全保护工作；指导并组织实施信息网络安全监察工作；参与研究拟定信息安全政策和技术规范；依法查处在计算机网络中制作、复制、查阅、传播有害信息和计算机违法犯罪案件；依法按照严格的批准手续，对计算机信息网络中的特定对象和目标实施技术侦察。

2002 年 4 月，公安部召开全国公安公共信息网络安全监察工作会议，进一步明确了公共信息网络安全监察部门是以网络技术为主要手段，集情报收集、侦察监控、打击犯罪和防范管理于一体的综合实战部门。

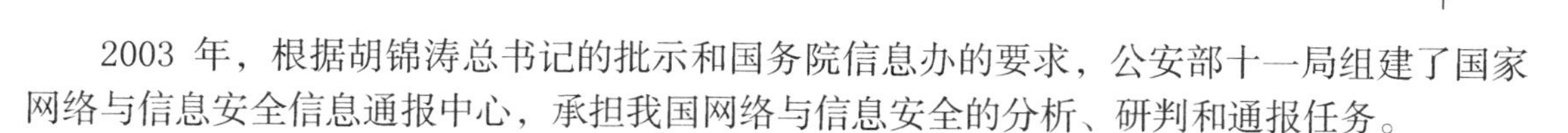

2003 年，根据胡锦涛总书记的批示和国务院信息办的要求，公安部十一局组建了国家网络与信息安全信息通报中心，承担我国网络与信息安全的分析、研判和通报任务。

根据 2003 年中央 27 号文和 2004 年召开的国家信息安全会议精神，公安部公共网络信息安全监察局将负责全国的国家信息安全等级保护工作，承担信息安全等级保护的实施，并肩负相关的监督检查任务。

1.2.2 网络安全保卫部门的职能定位

从 1983 年公安部计算机管理监察司成立，到今天的公共信息网络安全监察局，在公安部党委的正确领导下，开创了我国信息化社会中“网上斗争”的先河，针对技术和形势的变化，不断调整工作重点，明确工作思路，确立了公共信息网络安全监察部门是我国开展网上斗争实战部门的职能定位：

开展互联网信息监控和处置，及时发现、处置网上反动、有害信息和煽动破坏活动；

依法加强信息网络安全监督管理，监督、检查互联网安全管理制度和安全保护技术措施落实情况，维护信息网络安全秩序；

防范和查处针对信息网络的违法犯罪和主要违法犯罪行为信息网络中实施的其他违法犯罪，协助查处利用信息网络的违法犯罪；

建设、管理和使用互联网侦控手段，依法对网上特定对象、特定目标和特定信息展开技术侦察；

开展网上舆情控制工作，防止网上恶意炒作影响社会稳定；

监督、检查、指导重要信息系统的信息安全等级保护工作，承担国家网络与信息安全的信息通报任务。

公共信息网络安全监察部门认真落实了胡锦涛总书记、温家宝总理和罗干等中央领导同志关于网上斗争的一系列重要指示精神，经过 20 多年的艰苦创业和开拓进取，公共信息网络安全监察部门能适时分析网上斗争形势，及时提出应对措施，不断总结经验，取得了骄人的成绩。

公共信息网络安全监察部门的机构不断完善，队伍不断扩大。全国所有的各省（自治区、直辖市）公安厅（局）和地公安局，以及三分之二的大中城市均设立了公共信息网络安全监察机构。全国公共信息网络安全监察民警超过 4500 人，这支年轻的队伍，文化层次较高，年龄结构合理。

加强网上斗争技术手段和装备，网上斗争能力进一步加强。通过网上斗争技术手段的研制和大规模的装备，使得获取网上案件线索、挖掘情报、预防和发现犯罪、阵地控制、获取证据、协助侦查办案等方面的能力极大提高，为公安机关精确打击、有效打击各类网上犯罪发挥了重要作用。

公共信息网络安全监察部门通过互联网信息监控、舆情控制和情报侦察，基本能控制网络上信息和舆情的主动权，净化了网络空间，维护了信息化社会的秩序，维护了国家安全和社会政治稳定。

在全国实行计算机信息系统等级保护。对全国涉及国家安全的重要领域和重点单位的计算机系统实行等级保护，增强了其信息安全的防御能力和管理能力。根据国家赋予公共信息网络安全监察部门的事权，依法对这些单位的信息系统等级保护工作进行监督、检查和指导，降低了信息安全事件的风险，有效地确保了国家重点领域和重点单位信息系统的安全。

2002年以来，网络安全保卫部门年均办案上万起；集中力量打击淫秽色情网站和网络赌博等专项活动；协助有关业务部门开展命案侦察、网上追逃、“两抢一盗”等活动，破获了一大批重、特大案件，有效打击了计算机和其他各类违法犯罪活动，维护了信息化社会的公共秩序，保障了国家安全和社会政治稳定。

1.2.3 网络安全保卫部门的光辉业绩

1. 加强对策研究，信息安全监察法律法规不断完善

信息化社会需要计算机互联、互通、互操作，以便信息共享与交换，单位和部门内部需要互联互通的计算机局域网，单位和部门之间、国家内部不同地域之间都需要互联互通的计算机广域网和城域网，之至最大的全球范围内的国际互联网。人们在互联互通的网络上，可以便捷地办公、学习和娱乐，传统的社会协作和工作模式发生了本质性的变化，电子政务、电子银行、电子商务、电子教育等应运而生，形成了以计算机快速计算和大量存储信息，以网络快速传递信息为特征的虚拟化信息社会。

在网络化的虚拟世界中，存在着国家利益、集体利益和个人利益，需要通过法律的方式平衡和协调它们之间的关系，维护信息化社会的正常秩序；存在着国家机密、企业秘密和个人隐私等需要保护的信息;几乎所有传统的犯罪形式都在信息社会中存在各种新的表现形式，需要法律适度地惩治犯罪活动，保护合法权益人的利益，维护网络社会的稳定，保障网络社会持续、有序的发展。

面对信息化社会的新形势，网络安全监察部门及时研究新问题、新情况，借鉴信息化发达国家的教训和先进经验，采取相关的对策，除了技术和管理的保障意外，不断出台各种适宜的法律、法规和部门规章，通过法律从国家层面和宏观层面对信息化社会生活进行有效调控，对信息化社会的各种社会资源进行第一次分配，对信息化社会中人的行为进行规范，有力地保障了信息化社会的稳定。通过这些年不断的努力，已经建立起了一套适合我国国情的、较完备善的法律法规和部门规章。

1982年12月第五届全国人大第五次会议通过了《中华人民共和国宪法》，相关条款规定了维护国家安全，维护社会秩序；制裁危害社会的违法犯罪活动；保护通信自由和通信秘密；保守国家秘密；保护公民、法人和其他组织的合法权益等与信息安全相关的内容。《中华人民共和国宪法》是我国制订相关信息安全法律法规的根本和依据。

1994年，经过公共信息网络安全局近十年对信息化社会的深入研究和酝酿，促成了我国第一部关于信息化社会的法规《中华人民共和国计算机信息系统安全保护条例》(中华人民共和国国务院147号令)的出台。该条例明确规定我国的信息系统的建设和管理应该实行安全保护，特别是涉及国计民生的国家事务、经济建设、国防建设和尖端科学技术等重要领域的计算机信息系统的安全保护。具体的保护制度包括：安全等级保护制度、国际联网备案制度、计算机媒体出入境制度、安全枪支报告制度、计算机病毒和有害信息专管制度以及信息安全专用产品销售许可制度。该条例还明确了公安机关对危害计算机信息系统安全的违法犯罪安全进行依法查处。该条例针对我国当时和未来可能存在的信息安全隐患和对社会带来的危害，较全面地规范了信息化社会中各方的利益和责任，明确了公安机关对信息化社会的安全保监督、检查、指导以及对计算机犯罪实施打击的职责。该条例对我国的信息化建设和信息化社会的安全智力方面具有划时代的历史意义。

1997年3月14日第八届全国人大第五次会议修订了《中华人民共和国刑法》，增补的第

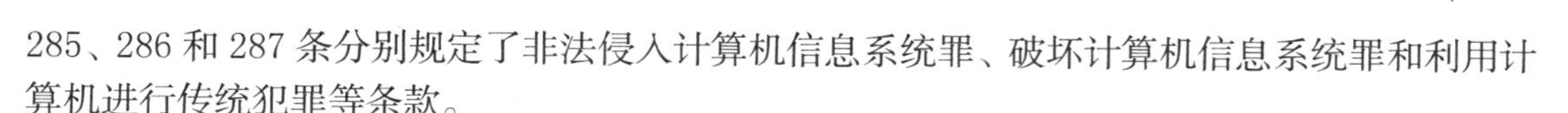

285、286 和 287 条分别规定了非法侵入计算机信息系统罪、破坏计算机信息系统罪和利用计算机进行传统犯罪等条款。

1995 年 2 月 28 日第八届全国人民代表大会常务委员会第十二次会议通过了《中华人民共和国人民警察法》,将人民警察监督管理计算机信息系统安全保护的责任明确写入了人民警察法中。

针对国际联网在我国的迅速发展及其对社会的影响，公共信息网络安全监察局及时研究了相关的对策，促成发布了《中华人民共和国计算机信息网络国际联网管理暂行规定》(1996 年)、《计算机信息网络国际联网安全保护管理办法》(1997 年，国务院令第 195 号)、《互联网信息服务管理办法》(2000 年，公安部)、《互联网上网服务营业场所管理办法》(2001 年，信息产业部、公安部、文化部、国家工商行政管理总局)、《计算机信息网络国际联网安全保护管理办法》(1997 年，公安部)等一系列的行政法规和部门规章。这些行政法规和部门规章对国际联网上国际出入口信道提供单位、互联单位的主管部门或者主管单位、互联单位、接入单位及使用计算机信息网络国际联网的个人、法人和其他组织的行为进行了规范，对从事信息服务和上网服务单位的责任和义务进行了规范，明确了互联网上的五类危害活动：煽动抗拒、破坏宪法和法律、行政法规实施的；煽动颠覆国家政权，推翻社会主义制度的；煽动分裂国家、破坏国家统一的；煽动民族仇恨、民族歧视，破坏民族团结的；捏造或者歪曲事实，散布谣言，扰乱社会秩序的；宣扬封建迷信、淫秽、色情、赌博、暴力、凶杀、恐怖，教唆犯罪的；公然侮辱他人或者捏造事实诽谤他人的；损害国家机关信誉的；其他违反宪法和法律、行政法规的等九类威胁信息。具体规定了未经允许，进入计算机信息网络或者使用计算机信息网络资源的；未经允许，对计算机信息网络功能进行删除、修改或者增加的；未经允许，对计算机信息网络中存储、处理或者传播的数据和应用程序进行删除、修改或者增加的；故意制作、传播计算机病毒等破坏性程序的；其他危害计算机信息网络安全的等。这些法规和部门规章对促进国家互联网的健康发展、净化网络空间起到了积极的促进作用。

公共信息网络安全监察局针对我国信息安全产品技术水平参差不齐、国外信息安全产品可能存在安全隐患、信息安全市场管理无序等局面，1997 年 12 月，促成发布了《计算机信息系统安全专用产品检测和销售许可管理办法》(1997 年，公安部)，通过对信息安全专用产品的检测要求，促进了我国信息安全技术的规范化发展；通过对信息安全专用产品的市场准入制度和销售许可，规范了信息安全产品的市场，提高了国家对信息安全行业的监管力度和整体管理水平。

随着软件产品在信息化中的地位越来越重要，为了保护软件这类特殊信息产品的知识产权，调节软件在开发、传播和使用中各方的权益，公共信息网络安全监察局促成发布了《计算机软件保护条例》(2001 年，公安部)。该条例界定了软件产品，规定了软件产品的相关法律责任，规范了软件制作和使用的合法行为。

计算机病毒从最初的游戏演变为单机病毒、网络病毒，从最初的破坏计算机软硬件资源演变为破坏网络资源、盗窃信息系统的敏感信息，截至目前为止，计算机病毒是对信息化社会构成的最大威胁之一。面对日益猖獗的计算机病毒肆虐，公共信息网络安全监察局研究并促成发布了《计算机病毒防治管理办法》(2000 年，公安部)，进一步细化了国务院 147 号令中关于计算机病毒的相关条款，界定了计算机病毒；明确了公安机关主管全国计算机病毒防治的管理工作；严令杜绝任何单位和个人不得制作、传播计算机病毒，及其相关的法律责任；规定了相关责任单位关于计算机报警、检测、治理的权利和义务。

除了上述一些法律、法规和部门规章以外，公共信息网络安全监察局还促成公安部与其他部委联合发布了一系列部门规章，如:《金融机构计算机信息系统安全保护工作暂行规定》等；制定了一系列关于国家法律法规具体操作的实施意见和规范性文件，如:《贯彻落实国务院办公厅关于进一步加强互联网上网服务营业场所管理通知的意见》、《关于对“中华人民共和国计算机信息系统安全保护条例”中涉及的“有害数据”问题的批复》等。

“法网恢恢，疏而不漏”。通过上述的公安机关信息网络安全监察部门直接和参与的立法活动，从法律角度确立了信息网络安全监察部门的法律地位和职责，填补了我国关于信息化社会法律法规的一些空白，有利地震摄了信息化社会的各种犯罪活动，规范了信息化社会的行为。尽管这些法律法规还不够完善和细致，但这些法律法规与国家的其他法律法规一起勾勒出了我国对信息化社会治理的基本框架，有力地保障了我国现阶段信息化社会的秩序和可持续发展，维护了国家安全和信息化社会的稳定和治理，为进一步的发展打下了坚实的基础。

2. 加强网络空间的治理，牢牢掌控制网络权

继广播、电视之后，网络被称为第三大媒体，成为了人们信息发布和获取的主要平台。而且，与广播和电视相比较，鉴于计算机网络的可交互性，任何人可以在任何地点、任何时间访问网络上任何国家和地区的信息，信息获取更加方便、灵活，计算机网络已成为当今世界最主要的信息发布和获取渠道。各国政府将虚拟化社会的制网络权、制信息权均放在国家安全、社会安全的战略高度加以重视，纷纷制定了相关的管理办法。网络舆情的管理是我国公安机关管理信息化社会面临的新问题，对公安工作提出了新的挑战。

公共信息网络安全监察部门按照党中央、国务院、人民的要求，肩负起历史的责任，积极开展相关工作，掌控网络基础设施的基本情况和网上舆情，开展网络情报收集和研判，加强网上有害信息的治理能力和网上突发事件的处置能力，净化了网络空间，有效保障了我国信息化虚拟社会的健康有序、可持续发展， 有力地促进了虚拟社会的稳定，乃至整个社会的稳定和国家安全。

（1）加强互联网单位的监督管理能力

国际互联网是最大、最广泛使用的公共信息网络，对互联网单位的监督管理是治理网络空间的基础性工作。中国的互联网从20世纪80年代开始，90年代开始大规模建设，进入21世纪后得到飞速发展，截至2007年年底，中国已有2.1亿国际互联网用户，网民数量仅次于美国的2.15亿人，位于世界第二；基础资源方面，中国的IP地址数达到1.35亿个，中国域名总数是1193万个，中国网站数量已有150万，中国网页总数已经有84.7亿个[①]，中国互联网国际出入口带宽数达到368，927Mbps；互联网服务提供商（Internet Service Proxy，ISP）单位、互联网内容服务提供商（Information Service Proxy，ICP）的数量急剧增加；中国家庭上网计算机数为7800万台；网吧数量超过10万2千个[②]，有7119万人选择在网吧上网；博客用户3000多万个。对于中国如此巨大互联网单位、网民和网页信息量，互联网监督管理任务之艰巨可想而知。加强互联网空间的治理，规范人们在网络空间的行为，是国家赋予公共信息网络安全监察部门的事权，是社会和人们对公共信息网络安全监察部门的企盼，是公共信息网络安全监察部门义不容辞的责任。

---

① 数据来源：第21次中国互联网络发展状况统计报告，http://www.cnnic.org.cn.

② 数据来源：公共信息网络安全监察业务管理指挥教程。

面对复杂多变的互联网环境和巨大的互联网安全管理工作，公共信息网络安全监察局借鉴公安机关对现实社会的"群治群防、综合治理"管理经验，制定了"谁主管、谁负责，谁经营、谁负责，谁运营、谁负责"的国际互联网监督管理指导方针，充分调度网络运营商、信息服务商、联网单位和广大网民的积极性和主动性，构建全社会共同参与、群治群防的公共信息网络安全监督管理工作新局面，实现了对信息化网络空间的综合治理。

首先，依据《中华人民共和国计算机信息系统安全保护条例》（国务院第147号令）、《中华人民共和国计算机信息网络国际联网管理暂行规定》（国务院第195号令）、《计算机信息网络国际联网安全保护管理办法》（公安部第33号令），公安部相继颁布了《关于规范"网吧"经营行为坚强安全管理的通知》、《贯彻落实国务院办公厅关于进一步加强互联网上网服务营业场所管理通知的意见》、《公安部关于加强互联网上网服务营业场所安全管理工作的通知》、《公安部关于执行"计算机信息网络国际联网安全保护管理办法"中有关问题的通知》、《公安部关于加强政府宣传网站安全保护管理工作的通知》、《公安部关于严厉打击利用计算机技术制作、贩卖、传播淫秽物品违法犯罪活动的通知》等一系列部门规章，加强对互联网接入服务单位即（ISP）、互联网数据中心 IDC）、互联网信息服务单位即（ICP，包括网站、聊天室、论坛、搜索引擎、电子邮件、互联网娱乐平台、点对点服务、短信息、电子商务、网上音视频、声讯信息等服务单位）、互联网联网单位和个人、互联网上网服务营业场所（包括网吧、电脑休闲室等）的备案管理，备案率逐年升高，从而对我国的互联网上各种单位及其基本情况做到"底数清、情况明"；督促这些单位依据相关规定制定本部门的安全管理制度，对重点单位、重点部门和安全管理薄弱环节实施集中整治。例如，2002年，文化部、公安部、信息产业部、国家工商总局联合发布了《关于开展"网吧"等互联网上网服务营业场所专项治理的通知》等，这些措施有力地提高了互联网单位的安全管理能力。目前，全国互联网单位绝大部分落实了安全组织和安全责任制；指导这些单位采用相关的安全技术措施和对各种信息资料的安全管理，指导这些单位制定突发安全事件和事故的应急处置方案，要求信息服务单位严格实施用户登记制度和内容审查制度。互联网备案、互联网单位安全制度、信息服务单位的用户登记和内容审查制度从源头上加强了互联网的安全，是公共网络安全监察机关全面开展互联网安全管理的基础性工作。

其次，按照法律和相关规定赋予公共信息网络安全监察机关的事权，全面展开对互联网单位的监督检查工作。通过及时检查互联网备案单位定期报送的数据，掌握本地 ISP、IDC、ICP 等联网单位的运行情况和网络拓扑变化情况；通过定期日常检查、不定期抽查和专项检查等方式到互联网单位实施检查，以及加强联系、便民服务、组织宣传教育和培训、技术监管和整改查处等多种方式，加强对互联网单位安全管理的监督，将隐患消除在萌芽状态，减少安全损失。公共网络安全监察机关实行"7×24"小时值班制度，及时处置各类信息网络上的各种突发事件和事故。同时，加大单位安全事件的执法和处罚力度，确保互联网单位按照规定加强和维护其信息系统的安全。

（2）开展网上舆情监督管理和情报工作

网上舆情监督管理工作坚持把维护国家安全和社会稳定放在首位，为国家的经济建设和改革开放营造一个良好的虚拟社会环境。当前，互联网日益成为西方敌对势力对我进行反动宣传的"主渠道"，颠覆破坏的"主阵地"，渗透、颠覆的"主战场"，他们利用互联网宣传西方意识形态、价值观念，妄图用看不见的硝烟，与我争夺群众；密切关注境内的热点问题和突发事件，插手民间的"维权"活动，妄图使之发展成"中国民主进程的突破口"，他们直接进行网络攻击、网上窃密、网上策反等活动；境内外的“法轮功”、“三股势力”、“民运”在网络上活动猖獗；网络上各种流言蜚语、造谣欺骗泛滥、充斥，各种黄色等有害信息良莠不齐、泥沙俱下，使得在网络化的虚拟社会中防范“西化”、“分化”和各种有害信息的任务更加艰巨。同时，随着我国改革开放进程的加快，经济体制、社会结构、利益格局的深刻变化，使得人们思想活动的独立性、选择性、多变性和差异性明显增强，互联网已经成为各种社会群体表达利益诉求的重要、主要平台，各种社会矛盾和热点问题通过互联网的放大、扩散，网上不和谐因素极易成为影响社会和谐的导火索，及时发现问题、疏导网络舆情、化解矛盾也是公共信息网络安全监察部门面临的重大课题。

公共信息网络安全监察部门面对新形势、新任务，锐意进取，积极开拓，加强网络舆情的监督检查工作，逐步从不适应走向有所适应，从完全被动扭转到有一定的主动权，探索了许多新做法，取得了许多新经验，开创了公共信息网络舆情监控管理工作的新局面。

首先，积极推动制定了《计算机信息网络国际联网安全保护管理办法》、《互联网信息服务管理办法》、《中华人民共和国计算机信息网络国际联网管理暂行规定》、《互联网新闻信息服务管理规定》等一系列法律法规和部门规章，规范了网络上人们的行为，明确了各方参与人的责任和义务，同时，也使得公共信息网络安全监察民警执法活动有法可依、有章可循。

其次，在公共信息网络安全监察部门建立了专门的网络安全监控组织机构和信息安全通报中心，对网上舆情的日常监督管理的提供组织保障，对重大信息安全事件和国内外信息安全技术发展的重大动态进行编报，直接对国务院信息办负责，为高层的决策提供依据。

再次，公共信息网络安全监察民警根据上述法律、法规和部门规章，积极及时收集敌情、社情和民情信息，包括：反动言论、维护社会秩序、淫秽色情、暴力赌博等违法信息，重大政治活动、重要事件等社会热点和网上动态信息，计算机病毒、黑客攻击和其他信息安全事件以及最新信息安全技术发展情况等信息，以及各种专题、专项信息等，对这些信息进行分类汇总、统计分析和情报研判，为进一步的网上情报工作提供丰富的情报源，为及时治理网上有害信息提供基础保障，增强网上有害信息的治理能力。

然后，积极探索各种形式的网上斗争模式和监控措施，推行“双责任制”（运营单位和监督管理单位共同负责），开展“两快两多”（对网上有害信息发现快、处置快，对网上非法犯罪受理举报多、立案侦查多）的活动；在互联网上推行“虚拟警察”，对虚拟社会实施 24 小时上网巡查；建立“虚拟社区”，实行属地化管理，对本地网站、网页定期巡查，加大对重点对象的监控力度，在突发事件和特殊、敏感时期实行重点目标的实时监控；建立网上舆情情报的分析研判机制，规范情报分析流程；建立有害信息的发现和处置流程，对有害信息采取删除、过滤、临时断网、封堵、通报移交和上报等措施，有力地遏制了网上有害信息的传播和蔓延，净化了网络空间。

面对互联网上非法从事组党结社、政治渗透、反动宣传、煽动民族仇恨、分裂祖国的活动，互联网上各种有害信息泛滥和网上各种影响社会稳定的热点问题，公共信息网络安全监察部门开展网上舆情监督管理和情报工作以来，成效显著。仅 1998 年，各级公共信息网络安全监察机关重点监控境外杂志、报刊、论坛、宗教网站等站点 300 余个，监控信息 1.5 万条，不少信息受到上级领导和有关部门的高度重视。2007 年，发现可能影响社会稳定的网上情报 200 多起，通过及时上报、及时处置、及时疏导等措施，“大事化小、小事化了”，避免了重大事故的发生，化解了社会危机和社会矛盾；通过及时删除、及时封堵、上报和处理，净化了网络空间，维护了虚拟社会的正常秩序。总之，公共信息网络安全部门通过对互联网上信

息的监控管理，有效地增强了公安机关对互联网上各种敌情、社情和民情的掌控能力，提高了执法能力和对虚拟社会的管理能力。

（3）提高网上突发事件的应急处置能力

人类的生产、生活已经越来越依赖于信息化构成的虚拟世界，虚拟世界中存在的各种突发事件，如网络攻击、计算机病毒等，将直接影响网络的正常运行和服务功能，将影响到社会稳定和经济发展的正常秩序；另外，现实世界的各类突发性群体性事件在网络上均有反映。十六届四中全会通过的《中共中央关于加强党的执政能力建设的决定》中明确要求：建立健全社会预警体系，形成统一指挥、功能齐全、反应灵敏、运转高效的应急机制，提高保障公共安全和处置突发事件的能力，而网上突发事件的应急响应是整个国家应急响应指挥体系的重要组成部分。为此，公共信息网络安全监察部门制定了网上突发事件应急处理的预案，设置网上突发事件应急处理和指挥的组织保障，规范网上突发事件应急处理和指挥的流程，在处置和指挥各类网上突发事件的应急响应方面做出了重要贡献，提高了网络虚拟空间的掌控能力和管理力度。

首先，针对网络空间中特有的突发性大规模网络攻击、大规模计算机病毒、突发性网络安全事件等，针对反映在网络空间上的突发规模性网上渗透破坏活动、利用社会热点和敏感问题、群体性事件在网上大规模炒作煽动活动以及恐怖、灾害、虚假信息在网上的恶意炒作，制定了三大类网上突发事件应急处置预案，包括工作原则、工作目标、工作措施和工作流程等，对不同程度、不同类型、不同部门网上突发事件制定相应的应急处置预案，防患于未然。

其次，成立了网上突发事件应急处置领导和组织机构，提高了组织能力和协调指挥能力。建立了以各级公安公共信息网络安全监察部门为核心的网上应急指挥领导班子和组织机构，全面掌控网上突发事件的动态，研判有关情报，上报有关情况，协调各方力量，指导有关单位做好善后处理工作。强有力的领导和组织行为是应对网上突发事件的有力保障。

再次，建立网上突发事件应急处置和指挥的工作机制。建立发现预警机制，通过网上监控、侦控、巡查和广大网民举报等，加强网上突发事件情报信息的获取能力；建立分析研判机制，加强情报分析方法和应用研究，建立与相关警种的联系和互动，提高决策的科学性和准确性；建立报告和通报机制，通过公共信息网络安全监察部门内部、与其他警种和社会联动的报告与通报机制，提高应急响应的协同能力和处置能力。

近年来，通过网络安全保卫部门的不懈努力，及时有效地处置了大量网上突发性事件，防止了突发网络安全事件的灾难性后果，化解了由此带来的各种社会矛盾。

3. 增强网络安全防范能力，不断推动我国计算机信息系统安全等级保护工作

信息化社会需要计算机“互联、互通、互操作”，以便交换信息和共享信息，实现信息的再利用和再创造。网络化的信息社会已经成为人类社会的重要组成部分，计算机网络已成为整个社会的“中枢神经网络”，处于基础性和关键性的地位。然而，在当今经济全球化和我国加入 WTO 的大背景下，不设防的信息系统和网络的无边界性，使得网络上的国家机密、企业秘密和个人隐私等信息安全问题日益严重。信息安全体现的是国家意志、政府行为，需要全社会广泛参与。信息安全是一项十分复杂的巨系统工程，需要从技术、管理和法律等各个层面进行全面的系统化的安全保障。

（1）信息安全等级保护的意义

事物发展有其内在的规律，信息社会的信息安全保护也必然有其内在的规律，只有研究、掌握并遵循其内在规律，才能做好信息安全保护工作。信息的重要程度不同、信息所处部门的重要程度不同，以及信息安全保护是需要代价的，因此，信息的安全应该分级、分类保护，遵循适度保护的信息安全原则。

首先，等级化起源于阶级和国家的形成，阶级本身就是一个等级的划分，一个团体乃至一个国家的运转是靠分级控制管理机制起作用。在现代化社会中，等级化管理仍然普遍存在，企事业单位的组织运转是依靠分级来控制管理的。等级制既是一种不可或缺的组织形式，也是组织管理科学原理。如果没有分级化控制管理体系，部门、单位、组织乃至国家将不复存在，军队就会成为一盘散沙，不具有战斗力。而信息系统是传统组织体系及其业务体系在信息化社会中的映射，是为组织体系及其业务体系的需求而建立和服务的，是传统组织管理体系及其业务体系的延伸。因此，部门的组织管理及其业务体系运转的分级控制管理原理，也应该是信息系统安全分级保护的科学管理原理，即信息安全等级保护的科学基础。任何有效解决国家信息安全问题的办法都必须基本符合组织和业务的分级控制管理原理的特性，任何忽视或背离这个基本原理的信息安全解决方案只能是临时、局部的，不可能成为全局、长效的解决办法。

其次，信息系统是因部门行政职能及其业务运转需求而建立的，一个部门职能的重要程度决定其业务重要程度，业务重要程度决定其信息资源的重要程度，决定信息系统的重要程度，决定信息系统安全保护需求的高低。信息系统的社会和经济价值是不同的、信息系统中信息的敏感性程度是不一样的、信息系统所属部门和单位的重要级别是不同的，自然地，不同的业务信息系统和其中的信息需要不同的安全保护。信息系统和信息的重要程度和敏感程度越高就需要越高的信息安全保护等级，反之，则需要较低级别的安全保护措施进行安全保护。

再次，信息安全的保护是需要代价的，高等级的信息安全保护需要采取高等级的技术措施和强化的管理措施，而高等级的技术措施和强化的管理措施是要花费高昂的代价的。信息系统的安全需要考虑信息安全与花费成本之间的平衡问题，对信息安全进行适度保护，以体现国家主权、政治、经济、国防、社会安全等不同层次需要。

（2）建立科学合理的信息安全等级保护体系

《中华人民共和国计算机信息系统安全保护条例》和近年来国家关于加强信息安全保障工作的文件规定信息安全实施等级保护制度。实际上就是引用了社会组织管理科学原理，即以行政组织和业务分级管理科学原理为基础，运用等级化控制管理原理和方法解决信息系统安全问题，保障组织体系运转和业务安全与发展，保障信息时代的国家安全和社会稳定与和谐，促进各领域发展。首先，要明确不同行业、领域的重点保护目标，确定各部门各单位的信息安全是属哪一类、哪一级。其次，信息安全保护需要划分出科学、合理、简明、易操作的等级，并通过分级、类级，突出不同级中的重点保护目标和内容。再次，应该按照信息安全保护的目标级别，实施相关的安全措施，为信息安全的目标提供保障。最后，信息安全等级保护的实施关键是明确有关各方的责任和义务，系统化、具体化信息安全管理责任，做到各负其责，实行责任制管理，明确管什么、怎么管，明确谁监督、监督什么、怎么监督，提高综合信息安全保护管理的效益和水平。

信息安全保护工作是一项庞大的系统工程，国家必须建立起一整套系统的信息安全保护框架，把握好各个关键环节。即从国家立法、技术规范、系统建设、结果评估和执法部门监督检查等关键环节进行控制，使得信息安全产品和信息系统的建设有法可依，有章可循，并在执法部门监管下安全正常运行，确保信息系统和产品正常发挥安全保障功能。

首先是法律、行政与技术法规的宏观控制。信息系统安全等级保护必须有宏观的控制办法，保证全国信息系统安全保护工作方向和目标明确，政令一致，标准统一。根据信息安全保护的本质特性，我国在1984年制定了《中华人民共和国计算机信息系统安全保护条例》(国务院第147号令，以下简称条例)，在法律上明确规定了对我国的信息系统安全保护实施等级化管理，并根据该条例和信息安全应遵守的原则，制定了《计算机信息系统安全保护等级划分准则》[GB17859-99]，刚刚出台的《信息系统安全等级保护管理办法》进一步规定了安全等级保护制度的实施程序，这些法律法规勾画出安全等级保护的总体技术框架和管理体系。

其次是安全保护标准化控制。全国信息系统安全等级保护必须有统一、完整、科学的标准体系保障，不建立比较完善的等级保护标准体系，就不可能实现安全保护的规范化，信息系统安全就难以保证，信息系统安全的科学、技术和产业就不会发展。为此，国家计委批准公安部组织实施"计算机信息系统安全保护等级评估体系及互联网络电子身份管理与安全保护平台建设项目"(简称1110工程)，研究并提出了比较完善的信息系统安全等级保护标准体系。

再次是产品和信息系统安全保护等级实现的过程控制（要求类标准）。面向产品研发和系统建设管理者，解决信息系统及产品开发过程中的安全等级问题。开发和研制满足一定安全级别要求的、具有自主版权的信息系统和产品，是我国实现信息安全保护体系的关键技术环节。需要对各种不同类型的信息系统和产品制定相应级别的安全要求，信息安全系统和产品在生产过程中必须遵循这种技术要求，在功能和性能开发的同时，也要完成安全功能和安全保护的设计和实现。

然后是产品和信息系统安全等级实现的结果控制（等级检测评估类标准）。政府主管部门指定或委托的权威机构对信息安全产品和系统实现结果的安全保护等级评估，是政府监管不可或缺的重要组成部分，是政府行为的具体体现方式之一。

最后是执法部门依法监督、检查和指导。在国家信息系统安全等级法律制度、政策、标准确定之后，政府强有力的监督管理是保障信息系统安全的关键环节。信息系统中信息的安全，特别是国家重要领域信息系统安全，直接关系到国家安全、社会政治稳定、国民经济发展的大事，因此，政府主管部门必须严格依法行政，对信息系统的等级化运行实施监督、检查和指导。

这五个关键环节构成了我国信息安全等级保护的管理和技术体系。

（3）信息安全等级保护成效显著

中华人民共和国人民警察法第三章第六条第十二款中明确规定"监督管理计算机信息系统的安全保护工作"[①]是中国人民警察的基本职责。公共信息网络安全监察机关依法行事，加强信息安全等级保护在全国的推广工作，建立了科学合理的管理体系和技术体系，建立了一支相关的执法队伍。截至目前，建立了以《中华人民共和国计算机信息系统安全保护条例》为核心内容的法律法规和规范性文件，公安部、国家保密局、国家密码管理局和国务院信息化工作办公室联合发布了《关于开展信息安全等级保护工作的实施意见》和《信息安全等级保护管理办法》，将信息安全等级保护作为我国常抓不懈的一项基本国策；建立了以《计算机信息系统安全保护等级划分准则》为核心的技术标准体系，该标准体系共计50多部，其中，已发布的公安部部颁标准20多部，国家标准10余部；对全国公共信息网络安全监察部门的民警进行了多次大规模法律法规培训、标准化宣传和相关执法工作的学习培训；全国各地建

① 引自中华人民共和国人民警察法。

立了多个信息安全等级保护评测服务机构。2003 年对我国的重点领域的信息系统等级保护工作进行了抽查，2005 年根据《信息系统安全等级保护基本要求》和《信息系统安全等级保护实施指南》在全国开展信息安全等级保护的试点工作，2006 年根据《信息系统安全等级保护定级指南》在全国范围内开展大规模信息系统等级普查工作。通过这些活动，摸清了我国信息安全的基本状况，也有力地促进了相关主管部门的等级保护意识和能力，对其中存在的问题，集中、重点研究，进行示范性整改，例如，1998 年对金融、证券等国家重要部门信息系统安全管理的指导，公安部与中国人民银行联合下发了《金融行业计算机信息系统安全保护工作暂行规定》等。

信息安全等级保护工作的实施，从根本上增强了我国信息化社会的安全保障能力，特别是增强了我国重点领域、重点信息系统的保护能力，有效地防止了各种犯罪、计算机病毒和非法信息的肆虐，增强了抵御了各种敌对分子的破坏活动和非法入侵行为，为我国信息化建设保驾护航，为建设现代化的和谐社会提供了安全保障。

4. 针对网络上的新型犯罪，开创打击计算机犯罪的先河

随着计算机和计算机网络的迅猛发展和普及应用，各种利用计算机、针对计算机的新型高科技犯罪日益猖獗，各种传统的犯罪活动在网络上都有新的表现形式，网络诈骗、网络赌博、网络侵财、网络钓鱼、网络攻击、网络盗窃和信息安全事件等不胜枚举。而且传统犯罪借助计算机和计算机网络形成的新型犯罪造成的损失、社会危害和影响远远大于单纯的传统犯罪，构成了信息化社会的不和谐因素，扰乱了信息化社会的正常秩序。面对计算机犯罪的高智能性、隐蔽性、高危害性等特点，公共信息网络安全监察部门在网络上与犯罪分子展开了较量，积极推动我国计算机犯罪的法律法规的立法建设，探索计算机犯罪侦查的程序和方法，开创了我国打击计算机犯罪的先河，取得了可喜的成绩。

（1）关于计算机犯罪的立法

1990 年 9 月 7 日，第七届全国人民代表大会常务委员会第十五次会议通过了《中华人民共和国著作权法》，首次将计算机软件列入法律保护范围，拉开了我国信息化领域的立法序幕，随后又出台了《中华人民共和国计算机信息系统安全保护条例》（国务院第 147 号令，1994）、《中华人民共和国计算机信息网络国际联网管理暂行规定》（国务院第 195 号令，1996）、《计算机信息网络国际联网安全保护管理办法》（国务院第 33 号令，1997）、《商用密码管理条例》（国务院第 273 号令，1999）、《中华人民共和国电信条例》（国务院第 291 号令，2000）、《计算机软件保护条例》（国务院第 339 号令，2001）、《互联网上网服务营业场所管理条例》（国务院第 363 号令，2002）等一大批行政法规。

1997 年 3 月 14 日，第八届全国人民代表大会第五次会议通过了对《中华人民共和国刑法》的修订，增加了第 285、286、287 条款，第一次明确提出计算机犯罪，对入侵重要计算机系统、针对计算机系统和利用计算机系统的犯罪进行了界定，为在信息化社会中打击计算机犯罪提供了司法保障。

2005 年 8 月 28 日，第十届全国人民代表大会常务委员会第十七次会议通了对《中华人民共和国治安管理处罚法》的修订，该法也适用于网络化的虚拟世界中，对公共信息网络安全监察部门依法处置各类违法案件提供了执法依据。

（2）计算机犯罪的侦查

立法的目的不在于法律本身的严酷性，而在于法律能否被忠实地执行。惩治各类犯罪分子的关键是侦查和寻找犯罪证据，依法对犯罪分子进行应有的惩罚。计算机犯罪不同于一般

的犯罪，其犯罪证据隐藏在大量的0、1数据中，需要研究计算机犯罪的特点，制定计算机犯罪的侦查程序和证据鉴定方法。面对计算机犯罪这一新生的事物和活动特点，公共信息网络安全监察部门开创性地开展工作，积极探索计算机犯罪侦查的新方法、新途径。

首先，加强计算机犯罪的情报工作。“情报指导警务”是公安工作的指导原则，是公安指挥决策的依据和一切行动的指南。目前，各种敌对分子、犯罪分子、破坏分子都是利用先进的计算机网络大肆进行各种危害社会正常秩序和犯罪活动，及时掌握这些情报信息可以提高对社会面的掌控能力，有效部署警力；对个案可以在不干扰社会正常秩序和人民群众正常生活的前提下实施对犯罪分子的精确打击。公共信息网络安全部门积极开拓渠道，通过网上巡查、群众举报、安全管理、监控和侦控发现、线索通报、阵地控制等多种方法，收集犯罪情报，提高了计算机犯罪情报的掌控能力，为及时打击各类犯罪提供前提和保障。

其次，遵循一般的侦查程序，结合计算机和计算机网络的特点，研究了各种计算机犯罪的类型，并针对不同计算机犯罪类型制定了计算机案件侦查程序和侦查方法，规范了公共信息网络安全监察机关的民警办案流程。

再次，针对计算机犯罪的证据鉴定这一难题，开拓性地开展了电子证据鉴定管理工作。制定了电子数据鉴定机构的管理制度和鉴定人的管理制度，规范了电子数据鉴定的相关资质和组织方式，制定了电子数据鉴定程序，规范了电子数据鉴定的业务。

（3）打击计算机犯罪的成效

自1984年中国的第一起计算机犯罪发案以来，公共信息网络安全监察部门开拓进取，针对不断翻新的计算机犯罪形式，探索性地开展工作，取得了可喜的成就。推动了我国的计算机犯罪立法工作，不断完善相关的法律法规，制定了《关于对“刑法”第二百八十五条、第二百八十六条有关问题的回复意见》、《关于地方公安机关与铁道公安机关公共信息网络安全监察工作管辖分工问题的批复》等一系列有关计算机法律实施的部门规章和规范性文件，有力地推动了打击计算机犯罪活动的实施。开拓性地制定了我国的计算机犯罪侦查程序和电子数据鉴定程序，规范了打击计算机犯罪的业务，为打击计算机犯罪提供了科学的方法和依据。近几年来，查处了大量计算机犯罪案件，有力地震慑了计算机犯罪分子，保障了我国信息化的健康发展，为构建中国特色的社会主义和谐社会作出了不可磨灭的贡献。

第2章 网 罗 天 下

2.1 社会信息化

1. 信息

“信息”一词在英文、法文、德文、西班牙文中均是“information”，日文中为“情报”，我国台湾称为“资讯”，我国古代用的是“消息”。信息作为科学术语最早出现在哈特莱（R.V.Hartley）于1928年撰写的《信息传输》一文中。20世纪40年代，信息的奠基人 香农（C.E.Shannon）给出了信息的明确定义。此后许多研究者从各自的研究领域出发，给出了不同的定义。

根据近年来人们对信息的研究成果，科学的信息概念可以概括如下：

信息是对客观世界中各种事物的运动状态和变化的反映，是客观事物之间相互联系和相互作用的表征，表现的是客观事物运动状态和变化的实质内容。

2. 信息资产

信息资产是由企业拥有或者控制的能够为企业带来未来经济利益的信息资源。其本质是信息作为一种经济资源参与企业的经济活动，减少和消除了企业经济活动中的风险，为企业的管理控制和科学决策提供合理依据，并预期给企业带来经济利益。信息资产按内容大致可分为四大类：科学技术信息资产、市场信息资产、生产信息资产和外部宏观信息资产。分类如表2-1所示。

表2-1 ISO27001:2005标准中的信息资产分类表

分类	一般描述
数据资产	以物理或电子的方式记录的数据，如文件资料、电子数据等 文件资料类包括公文、合同、操作单、项目文档、记录、传真、财务报告、发展计划、应急预案、本科室产生的日常数据，以及各类外来流入文件等 电子数据类如制度文件、管理办法、体系文件、技术方案及报告、工作记录、表单、配置文件、拓扑图、系统信息表、用户手册、数据库数据、操作和统计数据、开发过程中的源代码等
软件资产	公司信息处理设施(服务器，台式机，笔记本，存储设备等)上安装使用的各种软件，用于处理、存储或传输各类信息，包括系统软件、应用软件（有后台数据库并存储应用数据的软件系统）、工具软件（支持特定工作的软件工具）、桌面软件（日常办公所需的桌面软件包）等。例如：操作系统、数据库应用程序、网络软件、办公应用系统、业务系统程序、软件开发工具等
实物资产	各种与业务相关的IT物理设备或使用的硬件设施，用于安装已识别的软件、存放有已识别的数据资产或对部门业务有支持作用。包括主机设备、存储设备、网络设备、安全设备、计算机外设、可移动设备、移动存储介质、布线系统等

续表

分类	一般描述
人员资产	各种对已识别的数据资产、软件资产和实物资产进行使用、操作和支持（也就是对业务有支持作用）的人员角色。如管理人员、业务操作人员、技术支持人员、开发人员、运行维护人员、保障人员、普通用户、外包人员、有合同约束的保安、清洁员等
服务资产	各种以购买方式获取的，或者需要支持部门特别提供的、能够对其他已识别资产的操作起支持作用（即对业务有支持作用）的服务。如产品技术支持、运行维护服务、桌面帮助服务、内部基础服务、网络接入服务、安保（例如监控、门禁、保安等）、呼叫中心、监控、咨询审计、基础设施服务（供水、供热、供电）等
其他资产	除已识别的信息资产以外，为业务提供支持的其他无形资产。如ISMS体系的有效性、标准合规、客户要求的符合性等

3. 社会信息化

所谓社会信息化，是以计算机信息处理技术和传输手段的广泛应用为基础和标志的新技术革命，影响和改造社会生活方式与管理方式的过程。社会信息化指在经济生活全面信息化的进程中，人类社会生活的其他领域也逐步利用先进的信息技术，建立起各种信息网络；同时，大力开发有关人们日常生活内容，不断丰富人们的精神文化生活，提升生活质量的过程。

社会信息化有广义和狭义的概念。一种普遍的定义为，社会信息化是通过现代信息技术和网络设施把社会的最基础资源——信息资源充分应用到社会各个领域的过程。它与工业化是相互对应的一个概念，工业化是信息化的物质基础，而信息化是工业向更高层次发展的技术环境。工业化的最大目标是最大限度地开发利用物质和能源资源，向社会提供丰富的物质产品；而信息化的主要目标是最大限度地开发利用信息资源，提高社会各领域信息技术应用和信息资源开发利用的水平，为社会提供更高质量的产品和服务，促进全社会信息化。

社会信息化是信息化的高级阶段，它是指一切社会活动领域里实现全面的信息化。是以信息产业化和产业信息化为基础，以经济信息化为核心向人类社会活动的各个领域逐步扩展的过程，其最终结果是人类社会生活的全面信息化，主要表现为：信息成为社会活动的战略资源和重要财富，信息技术成为推动社会进步的主导技术，信息人员成为领导社会变革的中坚力量。

社会信息化一般包括三个层次： 一是通过自动控制、知识密集而实现的生产工具信息化；二是通过对生产行业、部门以至整个国民经济的自动化控制而实现的社会生产力系统信息化；三是通过通信系统、咨询产业以及其他设施而实现的社会生活信息化。发展包括四个阶段：①建立并普及信息工业阶段。②建立与发展先进的通信系统阶段。③企业信息化阶段。④社会生活的全面信息化。

信息化是指培养、发展以计算机为主的智能化工具为代表的新生产力，并使之造福于社会的历史过程。（智能化工具又称信息化的生产工具。它一般必须具备信息获取、信息传递、信息处理、信息再生、信息利用的功能。）与智能化工具相适应的生产力，称为信息化生产力。智能化生产工具与过去生产力中的生产工具不一样的是，它不是一件孤立分散的东西，而是一个具有庞大规模的、自上而下的、有组织的信息网络体系。这种网络性生产工具将改变人们的生产方式、工作方式、学习方式、交往方式、生活方式、思维方式等，将使人类社会发生极其深刻的变化。

2.1.1 Internet 网

互联网（Internet），亦称因特网。与很多人的想象相反，互联网并非某一完美计划的结果，互联网的创始人也绝不会想到它能发展成目前的规模和影响。在互联网面世之初，没有人能想到它会进入千家万户，也没有人能想到它的商业用途。

1. 互联网的发展

互联网技术研究起源于 1961 年，美国麻省理工学院的雷纳德· 克兰罗克(Leonard Kleinrock)博士发表了分组交换技术的论文，该技术后来成了互联网的标准通信方式。从某种意义上，互联网可以说是美苏冷战的产物。在美国，20 世纪 60 年代是一个很特殊的时代。20 世纪 60 年代初，古巴核导弹危机发生，美国和原苏联之间的冷战状态随之升温，核毁灭的威胁成了人们日常生活的话题。在美国对古巴封锁的同时，越南战争爆发，许多第三世界国家发生政治危机。由于美国联邦经费的刺激和公众恐惧心理的影响，“实验室冷战”也开始了。人们认为，能否保持科学技术上的领先地位，将决定战争的胜负。而科学技术的进步依赖于电脑领域的发展。到了 20 世纪 60 年代末，每一个主要的联邦基金研究中心，包括纯商业性组织、大学，都有了由美国新兴电脑工业提供的最新技术装备的电脑设备。电脑中心互联以共享数据的思想得到了迅速发展。

美国国防部认为，如果仅有一个集中的军事指挥中心，万一这个中心被原苏联的核武器摧毁，全国的军事指挥将处于瘫痪状态，其后果将不堪设想，因此有必要设计这样一个分散的指挥系统——它由一个个分散的指挥点组成，当部分指挥点被摧毁后其他点仍能正常工作，而这些分散的点又能通过某种形式的通信网取得联系。1969 年 10 月 29 日晚，雷纳德·克兰罗克教授和他的研究生，通过远程联网把“LO”两个字母发送到斯坦福学院的计算机上，成功地实现了世界上第一次互联网络的通信。这次试验被认为是互联网诞生的标志。美国国防部高级研究计划管理局（ARPA—Advanced Research Projects Agency）开始建立一个命名为 ARPAnet 的网络，把美国的几个军事及研究用电脑主机连接起来。当初，ARPAnet 只联结四台主机，从军事要求上是置于美国国防部高级机密的保护之下，从技术上它还不具备向外推广的条件。

1971 年，位于美国剑桥 BBN 科技公司的工程师雷·汤姆林森(Ray Tomlinson)开发出了电子邮件。此后 ARPANET 的技术开始向大学等研究机构普及。1983 年，ARPA 和美国国防部通信局研制成功了用于异构网络的 TCP/IP 协议，美国加利福尼亚伯克莱分校把该协议作为其 BSD UNIX 的一部分，使得该协议得以在社会上流行起来，从而诞生了真正的互联网。

1986 年，美国国家科学基金会（National Science Foundation，NSF）利用 ARPAnet 发展出来的 TCP/IP 的通信协议，在五个科研教育服务超级电脑中心的基础上建立了 NSFnet 广域网。由于美国国家科学基金会的鼓励和资助，很多大学、政府资助的研究机构甚至私营的研究机构纷纷把自己的局域网并入 NSFnet 中。那时，ARPAnet 的军用部分已脱离母网，建立自己的网络——Milnet。ARPAnet——网络之父，逐步被 NSFnet 所替代。到 1990 年，ARPAnet 已退出了历史舞台。如今，NSFnet 已成为互联网的重要骨干网之一。

1988 年，美国伊利诺斯大学的学生(当时)史蒂夫·多那(Steve Dorner)开始开发电子邮件软件“Eudora”。1991 年，CERN(欧洲粒子物理研究所)的科学家提姆·伯纳斯李(Tim

Berners-Lee)开发出了万维网(World Wide Web)。他还开发出了极其简单的浏览器(浏览软件)。为互联网实现广域超媒体信息截取/检索奠定了基础。此后互联网开始向社会大众普及。1993年，伊利诺斯大学美国国家超级计算机应用中心的学生马克· 安德里森(Mark Andreesen)等人开发出了真正的浏览器“Mosaic”。该软件后来被作为Netscape Navigator推向市场。此后互联网开始得以爆炸性普及。正是因为通过采用具有扩展性的通信协议TCP/IP，才能够将不同网络相互连接。因此，开发 TCP/IP 协议的 UCLA(加州大学洛杉矶分校)的学生(当时)文顿· 瑟夫(Vinton G. Cerf)等如今甚至被誉为“互联网之父”。

到了20世纪90年代初期，互联网事实上已成为一个“网中网”——各个子网分别负责自己的架设和运作费用，而这些子网又通过NSFnet互联起来。NSFnet是由政府出资，因此，当时互联网最大的老板还是美国政府，只不过在一定程度上加入了一些私人小老板。互联网在20世纪80年代的扩张不单带来量的改变，同时也带来质的某些改变。由于多种学术团体、企业研究机构，甚至个人用户的进入，互联网的使用者不再限于电脑专业人员。 新的使用者发觉， 加入互联网除了可共享NSFnet的巨型机外，还能进行相互间的通信，而这种相互间的通信对他们来讲更有吸引力。于是，他们逐步把互联网当做一种交流与通信的工具， 而不仅仅是共享NSFnet巨型机的运算能力。

在20世纪90年代以前，互联网的使用一直仅限于研究与学术领域。商业性机构进入互联网一直受到这样或那样的法规或传统问题的困扰。事实上，像美国国家科学基金会等曾经出资建造互联网的政府机构对互联网上的商业活动并不感兴趣。

1991年美国的三家公司分别经营着自己的CERFnet、PSInet及Alternet 网络， 可以在一定程度上向客户提供互联网联网服务。它们组成了“商用互联网协会”（CIEA），宣布用户可以把它们的互联网子网用于任何的商业用途。互联网商业化服务提供商的出现，使工商企业终于可以堂堂正正地进入互联网。商业机构一踏入互联网这一陌生的世界就发现了它在通讯、资料检索、客户服务等方面的巨大潜力。于是，其势一发不可收拾。世界各地无数的企业及个人纷纷涌入互联网，带来互联网发展史上一个新的飞跃。

经过最初的激烈较量和平衡，互联网的网络技术已经逐渐形成了框架标准。这个框架本身，包括各个组成部分仍在继续进化中，包括互联网运行于TCP/IP协议(传输控制协议/互联网协议)的基础之上，广域网技术解决传输、协议、虚拟专用网络(VPN)、路由和远程(拨号)访问服务，互联网服务商(ISP/PSP)提供了对上述广域网的接入、管理工具等服务，QoS机制提供主动管理带宽，为应用程序和(或)用户提供约定标准的、端到端的、动态的和智能化的网络服务，网络安全策略，包括基于通信层的安全机制(如防火墙和非军事区的建立)和基于用户层的安全机制(如认证、授权和记账管理-AAA)创建安全的网络，公用密钥基础设施建立商业交易的信任关系。互联网目前已经联系着超过160个国家和地区，4万多个子，500多万台电脑主机，直接的用户超过4000万，成为世界上信息资源最丰富的电脑公共网络。互联网被认为是未来全球信息高速公路的雏形。

分析互联网发展的主要动力，一是计算机、通信、网络技术推动了互联网的发展，TCP/IP协议为计算机间互联互通及各种通信奠定了公共标准。二是台式计算机、便携计算机、移动终端、WWW、浏览器、高速网络、无线网络等，使得互联网获得了进一步的发展。三是分散式管理和商业化是互联网快速发展的最重要原因。

在中国，1987 年 9 月 20 日 22 时 55 分，当大多数中国人已经进入梦乡时，中国科学院高能物理研究所的钱天白教授通过低速的 X2.5 专线拨号，向世界发出了第一封来自中国的电子邮件，内容是“越过长城，通向世界”。成为我国第一次触网的标志。经过几十年的发展，形成了四大主流网络体系，即：中科院的科学技术网 CSTNET；国家教育部的教育和科研网 CERNET；原邮电部的 CHINANET 和原电子部的金桥网 CHINAGBN。1994 年 1 月，在中美科技合作联委会前，美国国家科学基金会同意了 NCFC 正式接入 Internet 的要求。1994 年 3 月，中国终于获准加入互联网，开通并测试了 64Kbps 专线。

互联网在中国的发展历程可以大致地划分为三个阶段：

第一阶段为 1987 年至 1993 年，也是研究试验阶段。在此期间中国一些科研部门和高等院校开始研究互联网技术，并开展了科研课题和科技合作工作，但这个阶段的网络应用仅限于小范围内的电子邮件服务。

第二阶段为 1994 年至 1996 年，同样是起步阶段。1994 年 4 月，中关村地区教育与科研示范网络工程进入互联网，从此中国被国际上正式承认为有互联网的国家。之后，Chinanet、CERnet、CSTnet、Chinagbnet 等多个互联网络项目在全国范围相继启动，互联网开始进入公众生活，并在中国得到了迅速的发展。至 1996 年底，中国互联网用户数已达 20 万，利用互联网开展的业务与应用逐步增多。

第三阶段从 1997 年至今，是互联网在我国发展最为快速的阶段。国内互联网用户数全球第一，2011 年 7 月 19 日，中国互联网络信息中心（CNNIC）在京发布《第 28 次中国互联网络发展状况统计报告》显示，截至 2011 年 6 月底，中国网民规模达到 4.85 亿，手机网民规模为 3.18 亿，最引人注目的是，在大部分娱乐类应用使用率有所下滑，商务类应用呈平缓上升的同时，微博用户数量增长到 1.95 亿，成为用户增长最快的互联网应用模式。中国目前有五家具有独立国际出入口线路的商用性互联网骨干单位，还有面向教育、科技、经贸等领域的非营利性互联网骨干单位。现在有 600 多家网络接入服务提供商（ISP），其中跨省经营的有 140 家。如图 2.1 所示。

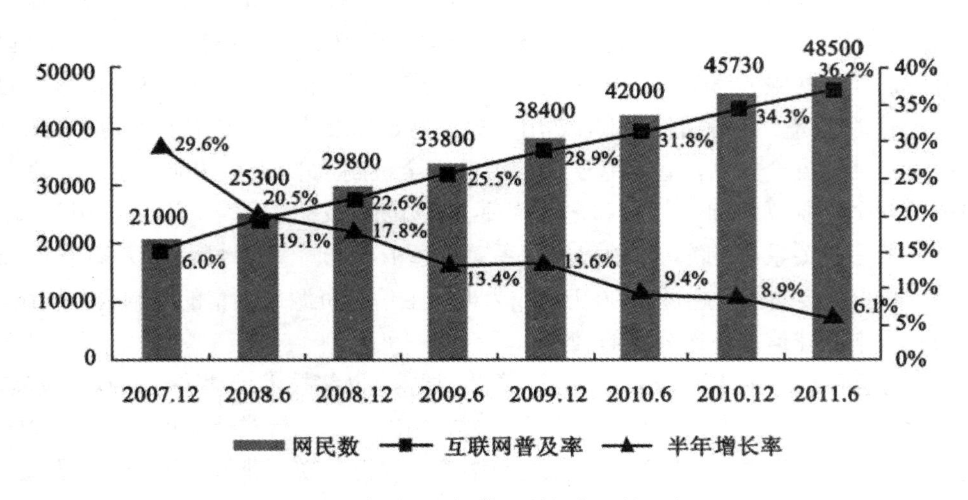

图 2.1　中国网民规模、增长率及普及率

“内容为王、流量为王、用户为王、安全为王”成为逐鹿互联网市场的四要素，网络游戏、移动互联网、电子商务和社区等业务成为新世纪互联网新型企业创业、投资、发展的首选。随着网络基础的改善、用户接入方面新技术的采用、接入方式的多样化和运营商服务能力的提高，接入网速率慢形成的瓶颈问题将会得到进一步改善，上网速度将会更快，从而促进更多的应用在网上实现。

2. 互联网的构成

因特网（Internet）是一组全球信息资源的总汇。有一种粗略的说法，认为 Internet 是由于许多小的网络（子网）互联而成的一个逻辑网，每个子网中连接着若干台计算机（主机）。Internet 以相互交流信息资源为目的，基于一些共同的协议，并通过许多路由器和公共互联网而成，它是一个信息资源和资源共享的集合。 计算机网络只是传播信息的载体，而 Internet 的优越性和实用性则在于本身。

从 Internet 的工作方式上看可以划分为以下两大块，如图 2.2 所示。

（1）边缘部分

由所有连接在因特网上的主机组成。这部分是用户直接使用的，用来进行通信（传送数据、音频或视频）和资源共享。

（2）核心部分

由大量网络和连接这些网络的路由器组成。这部分是为边缘部分提供服务的（提供连通性）。

处在 Internet 边缘的部分就是连接在 Internet 上的所有主机，这些主机又称为端系统（end system）。

网络核心部分是因特网中最复杂的部分。

网络中的核心部分要向网络边缘中的大量主机提供连通性，使边缘部分中的任何一个主机都能够向其他主机通信（即传送或接收各种形式的数据）。因特网的核心是分组交换网络。

其运行示意图如图 2.3 所示。

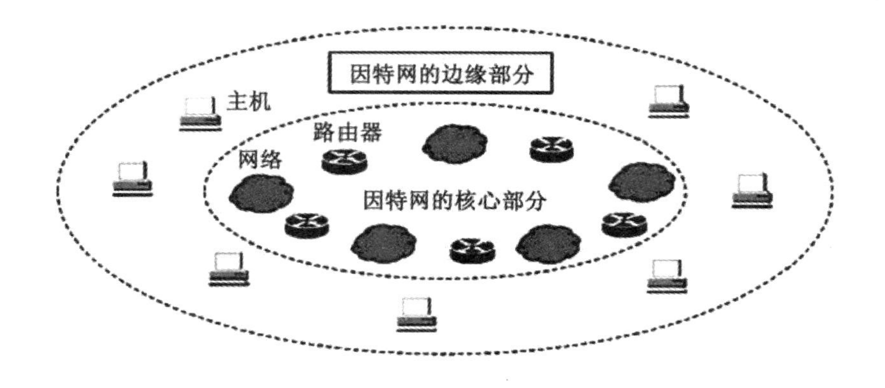

图 2.2　Internet 结构图

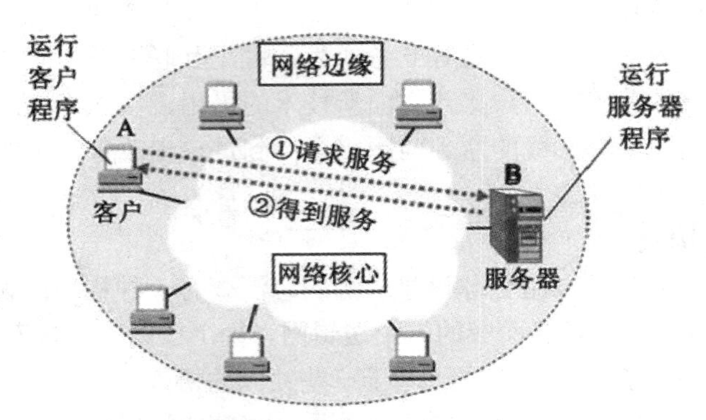

图 2.3 网络运行示意图

3. 下一代互联网

现在的互联网是建立在 IPv4 协议基础上的，下一代互联网的核心将是 IPv6 协议。经过多年发展后，第一代互联网在全面成熟的同时，一些不足逐渐显露，其中最紧迫的就是地址空间问题。20 世纪 90 年代初，人们就开始讨论新的互联网络协议。IETF 的 IPng 工作组在 1994 年 9 月提出了一个正式的草案"The Recommendation for the IP Next Generation Protocol"，1995 年底确定了 IPng 的协议规范，并称为"IP 版本 6"（IPv6），以此与现在使用的版本 4 相区别（1998 年又作了较大的改动）。尽管设计 IPv6 的最初的动机主要是解决地址空间日益紧张的问题，但是人们希望它同时能够解决目前 Internet 上存在的、IPv4 难以解决的一些重大课题，包括安全、服务质量（QoS）、移动计算等。

到 1998 年年初，IPv6 协议的基本框架已经逐步成熟，并在越来越广泛的范围内得到实践。有关 IPv6 的所有讨论和建议，被称为 IP-the next generation （IPng）。由于 IPv4 向 IPv6 过渡的重要性，IETF 成立了专门的工作组——ngtrans 研究从现有的 IPv4 网络向 IPv6 网络的过渡策略和必要的技术。国际的 IPv6 试验网——6bone 也于 1996 年成立。现在，6bone 已经扩展到全球 50 多个国家和地区。

4. 国际下一代互联网研究与发展

美国不仅是第一代互联网全球化进程的推动者和受益者，而且在下一代互联网的发展中仍然扮演着领跑角色。1996 年，美国政府发起下一代互联网 NGI 行动计划，建立了下一代互联网主干网 vBNS；1998 年，美国下一代互联网研究的大学联盟 UCAID 成立，启动 Internet2 计划。而继 NGI 计划结束之后，美国政府立即启动了旨在推动下一代互联网产业化进程的 LSN 计划。如今，美国在国际下一代互联网的各个科学研究领域和技术标准制定中都占据着主导地位。作为美国的重要战略盟友，加拿大政府也支持了 CANET 发展计划，目前已经历 4 次大规模的升级。由于政府的高度重视和大力支持，目前以美加为主的北美地区代表了全球下一代互联网的最高水平。

5. 中国的下一代互联网研究与 CNGI

1998 年，清华大学依托 CERNET，建设了中国第一个 IPv6 试验床，应该说，这是中国

开始下一代互联网最有标志性意义的事件。1999年，即开始试验分配IPv6地址。

在“九五”期间，中国政府即对下一代互联网研究给予大力支持，启动了一系列科研乃至产业发展计划。

2000年底，在国家自然基金委的支持下，“中国高速互联研究实验网络(NSFCnet)”项目启动，建设了我国第一个地区性下一代互联网试验网络。该项目连接了清华大学、北京大学、北京航空航天大学、中科院、国家自然基金委等六个节点，并与世界上下一代互联网连接。2001年该项目通过鉴定验收，下一代互联网研究引起了社会各界的高度关注。与此同时，国家“863计划”资助了CAINONET项目，依托中国教育和科研计算机网CERNET，由清华大学等单位建设和运行的大规模IPv6实验网络。

“十五”期间，下一代互联网的研究和开发被推上一个新的战略高度。国家自然科学基金、国家863计划均设立了大量相关的基础研究项目和关键技术开发项目。尤其是在国家计委的支持下，以“下一代互联网中日IPv6合作项目”为先导，开始了中国下一代互联网的工业性示范工程时代。

6. 下一代互联网的主要特点

互联网的更新换代是一个渐进的过程。虽然学术界对于下一代互联网还没有统一定义，但对其主要特征已达成如下共识。

更大：采用IPv6协议，使下一代互联网具有非常巨大的地址空间，网络规模将更大，接入网络的终端种类和数量更多，网络应用更广泛。下一代互联网将逐渐放弃IPv 4，启用IPv6地址协议（二者的区别有点像电话号码的升级），几乎可以给家庭中的每一个可能的东西分配一个自己的I P地址，让数字化生活变成现实，在目前的IPv 4协议下，现有地址中的70%已被分配完，明显制约着互联网的发展。

更快：100M字节/秒以上的端到端高性能通信；比现在的网络速度提高1000~10000倍。

更安全：可进行网络对象识别、身份认证和访问授权，具有数据加密和完整性，实现一个可信任的网络；目前的计算机网络存在大量安全隐患，下一代互联网将在建设之初就充分考虑安全问题，可以有效控制，解决网络安全问题。

更及时：提供组播服务，进行服务质量控制，可开发大规模实时交互应用。

更方便：无处不在的移动和无线通信应用。

更可管理：有序的管理、有效的运营、及时的维护。

更有效：有盈利模式，可创造重大社会效益和经济效益。

2.1.2　电信网

1. 电信网的发展

电信网(telecommunication network)是构成多个用户相互通信的多个电信系统互连的通信体系，是人类实现远距离通信的重要基础设施，利用电缆、无线、光纤或者其他电磁系统，传送、发射和接收标识、文字、图像、声音或其他信号。

19世纪30年代，有线电报通信试验成功后，用电磁系统传递信息的电信事业便迅速发展起来。它的兴起与发展，大致经历了电报的发明和应用、电话的发明和应用、大容量自动化通信网的发展和应用、数字通信的诞生和发展四个时期。

（1）电报的发明和应用

电报的发明是电气通信的开始，人们利用电报，可以远距离快速地传送文字信息。1835年美国人S.F.B.莫尔斯创造了电报通信用的莫尔斯电码，1837年他得到机械师A.L.维尔的帮助，研制出了电磁式电报机（后来被称为莫尔斯人工电报机），并在纽约试验成功。此后莫尔斯人工电报机和莫尔斯电码在世界各国得到广泛的应用。电报最初用架空铁线传送，只能在陆地上使用。1850年英国在英吉利海峡敷设了海底电缆，1866年横渡大西洋的海底电缆架设成功，实现了越洋电报通信。后来，各大洲之间和沿海各地架设了许多条海底电缆，构成了全球电报通信网。

电报技术发展至今已近150年。电报设备从最初的完全由人工操作的莫尔斯人工电报机，发展到自动化程度相当高的电子式电传打字机，电报传输也从有线传输发展到无线电传输，从直流电报信号传输发展到多路音频载波电报传输等。随着电子计算机、数据通信、卫星通信、光纤通信等新技术的出现，电报通信进一步向着电子化和自动化方向发展。此外，还出现了直接传送文字、图表、照片等信息的传真电报。

（2）电话的发明和应用

生于苏格兰的美国科学家A.G.贝尔于1876年发明了电话。有了电话，人们可以远距离进行交谈。最早的商用电话局于1878年设立于美国纽黑文市，有21家用户。1880年许多城市之间也架设了电话线，开通了长途电话。欧洲一些国家也纷纷设立电话局。早期的电话机非常简陋，通话的声音不很清晰，通话的距离也不远。炭精粉送话器的发明，传输话音的单铁线改用双铜线，使通话质量有所提高，通话距离有所增加。1899年美国M.I.普平教授成功地采用了加感技术，使利用电缆传输电话的通信距离增加了三倍以上。1906年L.D.福雷斯特发明了三极电子管；以后，利用电子管制成的增音机，实现了长距离电话通信。电子管应用于无线电通信以后，大大超过了原有火花式发信机，推动了无线电通信和无线电广播的发展。越洋通信采用短波无线电比海底电报电缆更为经济方便，不但能通电报，还可以通电话。在这期间，电话交换技术亦有很大发展，最初采用磁石电话交换机，最多只能有几百号电话用户，随着用户的增加，出现了共电电话交换机，可有几千号用户。1889年A.B.史端乔发明了自动交换的步进制电话交换机，可以装更多的用户电话，不但使用方便，并可节省许多话务员。随后，纵横制电话交换机、半电子制电话交换机等自动电话设备也相继问世，促使电话通信有了更大的发展。

（3）大容量自动化通信网的发展和应用

19世纪90年代，电话通信已相当发达，世界上各大城市都装置了自动电话交换机，电话用户更多了，同时长途电话的需求亦迅速增加，这就要求有大容量的长距离传输设备，要求架空明线和长途电缆能增加传输电话的能力。在这种情况下，1918年出现了载波电话，在一对铜线上可开通4路电话。1941年开始使用的同轴电缆上可以开通 480路电话，随后发展至1800路、2700路甚至 1万多路电话。50年代初，无线电通信采用微波接力方式，由于它建设速度快，成本低，可节省大量铜和铅，能越过无法敷设电缆的地区等，很快就被各国采用。微波线路上也可装用1800~2700路载波电话，通信能力大大提高。同轴电缆和微波接力通信的发展，为建设全国自动长途电话网奠定了基础。许多国家如美国、日本、英国等都在50—70年代建成了全国长途电话自动化网路。国际电话的自动化，由于卫星通信的发展和海底同轴电话电缆的建成，在60—70年代也得到普遍的推广。

（4）数字通信的诞生和发展

1939年英国人A.H.里夫斯发明脉码调制，可以将长期以来电话通信使用的模拟信号变成数字信号，但当时采用电子管，成本过高，难以推广。1948 年晶体管发明后，1962 年才制成了 24 路脉码调制设备并在市内通信网中应用。60 年代集成电路尤其是大规模集成电路的出现，使脉码调制方式变为简单易行。1975 年脉码调制设备已复用到 4032 路。同时存储程序控制电子交换机亦已研制成功，具备了由模拟网发展到数字网的条件。采用数字通信对电报和数据通信有更大的优越性，一条数字电话电路可以比模拟电话电路传递效率提高十几倍至几十倍。在大力推广电子计算机在各个领域中应用的时代，数据通信占有重要的地位。此外，现代传输设备如光纤通信是传送数字信号的，卫星通信如使用数字信号亦可提高效率。因此通信网正由模拟网向着数字网方向发展。各种电信业务，包括电话、电报、数据、传真、图像等将合并在一个通信网内。这种通信网称为综合业务数字网。

2. 电信网的构成分析

现代电信网主要存在三大网络：固定电话网、移动通信网与数据通信网。

（1）固定电话网

电话网是目前覆盖范围最广，业务量最大的网络。电话网分为本地电话网和长途电话网。本地电话网是在同一编号区内的网络，由端局、汇接局和传输链路组成；长途电话网是在不同的编号区之间通话的网络，由长途交换局和传输链路组成。目前，电话交换局是电话网中的核心，采用数字程控交换设备，每一路电话编码为 64Kbit/s 的数字信号，占据一次群中的某一时隙，在信令的控制下进行时隙交换，从而和各个不同的用户相连。根据服务区域的大小，电话交换局可以分为一级中心、二级中心、三级中心、四级中心和五级中心，即 C1、C2、C3、C4 和 C5。其中 C1、C2、C3、C4 为长途转接局，C5 为端局。随着电话网的数字化进程的实现，C1、C2 合并为一级，即 DC1，C3、C4 合并为一级，即 DC2，我国的电话网从五级网演变为三级网，一级交换中心之间形成网状连接。

（2）移动通信网

移动通信(Mobile communication)是移动体之间的通信，或移动体与固定体之间的通信。移动体可以是人，也可以是汽车、火车、轮船、收音机等在移动状态中的物体。

①移动通信系统的组成：移动通信系统由空间系统和地面系统两部分组成。

移动通信系统从 20 世纪 80 年代诞生以来，到 2020 年将大体经过 5 代的发展历程，而且到 2010 年，将从第 3 代过渡到第 4 代(4G)。到 4G，除蜂窝电话系统外，宽带 无线接入系统、毫米波LAN、智能传输系统(ITS)和同温层平台(HAPS)系统将投入使用。未来几代移动通信系统最明显的趋势是要求高数据速率、高机动性和无缝隙漫游。实现这些要求在技术上将面临更大的挑战。此外，系统性能(如蜂窝规模和传输速率)在很大程度上将取决于频率的高低。考虑到这些技术问题，有的系统将侧重提供高数据速率，有的系统将侧重增强机动性或扩大覆盖范围。

从用户角度看，可以使用的接入技术包括：蜂窝移动无线系统，如 3G；无绳系统，如 DECT；近距离通信系统，如 蓝牙和DECT数据系统；无线局域网(WLAN)系统；固定无线接入或无线本地环系统；卫星系统；广播系统，如DAB和DVB-T；ADSL和Cable Modem。

②移动通信的特点：首先是移动性，就是要保持物体在移动状态中的通信，因而它必须是 无线通信，或无线通信与有线通信的结合。其次是电波传播条件复杂，因移动体可能在各种环境中运动，电磁波在传播时会产生反射、折射、绕射、多普勒效应等现象，产生多径干扰、信号传播延迟和展宽等效应。 再次是噪声和干扰严重，在城市环境中的汽车火花噪声、

各种工业噪声，移动用户之间的互调干扰、邻道干扰、同频干扰等。然后是系统和网络结构复杂，它是一个多用户通信系统和网络，必须使用户之间互不干扰，能协调一致地工作。此外，移动通信系统还应与市话网、卫星通信网、数据网等互连，整个网络结构是很复杂的。最后是要求频带利用率高、设备性能好。

③移动通信的分类：移动通信的种类繁多，按使用要求和工作场合不同可以分为以下几种：

集群移动通信。集群移动通信，也称大区制移动通信。它的特点是只有一个基站，天线高度为几十米至百余米，覆盖半径为 30 公里，发射机功率可高达 200 瓦。用户数约为几十至几百，可以是车载台，也可是以手持台。它们可以与基站通信，也可通过基站与其他 移动台及市话用户通信，基站与市站 有线网连接。

蜂窝移动通信。蜂窝移动通信，也称 小区制移动通信。它的特点是把整个大范围的服务区划分成许多小区，每个小区设置一个基站，负责本小区各个移动台的联络与控制，各个基站通过 移动交换中心相互联系，并与市话局连接。利用 超短波电波传播距离有限的特点，离开一定距离的小区可以重复使用频率，使 频率资源可以充分利用。每个小区的用户在 1000 以上，全部覆盖区最终的容量可达 100 万用户。

卫星移动通信。卫星移动通信，利用卫星转发信号也可实现移动通信，对于车载移动通信可采用赤道固定卫星，而对手持终端，采用中低 轨道的多颗星座卫星较为有利。

无绳电话。对于室内外慢速移动的手持终端的通信，则采用小功率、通信距离近的、轻便的无绳电话机。它们可以经过通信点与市话用户进行单向或双方向的通信。

使用模拟识别信号的移动通信，称为模拟移动通信。为了解决容量增加，提高通信质量和增加服务功能，目前大都使用数字识别信号，即数字移动通信。在制式上则有时分多址(TDMA)和 码分多址(CDMA)两种。前者在全世界有 欧洲的GSM系统(全球移动通信系统)、北美的双模制式标准IS-54 和 日本的JDC标准。对于码分多址，则有 美国Qualcomnn公司研制的IS-95 标准的系统。总的趋势是数字移动通信将取代模拟移动通信。而移动通信将向 个人通信发展。进入 21 世纪则成为全球 信息高速公路的重要组成部分。移动通信将有更为辉煌的未来。

我国现在已建的移动通信网络主要是蜂窝移动通信网，包括 GSM 网和联通在建的 CDMA 网。GSM 系统以七号信令作为互联标准，与 PSTN、ISDN 等公众电信网有完备的互通能力，智能网结构便于引入智能业务。其用户接口采用和 ISDN 用户-网络接口 UNI 一致的三层分层协议。而 CDMA 是由多个码分信道共享载频频道的多址连接方式。它主要由交换子系统和基站子系统两大部分组成。连接两大子系统的接口（也就是连接 BSC 和 MSC 的接口）称为 A 接口，A 接口是 CDMA 数字蜂窝移动通信系统中一个非常重要的接口。在我国规定 A 接口必须是一个开放的接口， 它必须遵从我国相关规范的要求。只有在 A 接口标准化之后，不同厂商的交换子系统才可以和其他厂商的基站子系统相连接。基站子系统在整个 CDMA 通信系统中主要完成地面信道阻塞指示、无线信道配置管理、无线业务信道分配、无线业务信道链路监视、无线业务信道释放、空闲信道观察、功率控制、公共控制信道管理、空闲信道状态报告、寻呼重呼、小区内切换、小区间切换、切换决定、语音加密及信令消息加密等主要功能。交换子系统主要由移动交换机 MSC、鉴权中心 AUC、短消息中心 MC、归属位置寄存器 HLR 和拜访位置寄存器 VLR 等组成。移动交换机可以和其他的移动交换机

相连接，也可以通过关口局(Gateway MSC)和公用电话网 PSTN 相连。基站子系统主要由基站控制器 BSC、基站收发信机 BTS 和基站子系统操作维护中心 OMC-R 组成。目前 IS-95 CDMA 技术的主要发展方向是 CDMA 2000 技术，与 IS-95 CDMA 技术相比，CDMA 2000 技术在数据业务方面有突出的优点，最高传输速率可达 2.4Mbit/s。为了适应数据业务的需求，IS-95 CDMA 基站需要在信道结构上作相应的改进，这也是 IS-95 CDMA 基站的发展方向。

数据通信网。数据通信网主要完成数据传输技术与交换任务，并为广域网和城域网提供网络互连技术。按 OSI 七层协议分析，数据通信网提供的是低三层功能，即网络层、链路层、物理层的功能。目前的数据通信网主要有分组交换网、帧中继网、DDN 网、ATM 网、N-ISDN 网等。其中，DDN 网、帧中继、分组交换网和 ATM 网，也被称为是广域网的互连技术，而 N-ISDN 主要是面向用户提供话音和非话音业务的窄带综合电信业务。

4G网网络。4G是第四代移动通信及其技术的简称，是集 3G与WLAN于一体并能够传输高质量视频图像以及图像传输质量与高清晰度电视不相上下的技术产品。4G系统能够以 100Mbps的速度下载，比拨号上网快 2000 倍，上传的速度也能达到 20Mbps，并能够满足几乎所有用户对于无线服务的要求。而在用户最为关注的价格方面，4G与固定宽带网络在价格方面不相上下，而且计费方式更加灵活机动，用户完全可以根据自身的需求确定所需的服务。此外，4G可以在DSL和有线电视调制解调器没有覆盖的地方部署，然后再扩展到整个地区。很明显，4G有着不可比拟的优越性。就在 3G通信技术正处于酝酿之中时，更高的技术应用已经在实验室进行 研发。因此在人们期待第三代移动通信系统所带来的优质服务的同时，第四代移动通信系统的最新技术也在 实验室悄然进行当中。4G手机如图 2.4 所示。

图 2.4 4G 手机

到 2009 年为止，人们还无法对 4G通信进行精确地定义，有人说 4G通信的概念来自其他无线服务的技术，从无线应用协定、全球袖珍型无线服务到 3G；有人说 4G通信是一个超越 2010 年以外的研究主题，4G通信是系统中的系统，可利用各种不同的无线技术；但不管人们对 4G通信怎样进行定义，有一点人们能够肯定的是 4G通信可能是一个比 3G通信更完美的新无线世界，它可创造出许多消费者难以想象的应用。4G最大的 数据传输速率超过 100Mbit/s，这个速率是 移动电话数据传输速率的 1 万倍，也是 3G移动电话速率的 50 倍。4G手机可以提供高性能的汇流媒体内容，并通过ID应用程序成为个人身份鉴定设备。它也可以接受高分辨率的电影和电视节目，从而成为合并广播和通信的新基础设施中的一个纽带。此外，4G的无线即时连接等某些服务费用会比 3G便宜。还有，4G有望集成不同模式的 无线通信——从无线 局域网和 蓝牙等室内网络、蜂窝信号、广播电视到 卫星通信，移动用户可以自由地从一个标准漫游到另一个标准。

4G通信技术并没有脱离以前的通信技术，而是以传统通信技术为基础，并利用了一些新的通信技术，来不断提高无线通信的网络效率和功能的。如果说 3G能为人们提供一个高速传输的无线通信环境的话，那么 4G通信会是一种超高速 无线网络，一种不需要电缆的信息超级高速公路，这种新网络可使 电话用户以无线及 三维空间虚拟实境连线。

与传统的通信技术相比，4G 通信技术最明显的优势在于通话质量及数据通信速度。然而，在通话品质方面，移动电话消费者还是能接受的。随着技术的发展与应用，现有移动电话网中手机的通话质量还在进一步提高。数据通信速度的高速化的确是一个很大优点，它的最大数据传输速率达到 100Mbit/s，简直是不可思议的事情。另外由于技术的先进性确保了成本投资的大大减少，未来的 4G 通信费用也要比 2009 年通信费用低。

4G通信技术是继第三代以后的又一次无线通信技术演进，其开发更加具有明确的目标性：提高移动装置无线访问互联网的速度。据 3G市场分三个阶段走的发展计划，3G的多媒体服务在 10 年后进入第三个发展阶段，此时覆盖全球的 3G网络已经基本建成，全球 25%以上人口使用 第三代移动通信系统。在 发达国家，3G服务的 普及率更超过 60%，那么这时就需要有更新一代的系统来进一步提升 服务质量。

为了充分利用 4G通信给人们带来的先进服务，人们还必须借助各种各样的 4G终端才能实现，而不少通信营运商正是看到了未来通信的巨大市场潜力，他们已经开始把眼光瞄准到生产 4G通信终端产品上，例如生产具有高速分组通信功能的小型终端、生产对应配备 摄像机的 可视电话以及电影电视的影像发送服务的终端，或者是生产与 计算机相匹配的卡式数据通信专用终端。有了这些通信终端后，手机用户就可以随心所欲地 漫游了，随时随地的享受高质量的通信了。

在我国，TD-LTE试验网建设已经启动， 截至 2011 年初，广州、深圳两地的 4G试验网将达到商用水准。这意味着，在 3G牌照发放两年后，4G（第四代移动通信技术）又将粉墨登场。如果说 2G时代我们被牵着走，3G时代我们跟着走，这一次，中国提出的 4G技术标准（TD-LTE）将与 欧美标准同步。

2.1.3 电视网

1. 电视网的发展

有线电视网，英文名称 cable television network 或 CATV network，是指利用光缆或同轴电缆来传送广播电视信号或本地播放的电视信号的网络。

有线电视是以光缆、电缆作为信号收传载体，将收到的地面开路发射、卫星、微波或其他电子发射系统发送的信号，传送到地区性的有线电视分配中心进行重新播放的、综合性的、密封的信息收传系统。作为科学技术发展的产物，它在 20 世纪 40 年代——即无线电视出现不久就诞生了。当时，美国政府在世界上最先将发展有线电视提到议事日程，并很快进入研究、使用阶段。20 世纪 60 年代，有线电视便大踏步走向欧洲、走向亚洲，进而走遍全世界。它与老大哥无线电视一起，紧紧地包裹着我们这个星球，使之成为一个“电视村”。

（1）发达国家有线电视的发展概况

20世纪30年代中期，美国的有线电视进入迅速发展时期，一些地处电视频道较少的中、小城市，纷纷建起有线电视台，转播远距离的大城市电视节目。70年代初，由于卫星广播的出现，加上开通了有线电视节目供应的渠道，有线电视的发展速度更为快捷。80年代以后，美国的有线电视达到了空前的普及率。1993年8月底统计的美国有线电视入户达56447000户，占可服务户数的62%。经过几十年的发展，美国的有线电视无论从机构设置上看，还是从频道容量、节目种类上看，都已渐趋成熟。从机构设置上看，美国有线电视行业可分三大部分：一是有线电视公司，即有线电视系统的拥有者和经营者；每家公司都可能拥有多个有线电视系统。二是节目公司，即有线电视系统的节目提供者。节目公司包括的范围很广泛，既可以是专门为有线电视系统提供节目的节目制作公司，也包括其他提供节目源的公司。目前，专门为有线电视系统提供节目的全国性节目公司就有110多家，区域性节目公司有近30家。三是工业部门，即为有线电视台提供技术装备的工厂企业。这三大部分互相依赖，关系密切。从频道容量上看，在美国，频道数在50个左右的有线电视系统占绝大多数（达65.26%）。众多的收视频道，为观众提供了充分的选择余地。由于频道容量大，为有线电视提供节目的公司数量多，提供的节目多，美国的各有线电视台的节目来源丰富，节目种类多。

（2）我国有线电视事业的发展

我国大陆地区有线电视事业起步较晚，但是，由于党和政府的重视与支持，加上各级广播电视机构的积极努力，我国大陆地区有线电视事业发展很快，影响较大。我国大陆地区的有线电视事业的发展，大体经历过以下几个阶段：

探索与准备阶段（1964—1973年）：在这一时期广播电视科研部门和电子工业部门配合，对有线电视体制、技术系统和设备器件进行研究试制，并建立了一些小型试验系统，为以后的有线电视事业的起步、发展打下了基础。

共用天线系统进入实用化阶段（1973—1981年）：在这一阶段，为了提高有线电视的接收质量，一些城市高层建筑，建立高频VH F共用天线。北京饭店共用天线电视系统是我国第一个CATV系统。该时期末期少数位于大城市远郊的大型企业建起万户以上规模的有线电视网，如当时的北京燕山石化总厂的共用天线电视系统，其规模达万户以上。

共用天线系统向有线电视广播系统过渡阶段（1982—1990年）：1982年国家建设委员会等单位联合发出文件，要求在城市建设工程（包括民用建筑）中将共用天线系统列入建筑工程设计之列并可将费用计入基本建设成本。这一政策促进了我国有线电视事业的发展。企业有线电视系统发展尤为迅速，行政区域有线电视系统也在广东、浙江、湖北、四川等地的中、小城市开始建设，1990年底用户总数超过1000万户。

有规划、有步骤的发展阶段（1990年以来）：1990年11月2日国务院《有线电视管理暂行办法》的出台，标志着由国家广播电影电视部管理的有线电视事业走上了统一规划、统一标准、按章建设、依法管理的有序发展道路。

就我国最近几年CATV网发展来看，全国已建有线电视台超过1500座，有线电视光缆、电缆总长超过200万公里，用户数达8000多万，在全国覆盖面达50%，并且每年仍以30%的速度增长。电视机已成为我国家庭入户率最高的信息工具之一，CATV网也成最贴近家庭的多媒体渠道，只不过它目前还是靠同轴电缆向用户传送电视节目，还处于模拟水平。宽带双向的点播电视（VOD）及通过CATV网接入互联网进行电视点播、CATV通话等是CATV网的发展方向，最终目的是使CATV网走向宽带双向的多媒体通信网。

2. 电视网的构成分析

CATV 系统的结构总体上分为三大部分：有线电视节目中心控制系统、网络传输系统、用户接收系统。如图 2.5 所示。

图 2.5　CATV 系统的构成

3. 数字高清网

高清交互数字电视是集互联网、多媒体、现代通讯等多种技术于一体，以电视机和高清交互式机顶盒为终端，向用户提供包括高清频道收看、高清视频点播、在线游戏、电视支付、远程教育等多种视频和应用服务。

简单来讲，高清交互数字电视，是进行了有线电视网络数字化改造之后开展的业务，具有高清和交互两大特点。

（1）“高清”是数字电视的本质

一般所说的高清，多指高清电视。高清电视，又叫“HDTV”，是由美国电影电视工程师协会确定的高清晰度电视标准格式。和传统电视相比，高清晰度电视的图像分辨率成倍地提高，宽色域、16∶9 的大屏幕和 5.1 环绕立体声播映，使得电视节目画面具有过去不可比拟的逼真性和感染力。

数字电视的本质是高清，高清电视是广电业的最大优势，对于拉动内需、带动相关产业发展具有至关重要的作用。

（2）“交互”深受观众喜爱

高清交互数字电视的可以交互的提供视频点播、回看录制、互动娱乐、用户设置等功能。

2.1.4　三网融合

三网融合是指电信网、广播电视网、互联网在向宽带通信网、数字电视网、下一代互联网演进过程中，三大网络通过技术改造，其技术功能趋于一致，业务范围趋于相同，网络互联互通、资源共享，能为用户提供语音、数据和广播电视等多种服务。三合并不意味着三大网络的物理合一，而主要是指高层业务应用的融合。三网融合应用广泛，遍及智能交通、环境保护、政府工作、公共安全、平安家居等多个领域。以后的手机可以看电视、上网，电视可以打电话、上网，电脑也可以打电话、看电视。三者之间相互交叉，形成你中有我、我中有你的格局。

三网融合打破了此前广电在内容输送、电信在宽带运营领域各自的垄断，明确了互相进入的准则——在符合条件的情况下，广电企业可经营增值电信业务、比照增值电信业务管理的基础电信业务、基于有线电网络提供的互联网接入业务等；而国有电信企业在有关部门的监管下，可从事除时政类节目之外的广播电视节目生产制作、互联网视听节目信号传输、转播时政类新闻视听节目服务、IPTV 传输服务、手机电视分发服务等。

我国2001年3月15日通过的“十五”计划纲要中，第一次明确提出“三网融合”：“促进电信、电视、互联网三网融合。”

2006年3月14日通过的“十一五”规划纲要，再度提出“三网融合”：积极推进“三网融合”。建设和完善宽带通信网，加快发展宽带用户接入网，稳步推进新一代移动通信网络建设。建设集有线、地面、卫星传输于一体的数字电视网络。构建下一代互联网，加快商业化应用。制定和完善网络标准，促进互联互通和资源共享。

1. 三网融合的优势

①信息服务将由单一业务转向文字、话音、数据、图像、视频等多媒体综合业务。

②有利于极大地减少基础建设投入，并简化网络管理，降低维护成本。

③将使网络从各自独立的专业网络向综合性网络转变，网络性能得以提升，资源利用水平进一步提高。

④三网融合是业务的整合，它不仅继承了原有的话音、数据和视频业务，而且通过网络的整合，衍生出了更加丰富的增值业务类型，如图文电视、VOIP、视频邮件和网络游戏等，极大地拓展了业务提供的范围。

⑤三网融合打破了电信运营商和广电运营商在视频传输领域长期的恶性竞争状态，各大运营商将在一口锅里抢饭吃，看电视、上网、打电话资费可能打包下调。

三网融合是一种广义的、社会化的说法，在现阶段它并不意味着电信网、计算机网和有线电视网三大网络的物理合一，而主要是指高层业务应用的融合。其表现为技术上趋向一致，网络层上可以实现互联互通，形成无缝覆盖，业务层上互相渗透和交叉，应用层上趋向使用统一的IP协议，在经营上互相竞争、互相合作，朝着向人类提供多样化、多媒体化、个性化服务的同一目标逐渐交汇在一起，行业管制和政策方面也逐渐趋向统一。三大网络通过技术改造，能够提供包括语音、数据、图像等综合多媒体的通信业务。

2. 三网融合技术展望

三网融合，在概念上从不同角度和层次上分析，可以涉及技术融合、业务融合、行业融合、终端融合及网络融合。目前更主要的是应用层次上互相使用统一的通信协议。IP优化光网络就是新一代电信网的基础，是我们所说的三网融合的结合点。

数字技术的迅速发展和全面采用，使电话、数据和图像信号都可以通过统一的编码进行传输和交换，所有业务在网络中都将成为统一的“0”或“1”的比特流。光通信技术的发展，为综合传送各种业务信息提供了必要的带宽和传输高质量，成为三网业务的理想平台。软件技术的发展使得三大网络及其终端都通过软件变更，最终支持各种用户所需的特性、功能和业务。最重要的是统一的TCP/IP协议的普遍采用，将使得各种以IP为基础的业务都能在不同的网上实现互通。人类首次具有统一的为三大网都能接受的通信协议，从技术上为三网融合奠定了最坚实的基础。

但是，如果按传统的办法处理三网融合将是一个长期而艰巨的过程，如何绕过传统的三网来达到融合的目的，那就是寻找通信体制革命的这条路，我们必须把握技术的发展趋势，结合我国实际情况，选择我们自己的发展道路。

我们的实际情况是数据通信与发达国家相比起步晚，传统的数据通信业务规模不大，比起发达国家的多协议、多业务的包袱要小得多，因此，可以尽快转向以IP为基础的新体制，在光缆上采用IP优化光网络，建设宽带IP网，加速我国Internet网的发展，使之与我国传统的通信网长期并存，既节省开支又充分利用现有的网络资源。

2.1.5 物联网

信息产业经过多年的高速发展， 经历了计算机、互联网与移动通信网两次浪潮，2000年后开始步入疲软阶段，整个行业的下一桶金在哪里？在此背景下，物联网、智慧地球概念的提出立即得到全球的热捧，其最大的动因就在于政府、企业各方都从中远望到下桶金的影子。物联网被称为世界信息产业第三次浪潮，代表了下一代信息发展技术，被世界各国当做应对国际金融危机、振兴经济的重点技术领域。实际上，物联网概念起源于比尔·盖茨1995年《未来之路》一书，只是当时受限于无线网络、硬件及传感设备的发展，并未引起重视。随着技术不断进步，互联网、通信网发展到了较高的层次，国际电信联盟于2005年正式提出物联网概念，发布了《ITU2005互联网报告:物联网》，指出“永远在线”的通信及其中的一些新技术：如RF ID、智能计算带来的网络化的世界、设备互联，从轮胎到牙刷，每个物体可能很快被纳入通信领域，从今天的互联网到未来的物联网预示着一个新时代的来临。但物联网的发展依然没有得到广泛关注。直到2009年1月28日，在美国工商业领袖举行的“圆桌会议”上，IBM首席执行官彭明盛（Sam Palmisano）首次提出“智慧地球”概念，希望通过加大对宽带网络等新兴技术的投入，振兴美国经济并确立美国的未来竞争优势。在获得美国总统奥巴马的积极回应后，这一计划随后上升为美国的国家战略，物联网再次引起广泛关注。物联网历经了10多年不被关注，如今得到欧洲联盟、日本、韩国等发达国家和地区的高度关注，并迅速上升为国家和地区发展战略，其背后有着深刻的国际背景和长远的战略意图。从这个过程来看，物联网的提出，既有人类对物品信息网络化的需求，也有当前技术发展的推动，如传感技术、身份识别技术、通信技术、网络技术、海量数据分析技术等，但最终还是振兴经济这个大旗使物联网得到广泛追捧。

1. 物联网的定义

物联网至今没有统一的定义，大家众说纷纭。国际通用的物联网的定义是：通过射频识别(RFID)、红外感应器、全球定位系统、激光扫描器等信息传感设备，按约定的协议，把任何物品与互联网连接起来，进行信息交换和通信，以实现智能化识别、定位、跟踪、监控和管理的一种网络。

2010年，我国的政府工作报告所附的注释中对物联网有如下说明：物联网是指通过信息传感设备，按照约定的协议，把任何物品与互联网连接起来，进行信息交换和通讯，以实现智能化识别、定位、跟踪、监控和管理的一种网络。邬贺铨院士认为物联网的特征是对每一个物件都可以寻址，联网的每一个物件都可以控制，联网的每一个空间都可以通信。邓中翰院士认为：物联网只是把过去很多区域化的专门应用的网络和互联网再进一步渗透、连接起来，是很多新一代增值服务在更广泛的网络平台上的集合。不应将物联网仅当做一个技术热点来看，因为物联网不是一个独立的网络，它是对现在的互联网进一步发展、泛在的一种形式。从技术手段上来说，它将传感器、传感器网络及RFID（射频识别)等感知技术、通信网与互联网技术、智能运算技术等融为一体，实现全面感知、可靠传送、智能处理，是连接物理世界的网络，“智能化”、“高清”等将成为物联网的关键词。出现物联网没有统一定义这种局面的原因是物联网还处于初级的概念阶段和探索阶段，还没有具有说服力的完整的大规模的应用。互联网是先发展起来，后有互联网这个名词术语；而物联网是先提出名词概念，

希望通过这个名词概念来推动实际网络的发展。

2. 物联网的构成分析

虽然物联网的定义目前没有统一的说法，但物联网的技术体系结构基本得到统一认识，分为感知层、网络层、应用层三个大层次。

（1）感知层

感知层是让物品说话的先决条件，主要用于采集物理世界中发生的物理事件和数据，包括各类物理量、身份标识、位置信息、音频、视频数据等。物联网的数据采集涉及传感器、RFID、多媒体信息采集、二维码和实时定位等技术。感知层又分为数据采集与执行、短距离无线通信2个部分。数据采集与执行主要是运用智能传感器技术、身份识别以及其他信息采集技术，对物品进行基础信息采集，同时接收上层网络送来的控制信息，完成相应执行动作。这相当于给物品赋予了嘴巴、耳朵和手，既能向网络表达自己的各种信息，又能接收网络的控制命令，完成相应动作。短距离无线通信能完成小范围内的多个物品的信息集中与互通功能，相当于物品的脚。

（2）网络层

网络层完成大范围的信息沟通，主要借助于已有的广域网通信系统(如PSTN网络、2G/3G移动网络、互联网等)，把感知层感知到的信息快速、可靠、安全地传送到地球的各个地方，使物品能够进行远距离、大范围的通信，以实现在地球范围内的通信。这相当于人借助火车、飞机等公众交通系统在地球范围内的交流。当然，现有的公众网络是针对人的应用而设计的，当物联网大规模发展之后，能否完全满足物联网数据通信的要求还有待验证。即便如此，在物联网的初期，借助已有公众网络进行广域网通信也是必然的选择，如同20世纪90年代中期在ADSL与小区宽带发展起来之前，用电话线进行拨号上网一样，它也发挥了巨大的作用，完成了其应有的阶段性历史任务。

（3）应用层

应用层完成物品信息的汇总、协同、共享、互通、分析、决策等功能，相当于物联网的控制层、决策层。物联网的根本还是为人服务，应用层完成物品与人的最终交互，前面两层将物品的信息大范围地收集起来，汇总在应用层进行统一分析、决策，用于支撑跨行业、跨应用、跨系统之间的信息协同、共享、互通，提高信息的综合利用度，最大限度地为人类服务。其具体的应用服务又回归到前面提到的各个行业应用，如智能交通、智能医疗、智能家居、智能物流、智能电力等。

3. 物联网的机遇与挑战

物联网满足人类对物质世界实现网络化、信息化、智能化沟通的需求，又得到了全球各界人士的热捧，其机遇不言而喻。从经济角度，据美国研究机构Forrester预测，物联网所带来的产业价值要比互联网大30倍，物联网将会形成下一个万亿元级别的通信业务。工信部副部长奚国华此前也曾公开表示，发展物联网对调整经济结构、转变经济增长方式具有积极意义，因为物联网自身就能够打造一个巨大的产业链，新的产业促进新的商机，促进新的商业模式。从技术角度，由于应用场景、应用模型、应用需求的变化，对技术发展也会带来新的机遇。机遇的普遍规律是机遇与挑战并存。物联网机遇是大家的、共有的，是全球性的，而挑战更多是对我们自己而言的，当前主要有来自核心技术、安全、商业模式三个方面的挑战。

（1）核心技术

中国的信息产业目前非常缺乏核心专利，半导体专利国外企业占 85% ，电子元器件、专用设备、仪器和器材专利国外企业占 70% ，无线电传输国外企业所占比例高达 93%，移动通信和传输设备国外企业也占到了 91%和 89% 。目前国内很多物联网应用涉及的芯片、传感器、核心软件都是国外的产品，还多是处于应用集成的初级阶段。这从信息安全和经济利益上都是巨大的挑战。

（2）安全问题

物联网所涉及的都是核心软硬件领域(如操作系统、数据库、中间件软件、嵌入式软件、集成电路等)，如果通过物联网网络覆盖医疗、交通、电力、银行等关系国计民生的重要领域，以现有的信息安全防护体系，难以保证敏感信息不外泄。一旦遭遇某些信息风险，更可能造成灾难性后果，小到一台计算机、一台发电机，大到一个行业甚至本国经济都会被别人控制。

（3）商业模式问题

任何产业的发展，最终还是需要用户愿意买单才能得到持续的发展和真正意义上的壮大。除了政策和技术层面的支持外，最重要的就是有能够持续盈利的商业模式，否则，物联网产业就只能停留在概念、实验室阶段，难以走向真正的产业应用。

总之，物联网虽然是公认的第三次信息产业浪潮，是很好的历史机遇，但我们也要清醒地认识到这不仅仅是我们的机遇，它更是 IBM 与美国所希望的机遇，甚至说更是他们在主动创造这个机遇。因此如何把他们期望的机遇变成我们的机遇，是值得我们认真思考的战略问题，需要政府、企业、专家协同作战，明确定位，分工协作，政府抓标准，专家攻核心技术，企业做应用研究，摸索大规模应用经验和商业模式。绝不能大家都只做有政绩的应用平台，否则那就真变成美国的机遇了。

随着物联网技术的高速发展，我们生活的整个世界智能化程度将越来越高，在不久的将来，物联网技术必将引起我国公安系统信息化的重大变革，与公安系统相关的各类应用将显著提升公安信息化和智能化水平，进一步增强公安系统服务社会和保障人民安全的能力。

2.1.6 其他网络

1. GPS 网络

GPS 是英文 Global Positioning System（全球定位系统）的简称，而其中文简称为“球位系”。GPS 是 20 世纪 70 年代由美国陆海空三军联合研制的新一代空间卫星导航定位系统 。其主要目的是为陆、海、空三大领域提供实时、 全天候和全球性的导航服务，并用于情报收集、核爆监测和应急通信等一些军事目的。经过 20 余年的研究实验，耗资 300 亿美元，到 1994 年 3 月，全球覆盖率高达 98%的 24 颗 GPS 卫星星座已布设完成。在机械领域，GPS 则有另外一种含义：产品几何技术规范(Geometrical Product Specifications)简称 GPS。另外一种解释为 G/s（GB per s）。

GPS 功能必须具备 GPS 终端、传输网络和监控平台三个要素；这三个要素缺一不可；通过这三个要素，可以提供车辆防盗、反劫、行驶路线监控及呼叫指挥等功能。

GPS 定位的基本原理是根据高速运动的卫星瞬间位置作为已知的起算数据，采用空间距离后方交会的方法，确定待测点的位置。如图所示，假设 t 时刻在地面待测点上安置 GPS 接收机，可以测定 GPS 信号到达接收机的时间Δt，再加上接收机所接收到的卫星星历等其他数据，可以确定如图 2.6 所示的四个方程式。

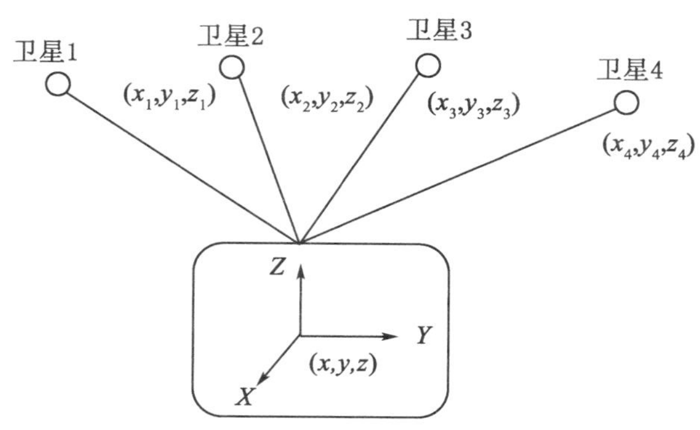

$$[(x_1-x)^2+(y_1-y)^2+(z_1-z)^2+]^{1/2}+c(Vt_1-Vt_0)=d_1$$

$$[(x_2-x)^2+(y_2-y)^2+(z_2-z)^2+]^{1/2}+c(Vt_2-Vt_0)=d_2$$

$$[(x_3-x)^2+(y_3-y)^2+(z_3-z)^2+]^{1/2}+c(Vt_3-Vt_0)=d_3$$

$$[(x_4-x)^2+(y_4-y)^2+(z_4-z)^2+]^{1/2}+c(Vt_4-Vt_0)=d_4$$

图 2.6　GPS 定位原理

2. 北斗卫星导航系统

北斗卫星导航系统（BeiDou（COMPASS）Navigation Satellite System）是中国正在实施的自主研发、独立运行的全球卫星导航系统。与美国 GPS、俄罗斯格洛纳斯、欧盟伽利略系统并称全球四大卫星导航系统。

北斗卫星导航系统由空间端、地面端和用户端三部分组成。空间端包括 5 颗静止轨道卫星和 30 颗非静止轨道卫星。地面端包括主控站、注入站和监测站等若干个地面站。用户端由北斗用户终端以及与美国 GPS、俄罗斯“格洛纳斯”（GLONASS）、欧洲“伽利略”（GALILEO）等其他卫星导航系统兼容的终端组成。

中国此前已成功发射四颗北斗导航试验卫星和九颗北斗导航卫星（其中，北斗-1A 已经结束任务），将在系统组网和试验基础上，逐步扩展为全球卫星导航系统。

北斗卫星导航系统建设目标是建成独立自主、开放兼容、技术先进、稳定可靠覆盖全球的导航系统。其示意图如图 2.7 所示。

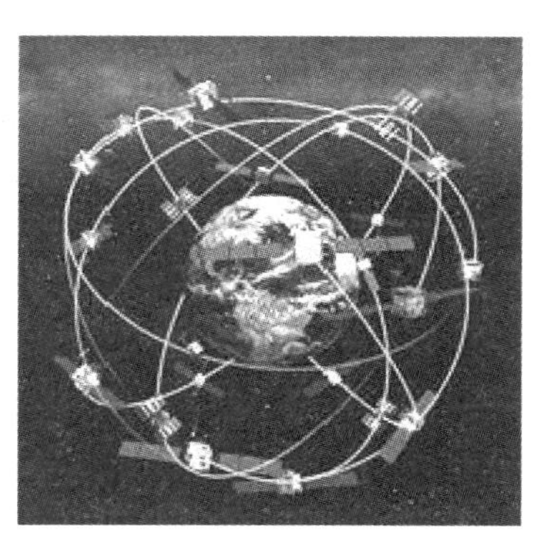

图 2.7　北斗卫星导航系统示意图

3. 海事卫星通信系统

海事卫星通信系统（system of maritime satellite communications）是使用通信卫星作为中继站的船舶无线电通信系统。其特点是质量高，容量大，可全球、全天候、全时通信。美国于1976年先后向大西洋、太平洋和印度洋上空发射了三颗海事通信卫星，建立了世界上第一个海事卫星通信站，主要容量服务于海军。1979年7月国际海事卫星组织成立 ，并于1982年建立了国际海事卫星通信系统，成为第一代国际海事卫星通信系统。海事卫星通信系统虽然造价昂贵，但因其有许多优点，而发展前景广阔。

海事卫星通信系统由通信卫星、岸站和船站三大部分组成。①海事通信卫星。它是系统的中继站，用以收、发岸站和船站的信号。卫星布设于太平洋、大西洋和印度洋三个洋区，采用静止轨道卫星，卫星可提供电话、电报、传真和共用呼叫服务。②岸站。它是设在海岸上的海事卫星通信地球站，起通信网的控制作用，设有天线等设备，岸台可与陆上其他通信网相连通。③船站。它是装在船上的海事卫星通信地球站，是系统的通信终端，装备有抛物面天线等设备，电话通信采用调频方式，电报通信采用移相键控调制方式。每颗通信卫星的通信容量的分配是由指定岸站的网络协调站负责分配卫星通信信道。电报信道预先分配给各岸站，由其负责分配与船站进行电报通信的时隙。电话信道由网络协调站控制，由船站、岸站进行申请后分配。

海事卫星通信系统是利用通信卫星作为中继站的一种船舶无线电通信系统。它具有全球（除南北极区外）、全时、全天候、稳定、可靠、高质量、大容量和自动通信等显著优点，既可改善船舶营运和提高管理效率、密切船岸联系，而且有助于保障海上人命安全。国际海事卫星通信系统（INMARSAT）是移动业务卫星通信系统（MSS）的一种。它包括移动台之间、移动台与固定台之间、固定台与公众通信网用户之间的通信。国际海事卫星通信系统是世界上第一个全球性的移动业务卫星通信系统。

4. 铱星系统

铱星系统是美国摩托罗拉公司设计的全球移动通信系统。它的天上部分是运行在7条轨道上的卫星，每条轨道上均匀分布着11颗卫星，组成一个完整的星座。它们就像化学元素铱(Ir)原子核外的77个电子围绕其运转一样，因此被称为铱星。后来经过计算证实，6条轨道就够了，于是，卫星总数减少到66颗，但仍习惯称为铱星。

铱星移动通信系统是美国于1987年提出的第一代卫星移动通信星座系统，其每颗卫星的质量670千克左右，功率为1200瓦，采取三轴稳定结构，每颗卫星的信道为3480个，服务寿命5—8年。铱星移动通信系统通过卫星与卫星之间的接力来实现全球通信，相当于把地面蜂窝移动电话系统搬到了天上。 其最大特点就是通信终端手持化，个人通信全球化，实现了5个“任何”（5W），即任何人（Whoever）在任何地点（Wherever）、任何时间（Whenever）与任何人（Whomever）采取任何方式 （Whatever）进行通信。

其使用的过程是：当地面上的用户使用卫星手机（见图2.8）打电话时，该区域上空的卫星会先确认使用者的账号和位置，接着自动选择最便宜也是最近的路径传送电话信号。如果用户是在一个人烟稀少的地区，电话将直接由卫星层层转达到目的地；如果是在一个地面移动电话系统（GSM或CDMA移动通信系统）的邻近区域，则控制系统会使用现在的地面移动通信系统的网络传送电话信号。

目前我们使用的GSM和CDMA地面移动通信系统只适于在人口密集的区域使用，对于覆盖地球大部分、人烟稀少的地区则根本无法使用。也就是说，铱星计划的市场目标定位是需要在全球任何一个区域范围内都能够进行电话通信的移动客户。

图 2.8　铱星手机

5. 欧星电话

欧星电话是由萨拉亚（Thuraya）提供的卫星和 GSM 双模移动电话。

优点之一，是在漫游时可以灵活地在两种模式中连续转换；

优点之二，是移动电话在 Thuraya 覆盖区域之外时，用户也可以在其他的 GSM 网络范围内使用；这个先进的组合和灵活的系统设计，对全球的用户服务是完全可靠的。

萨拉亚使用户自由地在各处移动，萨拉亚卫星技术补充了普通地面网络，并克服了广大的地理范围和复杂的地形。萨拉亚为用户提供免费“语音邮箱”服务；增值的 SMS（短信息）服务；萨拉亚移动电话可以作为调制解调器连接笔记本电脑 PC 进行数据传送和传真；或直接收发传真（见附件）。萨拉亚提供的“GPS 距离和方向显示”功能与其他民用 GPS 功能基本相同。萨拉亚在它的移动电话中也提供了 WAP；也提供了显示的附加语言。萨拉亚移动电话在各种环境的温度下所做的测试均超过所希望的标准。

2.2　信息社会化

社会是人们以共同物质生产活动为基础，按照一定的行为规范相互联系而结成的有机总体。构成社会的基本要素是自然环境、人口和文化。通过生产关系派生了各种社会关系，构成社会，并在一定的行为规范控制下从事活动，使社会得以正常运转和延续发展。社会化就是由自然人到社会人的转变过程，每个人必须经过社会化才能使外在于自己的社会行为规范、准则内化为自己的行为标准，这是社会交往的基础，并且社会化是人类特有的行为，是只有在人类社会中才能实现的。社会化涉及两个方面：一是社会对个体进行教化的过程；二是与其他社会成员互动，成为合格的社会成员的过程。信息网络的高速发展，网民人数的急剧上升，网民对于网络的依赖度加强，网民间的交流互动频繁，信息的社会化功能日益突出。从网络是新兴的“第四媒体”，到纷争四起的“网络江湖”，再到现实社会的延伸，构成了一个与现实生活相互并存的虚拟社会：现实中有的，网上也有；现实中没有的，网上还有，甚至催生了新的一代人群，形成了新的网络文化和语言，信息社会化已经成为我国现代化建设的重要标志之一。如图 2.9 所示。

图 2.9　2006 年美国《时代周刊》杂志封面

2.2.1　第四媒体

所谓媒体，是指传播信息的介绍，通俗的说就是宣传的载体或平台，能为信息的传播提供平台的就可以称为媒体了。媒体包括报纸、广播、电视、杂志、互联网、手机等。广泛的渗透性、快速的传播性、充分的自由性是媒体的主要特征。关注媒体是推进社会主义和谐社会建设的需要，是树立政府及领导干部个人良好形象的需要，是顺应媒体舆论监督职能的需要，也是加强与群众沟通、巩固党执政根基的需要。

人们按照传播媒介的不同，把新闻媒体的发展划分为不同的阶段——以纸为媒介的传统报纸、以电波为媒介的广播和基于电视图像传播的电视，它们分别被称为第一媒体、第二媒体和第三媒体。因特网被称为第四媒体，是将它作为继报刊、广播、电视之后发展起来的、并与传统大众媒体并存的新的媒体。它包含了人类信息传播的两种基本的方式，即人际传播和大众传播，突破了大众传统传播的模式框架。

1998 年 5 月，联合国秘书长安南在联合国新闻委员会上提出，在加强传统的文字和声像传播手段的同时，应利用最先进的第四媒体——互联网（Internet）。自此，“第四媒体”的概念正式得到使用。其主要的功能为监视环境，决策参与，文化传承和教育以及提供娱乐。第一，网上信息极其丰富，世界上有大，网络就有多大；世界有多少信息，网络就有多少信息。 第二，网络表现形式丰富多样，随着技术的不断发展，网络具有的高速度、数字化、宽屏化，多媒体化和智能化将得到进一步发挥。 第三，跨越时空界限，迅速及时，无远弗届。第四，在信息传播过程中可以自由交互，接受者可以即时与信息的传播者对话，共同完成传播活动。第五，网路提供个性化服务，也就是尼葛洛庞帝所说的“我的日报”、“我的电视”。

从目前的趋势来看，随着网络技术突飞猛进地发展，网络媒体日益成为能够整合一切既有媒体表现形式的全媒体，网络媒体日益成为占据主导地位的强势媒体。而这种以国际互联为前提的技术平台，为所有投身其中的人提供了一个空前平等的发展机会，任何一个人，你只要有一个好的想法、一台电脑、一根网线，你就可以创造一个奇迹，互联网世界一个又一个的神话，已经让人们瞠目结舌，即使在网络泡沫早已破灭的今天，仍有不少寒门学子，在做着互联网的奇迹之梦，他们的不懈努力，为网络媒体的不断发展，带来了无穷的创意。

因此，理论上可以归纳一下，国际互联网最为基本功能是高效准确的信息传递、全网络平台上的软件和硬件资源的共享、遵循共同规则的自由的组合的分布式处理方式；国际互联网最为基本的特性是它的全球互联性；国际互联网最为基本的不灭精神是资源共享，甚至有人据此提出了一个非常极端的口号：知识产权归全世界无产者所有，这不能不说是未来人类发展的一个非常不错的可供选择的方向，Linux 挑战 Windows 的武器就是开放源代码，正是用互联网资源共享的精神来为难微软，来吸引用户。

网络媒体是以互联网为媒介的新兴媒体，在网上发布和传播信息，因此网络媒体的功能必定受到互联网的强烈影响，它具备互联网的最基本的功能：信息传递、信息共享和分布式的信息处理方式，而信息共享的一个基础是需要有数据库的支持，所以作为网络媒体还具备数据库的功能。而了解和把握网络媒体的这四大基本功能，是进一步理解掌握网络媒体特性的基础，所有网络媒体应具备的特性，都由其四大基本功能所决定的。

作为以数字信号进行的信息传递必定具备快速准确的特性，因此网络媒体也具备上述特性，如何利用网络快速准确的进行新闻或者信息的发布和传播，是网络媒体区别于其他媒体的最基本要求。

有很多人强调网络媒体的即时性，网络媒体的时效性是它与传统媒体竞争的一个最简单的优势所在，是体现一个网站新闻处理制作水平的标志性因素，甚至决定了一个新闻网站的影响力、知名度和公信度。网络媒体的记者必须养成在第一时间发布新闻的职业习惯，网络媒体时代首发新闻的竞争，比传统媒体更激烈，往往代表了网络媒体的一个职业水平。在重大新闻事件发生的时候，即时的连续滚动的新闻报道，先发消息后跟进深度报道的做法成为网络媒体突出其时效性的通常做法，在网络媒体时代并不需要在采访结束后提供完整的报道，而需要在采访的进程中分步、连续地把你了解到的信息在网上及时发布出来，等采访结束后一个完整的报道就在这一组连续的报道中显现出来了，而且也只有这样才能充分体现网络媒体即时性的特性。而及时的阶段性的深度报道的穿插中，更是体现网站的新闻制作实力。网络时代讲的就是速度，高效的信息处理更是创立互联网的初衷，所以网络媒体第一要强调的特性就是它的即时性。做不到这点最好不要开办新闻网站，否则对网站的形象将是一个巨大的伤害，而这种伤害形成之后，再想转变网络界对你的看法，需要付出更大的努力和代价，这一点对于一个地方新闻网站尤其需要提醒。

不过网络媒体在强调新闻的即时的同时，新闻的准确性却给网站的队伍提出了巨大的挑战，网络媒体的信息传播的准确性只反映在编码传递的低误码率，并不能保证新闻语意上的准确，新闻的时效性和准确性的矛盾在网络媒体上体现得比其他媒体更为突出，正是这种矛盾导致网络媒体的公信力的下降，大家应该还记得过去管理机构是把网络媒体当做小报、小刊来治理的，文件出中经常并列出现“小报、小刊、互联网”，意思就是不实消息的来源，一方面是管理机构的歧视，同时也是网络媒体确实在新闻的准确性上出现过很多问题，导致中国的网络媒体尤其是地方网络媒体进入主流媒体的步伐大大滞后，与整个互联网的发展形势严重不符。因此，作为网络媒体的制作人员，必须比传统媒体更善于学习，更富有经验，更具有新闻的直觉和洞察力，更具备分析能力，更具有社会责任感。毕竟网络媒体信息传播的准确性还需要人的努力，而不单单靠电脑。

互联网信息技术的发展为网络言论的传播和表达提供了前所未有的空间和途径，普通大众能够以更加简便和快捷的方式，“任何时间、任何地点”地融入网络社会，借助大众网络媒介，如门户网站跟帖、社交网站（推特 Twitter 和脸谱 Facebook 等）、网络社区(BBS)、聊天室、即时通信(腾讯 QQ 和微软 MSN 等)、聚合新闻(RSS)、维基百科(WIKI)，以及小众网络媒介如博客(Blog)、微博等诸多载体，以计算机、手机、掌上电脑等多种形式，网络传播得以实现和强化。一方面，人们通过互联网分享知识、交流见闻、抒发情感、发表意见，另一方面，虚拟的网络社会和现实社会之间密切互动和紧密相关，网络舆情日渐凸显和张扬，形成了一个强大的网络舆论平台，成为社会舆论评判和传播的重要载体。网络媒介已经成为一个无限大的公共话语平台，前所未有地囊括了相当数量的社会精英，将分散的舆论监督进行了全面整合，对我国社会生活的影响力日益增强。如何更好地发挥网络媒介的社会功能是一个重大的时代课题。

2.2.2 虚拟社会

在 20 世纪 80 年代，关于“信息社会”的较为流行的说法是“3C”社会（通讯化、计算机化和自动控制化），“3A”社会（工厂自动化、办公室自动化、家庭自动化）和“4A”社会（“3A”加农业自动化）。到了 20 世纪 90 年代，关于信息社会的说法又加上多媒体技术和信息高速公路网络的普遍采用等条件。

1. 虚拟社会的定义

虚拟社会是指高科技的网络信息时代，把意识形态中的社会结构以数字化形式展示出来。虚拟社会对现实的生产不能产生帮助，但在人文服务和经济生活等方面的价值将逐渐展现其自己独特魅力。

虚拟社会是人们在计算机网络中展开活动，相互作用形成的社会关系体系。虚拟社会的形成和发展，为人类生存和发展提供了新的空间，改变了社会结构，形成了与现实社会并存的社会存在的新形式；改变了人类的生存方式和活动方式，形成了人类的虚拟生活方式；改变了人类思维的社会基础，形成了人类的虚拟思维方式。使虚拟化成为现代社会发展的一个新趋势。这社会哲学提供了重大研究课题。虚拟社会以现代计算机网络为基础和框架，人们以虚拟方式在其中展开活动而形成的社会关系体系，可以称为虚拟社会。虚拟社会的生成，改变了社会的结构，使社会分化为现实社会和虚拟社会，社会主体生存也随之分化为现实生存和虚拟生存。以虚拟性、模糊性、全球性、裂变性为特点的虚拟生存是与现实生存有根本区别的社会主体的一种存在方式 ，这种存在方式带来了人类生存中虚拟生存与现实生存、理想化生存与世俗化生存、全球生存与民族生存的矛盾。

在现代社会学中，社区是指地区性的生活共同体。构成一个社区，应包括以下 5 个基本要素：一定范围的地域空间、一定规模的社区设施、一定数量的社区人口、一定类型的社区活动、一定特征的社区文化。传统社会学认为社区与社区之间存在着种种差异，不同社区因结构、功能、人口状况、组织程度等因素体现出不同的分类和层次。在虚拟社会中，形成了网络社区。

2. “虚拟社会”的特征

（1）经济领域的特征

具体体现在：劳动力结构出现根本性的变化，从事信息职业的人数与其他部门职业的人数相比已占绝对优势；在国民经济总产值中，信息经济所创产值与其他经济部门所创产值相比已占绝对优势；能源消耗少，污染得以控制；知识成为社会发展的巨大资源。

（2）社会、文化、生活方面的特征

具体表现在：社会生活的计算机化、自动化；拥有覆盖面极广的远程快速通讯网络系统以各类远程存取快捷、方便的数据中心；生活模式、文化模式的多样化、个性化的加强；可供个人自由支配的时间和活动的空间都有较大幅度的增加。

（3）社会观念上的特征

具体表现在：尊重知识的价值观念成为社会之风尚；社会中人具有更积极地创造未来的意识倾向。

3. 信息社会的特征

①经济增长方式的高度集约化；

②劳动生产率水平的进一步提高；

③企业组织和管理体制的灵活化；

④工作方式和生活方式的个人自主化；

⑤信息化经济导致经济的全球化；

⑥信息经济可能成为环保经济；

⑦政府与公众的沟通加强和公开化；

⑧军事技术和未来战争的信息化。

以计算机、微电子和通信技术为主的信息技术革命是社会信息化的动力源泉。由于信息技术在资料生产、科研教育、医疗保健、企业和政府管理以及家庭中的广泛应用，从而对经济和社会发展产生了巨大而深刻的影响，从根本上改变了人们的生活方式、行为方式和价值观念。

4. 信息社会化的特征

①社会经济的主体由制造业转向以高新科技为核心的第三产业，即信息和知识产业占据主导地位；

②劳动力主体不再是机械的操作者，而是信息的生产者和传播者；

③交易结算不再主要依靠现金，而是主要依靠信用；

④贸易不再主要局限于国内，跨国贸易和全球贸易将成为主流。

信息化被称为推动现代经济增长的发动机和现代社会发展的均衡器。信息化与经济全球化，推动着全球产业分工深化和经济结构调整，改变着世界市场和世界经济竞争格局。不断发展的信息社会将在不同的社会形态条件下，不同的生产力基础上形成与之相适应的组织管理结构、新的生产方式和一批新兴产业，并促进新的产业结构的调整。数字化的生产工具在生产和服务领域广泛普及和应用。伴随着产业结构的演变，新的数字化生活方式和就业方式开始形成，就业结构将发生新的变化。产生了新的交易方式和新战争形态。

5. 网络社区

网络社区是指包括BBS/论坛、贴吧、公告栏、群组讨论、在线聊天、交友、个人空间、无线增值服务等形式在内的网上交流空间，同一主题的网络社区集中了具有共同兴趣的访问者。网络社区就是社区网络化、信息化，简而言之就是一个以成熟社区为内容的大型规模性局域网，涉及金融经贸、大型会展、高档办公、企业管理、文体娱乐等综合信息服务功能需求，同时与所在地的信息平台在电子商务领域进行全面合作。“信息化”和“智能化”是提高物业管理水平和提供安全舒适的居住环境的技术手段。

构建网络社区同样必须具备这五个因素，一定范围的地域空间指的是网站的域名、网站的空间，同时还包括到达这个空间的带宽，带宽正如你去往不同地方的公路，假如到达这个社区的公路宽敞和方便，那么这个社区会更容易凝聚人气。一定规模的社区设施在网络社区中指的是网站的功能和服务，人们在网络社区上仍然需要独立的个人空间（如 blog、sns），需要公共的活动和娱乐场所（如论坛、游戏等）、需要各种服务（如商城、生活资讯、分类信息、在线咨询等）。一定数量的社区人口指网站的注册用户数，当然注册的用户数并不等于有效的用户数。网络社区与现实社区有一个很明显的区别，现实社区中，社区中的人口容量是有限的，而网络社区中，人口的数量几乎是无限的。网络社区的运营者应该通过一切有效的手段让更多的网民到达这个社区，并想办法留住这些人。关于人口的容量，网络社区具有无可比拟的优势。一定类型的社区活动在网络社区上具体体现为记录自己的感情和生活，发起和参与各种问题的讨论，表达对一些问题的看法和观点，参与各种兴趣、各种主题的活动，通过各种方法表达和满足个性的诉求，进行倾诉、认同、交友、交易等，以及人们在这些活动中形成的社会网络。一定特征的社区文化指的是在不同的网络社区，由于社区的功能、结构、人群的组成、组织者的理念和倡导等方面的差异，形成具有一定特征的社区文化和社区认同。在具备了前面四个方面的因素以后，才有可能形成一定特征的社区文化。社区文化不是某个人赋予的，而是人们在社区活动中积累和沉淀下来的一种价值认同。比如提起 mop，你会想起变态（bt）、提起 donews，你会想起 IT 评论；提起 chinaren，你会想起温馨的校园生活。以上五个因素构成网络社区，网络社区将成为人们生活的一部分，成为人们现实生活的延伸。使人们的生活内涵更丰富，生活方式更加多元化，更加精彩。人类历史上，从来没有一项技术如此深刻地影响人们的工作和生活，在那么短的时间内给人类的生活方式带来如此大的革命。互联网还将彻底地改变人们的生活，网络社区的出现使互联网进入人们生活，预示着互联网改变生活的开始。

6. 网络文化

网络文化是指网络上的具有网络社会特征的文化活动及文化产品，是以网络物质的创造发展为基础的网络精神创造。广义的网络文化是指网络时代的人类文化，它是人类传统文化、传统道德的延伸和多样化的展现。狭义的网络文化是指建立在计算机技术和信息网络技术以及网络经济基础上的精神创造活动及其成果，是人们在互联网这个特殊世界中，进行工作、学习、交往、沟通、休闲、娱乐等所形成的活动方式及其所反映的价值观念和社会心态等方面的总称，包含人的心理状态、思维方式、知识结构、道德修养、价值观念、审美情趣和行为方式等方面。网络文化一种是从网络的角度看文化，另一种则是从文化的角度看网络。前者强调从网络的技术性特点切入，突出由技术变革所导致的文化范式变迁。而后者则主要从文化的特性出发，强调由网络内容的文化属性所引发的文化范式转型。不容否认，网络文化是新兴技术与文化内容的综合体，单纯强调任何一个方面都是不妥当的。

网络文化的主题是社会经济生活的结晶，它包括社会生活中的政治、经济行为主体、医疗卫生、娱乐文化、科学技术、教育、外交关系等。网络来源生活，网络文化的发展归根究底以社会为基础。其发展变化的条件是：

①网民新的网络文化思维方式，新的网络美学观念。

②网络文化的新的创造方式。

③网络外的资源以及这些资源素材创造的新资源。

④新的网络社会出现。

⑤网络技术的进步。

我们以前在网上无非是聊聊天、玩玩游戏、听听音乐什么的，做些可有可无的事来打发时间。而随着网络文化时代的进步，我们发现网络不仅可以给我们带来所需的资源，给我们娱乐放松展示自己的机会，更是驱使一个网络现象漫延的一个重要过程。比如网络文化中的跟风现象。最能体现跟风现象的就是“人肉搜索”事件。

7. 人肉搜索

人肉搜索之所以以“人肉”命名，是因为它与 百度、Google等利用机器搜索技术不同，它更多的利用人工参与来提纯搜索引擎提供的信息。人肉搜索的罪魁祸首是“猫扑网”，接近“百度知道”一类的提问回答网站。先是一人提问，然后八方回应，通过网络社区集合广大网民的力量，追查某些事情或人物的真相与隐私，并把这些细节曝光。人肉搜索中或许没有标准答案，但人肉搜索追求的最高目标是：不求最好，但求最肉。

从大学生卖身救母事件，网络虐猫事件，到火爆的“铜须门”网络丑闻，“功夫少女”色情照片事件，再到不久前的辽宁女视频辱骂四川地震事件，“人肉搜索”时刻显示着网民互动战争的浩瀚、壮阔，如此强大的人海战术威力不禁让人折服。

比如“虐猫事件”，2006 年 2 月 26 日晚，一位名为“碎玻璃渣子”的网友无意中在网上发现了一组虐猫图片和视频，这些图像的残忍甚至让他觉得不忍心看下去。

很快，这组图片和视频就通过转帖等形式在网上广泛地传播开来，仅一天时间就已从猫扑网传到天涯、新浪、搜狐、网易等各大网站，一度成为点击率最高的热门图片。而愤怒的网友甚至将虐猫女的头像制成了“宇宙 A 级通缉令”，号召认识的网友提供线索。

2 月 28 日，网友“鹊桥不归路”发现了一个重要线索。他在网上下载到了踩猫录像的完整视频，播放这段视频录像的网站名为“踩踏的世界”，注册公司是杭州“银狐科技”公司，注册人是该公司的总经理郭某。于是，郭某迅速被列为“踩猫事件幕后黑手”。

仅仅两天的时间，互联网上关心虐猫事件进展的网友已达 70 万，提供的线索也多达数万条。到 3 月 1 日，郭某的真实姓名、身份证号码、车牌号、地址，甚至大学履历都已经被网友们查出并公布在各大论坛上。3 月 4 日，一知情人在网上公布：踩猫女是黑龙江省萝北县医院的药剂师王某，而踩猫地点就是萝北县的名山岛。

不到 6 天的时间，虐猫录像制作、传播的组织者之一郭某、踩猫女王某，以及进行虐猫录像拍摄贩卖活动的李某，就相继被网友用“人肉搜索”的方式从茫茫人海中查出。事情曝光后，李某和王某分别在网上贴出了检讨书，此后，王某离开了萝北县医院，李某因此事丢掉了萝北电视台编辑部主任的职务，郭某由于照片、车牌号等在网上曝光，生活遭到彻底改变。而虐猫事件更是成了“人肉”搜索发展史上最引人关注的一次事件。

在人肉搜索事件中，我们看到了互联网带给我们的利与弊。大家愤怒时，可以发起“网络通缉令”，于是被“通缉”的人无论是好还是坏，很快，在互联网上我们就能看到有关他包括他周围一切的相关资料。人们在惊叹网络力量的同时，也会不自觉地会参与进来，而像“人肉搜索”这一集体化或个人化的网络行为，会被大家跟风的这样一种行为，可以被我们看做是一种由网络文化引申的现象。

人肉搜索作为一种工具，和所有群体性活动一样，也需要遵守相关法律法规，不违背社会的公序良俗和道德规范。如果超越法律界限，就容易越界为“网络暴力”。因此，使用“人肉搜索”应注意“度”。

8. 网络诞生的新职业

互联网同任何新生事物一样，在成长期间，总是伴随着种种缺陷。暴力网站、黑客事件、垃圾邮件、虚拟财产失盗、木马病毒等问题给网络秩序和网络道德规范以沉重打击。在这些问题亟待解决的同时，网络社会又出现了“网络推手”、“网络打手”等新新职业。

（1）网络推手

又名 网络推客，其实就是“网络策划师”，就是那些懂得网络推广并能应用的人。其推广的对象包括企业，产品和人。网络红人离不开网络推手，他们让现实中的普通人以极快的速度红遍网络。把普通人在网络上炒红，只是网络推手工作的一部分。其中最主要的是对企业和产品的推广。

（2）网络打手

是一种非常特殊的网络营销行为，通常是一些公关公司雇佣的枪手，他们在论坛、博客上使用各种片面、偏激而具有扰乱视听功能的文字来诋毁竞争对手。一些想要提高流量的网站也会有枪手去同类型的博客网站留言攻击，以期待将流量引入他们的网站。通常网络打手以谩骂、诽谤为主，语言通常比较夸张。

“芙蓉姐姐”、“天仙妹妹”等网络红人的迅速蹿红都是“网络推手”的“杰作”。而传遍一时的“王老吉事件”则靠“网络打手”的推动。“网络推手”“网络打手”是近几年才兴起的网络名词，但是其操纵了网络舆论，瓜分了网络民意。2009 年 12 月 19 日，央视经济半小时节目将其评价为“网络黑社会”，“打手”、“推手”严重影响了网络秩序。

（3）网络敌手

若干年前，美国军事记者詹姆斯•亚当斯曾在其撰写的《下一场战争》一书中假设道：借助事先植入的木马程序，美国政府远程关闭了德黑兰的民用电力网络，瘫痪了中国的三峡水库控制系统，扰乱了沙特阿拉伯的程控电话交换网络，进而得以兵不血刃地胁迫这些可能拥有庞大常规武器装备的“强国”服从美国的要求，阻止了冲突的发生。而最新的网络战实例则是，伊朗有约 3 万个互联网终端和布什尔核电站员工个人电脑 2010 年 9 月遭受震网（Stuxnet）蠕虫病毒攻击，伊朗指认美国和以色列发动网络攻击。

根据对美军网络战项目跟踪多年的防务专家乔尔•哈丁的评估，美军涉及网络战的军人已经增至 5 万~7 万人，其中网络战专家 3000~5000 人；加上原有的电子战人员 1.5 万人，总数已接近 9 万人——这意味着美军网络战部队人数已经相当于 7 个 101 空降师。但美军并不满足于此，网络战部队还在不断扩充。美军战略司令部司令奇尔顿对媒体透露：美军计划增加一支“网络特种部队”，还要招募 2000~4000 人。这支精英化部队不但要承担网络防御的任务，还将对别国的网络和电子系统进行秘密攻击，以获取美国所需的各种情报信息。

9. 网络语言

网络文化又同时宣布了一种新的语言的诞生，即网络用语——多在网络上流行的非正式语言；多为谐音、错别字改成，也有象形字词，以及在论坛上引起流行的经典语录。

网络语言是伴随着网络的发展而新兴的一种有别于传统平面媒介的语言形式。它以简洁生动的形式，一诞生就得到了广大网友的偏爱，发展神速。目前正在广泛使用的网络语言版本是“浮云水版”。网络语言包括拼音或者英文字母的缩写。含有某种特定意义的数字以及形象生动的网络动画和图片，起初主要是网虫们为了提高网上聊天的效率或某种特定的需要

而采取的方式，久而久之就形成特定语言了。网络上冒出的新词汇主要取决于它自身的生命力，如果那些充满活力的网络语言能够经得起时间的考验，约定俗成后我们就可以接受。

网络语言形式上的特点包括：

（1）符号化

在电脑上输出文字时，习惯上会带有相关的符号语言，例如：：-）；：-D；：-C……，等等。

（2）数字化

运用数字及其谐音可以更好地表达自己的想法。例如 55、88、562059487（我若爱你我就是白痴），等等。

（3）字母化

类似于数字的运用，字母也有表情达意的功效。如：BT【变态的缩写】，PPMM【漂亮的妹妹】，PMP【拍马屁】，BF【boy friend 的缩写，即男朋友】，等等。

内容上的特点包括：

（1）新词新意层出不穷

像网络新词“酱紫”【这样子啊】、“表”【不要】，一些旧词有了新的意思，“可爱”【可怜没人爱】、“恐龙”【丑女或者是褒义词】、“天生丽质”【贬义词】。

（2）超越常规的语法

网络语言已经不再拘泥于传统的词语构成语法，各种汉字、数字、英语或简写混杂在一起，怎么方便怎么用，语序也不受限，倒装句时有出现。如：“……先”、“……都”、“……的说”，千奇百怪。

（3）口语化的表达

网络交际语言用于网上交流，在表达上更偏向口语化、通俗化、事件化和时事化。

网络语言的类型包括：

（1）数字型

一般是谐音，例如 9494=就是就是，7456=气死我了，886=拜拜了。

（2）翻译型

其实这在语言学上很常见，就是外来语，一般也是根据原文的发音，找合适的汉字代替，例如“伊妹儿”=e-mail，“瘟都死”=windows。

（3）字母型

造词方法分三种，一是谐音，以单纯字母的发音代替原有的汉字，例如 MM=妹妹，E文=英文，S=死。还有一些在英文里经常用到的（目前书面语也渐趋口语化）如 u=you，r=are；二是缩写，有汉语拼音缩写如 JS=奸商，GG=哥哥；还有英文缩写，这个在语言学上也比较常见，如 BBS= 电子公告板系统，OMG=Oh My God；还有比较特殊的通过象形的方法创造的，比如 orz=拜倒小人，主要是英文字母做成的。

（4）符号型

多以简单符号表示某种特定表情或文字，以表情居多。如“- -”表示“无语”，“O.O”表示“惊讶”，这种表情型符号起源于日本漫画，后演变为漫画杂志中常出现的文字符号，成为网络语言后出现了更多形式。符号表示文字的多以谐音有关，如“=”表示“等”；“o”表示“哦”；“**”表示不雅语言等。^_^ 表示高兴的心情。

（5）新造类

此类网语是伴随着网络为大众提供的聊天室、BBS 等交流方式而派生出来的，多有借义的倾向。如 “拍砖”（发表不同见解）、“造砖”（认真精心地写）、“东东”（一切东西）等。这类词语读来别有意趣，已经有不少得到了人们的普遍认可，并在传统媒体崭露头角，流行范围比较广。新造词语为网络语言中最有创造力的部分，也是最传神的部分。新词新语已成为网络语言的标识。

网络语言的流行产生了网络热词，2011 年度十大网络“热词”分别是“伤不起、起云剂、虎妈、政务微博、北京精神、走转改、微电影、加名税、淘宝体、云电视”，2012 年度十大网络“热词”分别是“你幸福吗、屌丝（见图 2.10）、XX Style、我能说脏话吗、我再也不相信爱情了、累了，感觉不会再爱了、随时受不了、正能量、中国好 XX、元芳，你怎么看”。这些网络热词真实记录了中国出现的新事物、新概念，反映了当年百姓心理、观念上发生的悄然变化。据悉，以“汉语盘点”年度字词活动的形式来为过去一年作结始于 2006 年，已连续举办六届。

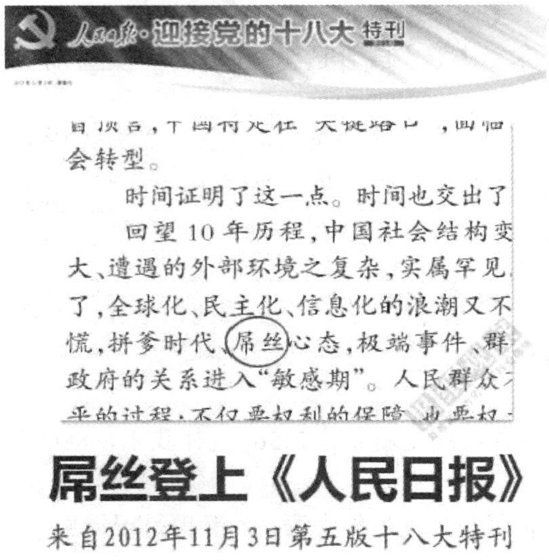

人民日报·迎接党的十八大特刊

会转型。

时间证明了这一点。时间也交出了

回望 10 年历程，中国社会结构变

大、遭遇的外部环境之复杂，实属罕见

了，全球化、民主化、信息化的浪潮又不

慌，拼爹时代、屌丝心态，极端事件、群

政府的关系进入“敏感期”。人民群众

屌丝登上《人民日报》

来自2012年11月3日第五版十八大特刊

图 2.10　屌丝登上《人民日报》

分析网络语言产生的根源：

①节约时间和费用。

②蔑视传统，崇尚创新。

③张扬个性。

④掩饰身份和习惯。

随着网络语言的流行，网络语言也出现了一些问题，如：

①不守口德，随意谩骂和人身攻击，为引起重视故意表现出另类性格和反调言论，与现实行为规范明显冲突。

②存在一些粗话、脏话和嘲讽人的词语。

③网语走出虚拟，进入现实生活。

④过于求新。

国家语言文字改革委员会的一位负责人表示，目前网络语言已引起了他们的重视，但是还处于研究探讨阶段，首先对网络语言要有一个比较好的了解和认识，然后才能决定何时规范，怎样规范。新词的诞生更多的是靠约定俗成，大家共同认可，它就有生命力，《现代汉语词典》要收录的也就是这一部分新词。网络语言的发展将来也会有这样的一个趋势：即一部分像“大哥大”一样自生自灭；另外一部分将从网上走下来，成为人们的日常生活用语。

在网络虚拟世界中，也衍生出如下一些特殊行业：

（1）网络公关公司（水军）

它们能为企业提供品牌炒作、产品营销、口碑维护、危机公关等服务，也能按客户指令进行密集发帖，诋毁、诽谤竞争对手，使其无法正常运营。2008年5月，万科遭遇“松山湖会议纪要”发帖者的攻击；三鹿事件后，一知名奶粉企业也曾遭遇类似的网络袭击。2009年3月10日，一篇名为《姐妹们小心了，揭露新东方老师的真面目》贴在凤凰论坛上，随后48小时内，这篇帖子被4600多个论坛转载。帖子中称新东方老师欺骗女生感情，伪造高分成绩，并且点出老师名字是“WSH”。并且还称新东方大部分老师素质低下。5个月后的8月5日，同样内容的帖子再次登上新浪、猫扑、天涯等30余个网络论坛，随后在48小时内又扩散到3000余个网络论坛。

与之相类似地，爱车码头、万科、蒙牛、贝因美等多家企业也遭遇过网络密集发帖的“攻击”。北京草根时代公关公司4年前因操作“虐猫女”事件而在业内出名。8月27日，其总经理李海刚说，目前专门有一些网络公关公司组织这种恶意攻击。在业内，他们将这些网络公关公司称为“网络黑社会”或者“网络打手公司”。 在网上存在一个利用发帖等方式制造网络热点谋利的产业链，从“封杀王老吉”事件，到康师傅“水源门”都有他们暗中操纵。

（2）网络黑社会

所谓“网络黑社会”，俗称是“网络推手”、“网络打手”、“发帖水军”，也叫“网络公关公司”、“网络营销公司”。之所以称其“黑社会”主要在于，它们不仅能为客户提供品牌炒作、产品营销、口碑维护、危机公关等服务，更能按客户指令进行密集发帖，诋毁、诽谤竞争对手，使其无法正常运营。这些公司，不仅为企业提供品牌炒作等服务，也能按客户指令进行密集发帖，诋毁、诽谤竞争对手，甚至控制舆论，左右法院判决。

（3）网络水军

水军，在词典里本意是海军前称，在中国古代称舟师。“网络水军”顾名思义，就是“在网络上‘灌水’（频繁地发帖、回帖）的人”。而在网上，另一个解释更令人熟悉：是指在论坛大量灌水的人员。这个简短的解释，现在看来，早已不能细致地描述这一群体的特征。从“贾君鹏，你妈喊你回家吃饭”，到小月月的疯狂蹿红，到蒙牛“诽谤门”事件暴露，到“3Q”大战，再到魅族手机被曝上市炒作……事后，都有调查证明，背后有一支操纵网络舆论的手——网络水军。他们的行动也早已非单纯的“灌水”，除了利用网络进行炒作外，还有部分网络水军使用了诽谤、诬陷、抹黑等手段，攻击竞争对手、编造轰动事件、混淆公众视听等。

网络水军，以注水发帖来获取报酬。每部热门电视剧、电影上映之时，就有人在网络上发帖招募水军，攻击或赞美。除此之外，要骂一些明星，或捧一些明星的时候，也有人在网络上进行招募。在网上发一个骂人帖通常可以获取5角钱的收入；如果能写成一些看上去相对有文化的文章，则可以获得 5~10 元不等的报酬。而幕后黑手可能是电视台、制片方的竞争对手，但同时也不排除制片方的自我炒作。 一是灵活性。可以根据任务的不同选择不同的水军进行操作，没有局限性。 二是不可控性。水军大都是不识身份的网民，大都穿马甲和雇佣者交易，无法掌控。 三是零散性。水军分散在全国各地，有活时才聚在一起，完成项目后又分散开。

目前“网络水军”大多受雇于网络公关公司，为他人发帖回帖造势的网络人员。为客户发帖回帖造势常常需要成百上千个人共同完成，那些临时在网上征集来的发帖人被叫做“网络水军”。版主把主帖发出去后，获得最广大的“网民”的注意，进而营造出一个话题事件，所有网络公关公司都必须雇佣大批的人员来为客户发帖回帖造势。“网络水军”也有专职和兼职之分。有媒体评论，网络水军的存在是网络营销的进阶。

另据了解，在网络水军中专门有网络打手。只要接到指令，成千上万的网络打手就会针对同一个话题在论坛、博客上使用各种片面、偏激而具有扰乱视听功能的文字来诋毁竞争对手。一些想要提高流量的网站也会有枪手去同类型的博客网站留言攻击，以期待将流量引入他们的网站。通常网络打手以谩骂、诽谤为主，语言多数比较夸张。网络打手通过不断发帖、跟帖，造成群体效应，并最终引导社会舆论。像蒙牛集团通过雇佣网络打手用键盘和鼠标损害竞争对手伊利集团的商业信誉，最终警方对有关涉案人员采取了司法措施。

2010年8月6日，网友“黄霆钧的爷爷”在天涯社区发表了一篇帖子，他认为当前在各大论坛出现的一篇针对某艺人的批评性文章系“网络水军”所为。这名网友发现，这篇批评性文章的作者和一个名为“水军军团”的网络组织有关。他在帖子中介绍，所谓的“水军军团”，就是通过在网络上发帖、回帖来赚取费用。

这篇帖子受到了不少网友的关注，同时也有人认为“黄霆钧的爷爷”实际上也是一名“水军”，只不过是他站在了支持这名艺人的立场上，“黄霆钧的爷爷”的这篇帖子实际上体现了两个“水军”军团之间的对抗，不少网友也对“水军”利用网络舆论“攻击”个人的行为表示了忧虑。

网络水军在发挥正面作用的同时，负面影响也显而易见。它可以帮助幕后的商业企业，迅速地炒作恶意信息并打击竞争对手（网络打手），也可以为新开发、新成立的网络产品（如网站、论坛、网络游戏等）恶意提高人气、吸引网民关注和参与。更为甚者，不少无良的网络水军被国外别有用心的机构和资本支持，不断在国内各大论坛发布和张贴攻击信息、造谣言论或挑拨语言，制造网民间的矛盾、进行不可告人的网络文化渗透。

“网络水军”此前并不为大众所知，但其人数并不少。因为流动性太大，一些业内人士认为，全国的“水军”总数很难统计。这位人士称，很多“水军”都是做一阵子就休息。他估计，频繁活跃的“水军”至少有数万人。“当然，水军几乎都是为许多个不同的公司服务的，”这位人士称，因此一些“水军”的网站、公司号称有“数万水军”也不足为奇。

虽然号称“动动手指，就能挣钱”，但“网络水军”的钱并不好挣。一些网站在公开招聘兼职“水军”时候，号称平时上上网，每个月就能挣到几千元。但接触一些“水军”后发现，即使是专职的“水军”，也很少能月收入超过一千元。而这些所谓“动动手指”就能挣来的钱，也很不容易。

（4）网络写手

网络写手，是以网络为发表平台的文学创造者，他们的作品有三个特点：“奇”，即情节和构思要新颖爽快；“快”，即要有更新速度；“俗”，即要通俗幽默浅显易懂。分几个时期：在网络文学发展的初期，专注于在“电子布告栏”（electronic bulletin boards，BBS）上发表文学创作，以及发表文学评论意见者；新世纪开始至今，继BBS之后，博客（网络日志）如雨后春笋般崛起，给众多热爱文学的年轻人提供了免费展示平台，也诞生了一批博客人。2012年度网络作家唐家三少、我吃西红柿、天蚕土豆，分别以3300万元、2100万元、1800万元的版税收入位列中国网络写手收入榜三甲。

10. 法律的发展状况

网络是无国界的，通过媒体网络，编造谎言、制造恐慌和分裂，亦可让其陷于真假难辨的消息和令人绝望的纷乱气氛中，大大丧失抵抗意志。

2012年12月28日，第十一届全国人大常委会第三十次会议审议通过的《全国人民代表大会常务委员会关于加强网络信息保护的决定》，以法律形式保护公民个人及法人信息安全，确立网络身份管理制度，明确网络服务提供者的义务和责任，并赋予政府主管部门必要的监管手段，重点解决我国网络信息安全立法滞后的问题，有利于保护公民个人及法人电子信息安全、促进社会和谐稳定，有利于维护国家安全和政治稳定、确保国家长治久安。

党的十七大以来，中国特色网络文化事业、文化产业始终保持快速发展势头，各地方和有关部门认真落实“积极利用、科学发展、依法管理、确保安全”的方针，进一步加强网络文化建设和管理，大力推进网络文化的蓬勃发展，网络文化创作生产空前活跃，网络文化产品和服务日益丰富，网络文化阵地不断壮大，网络文化产业风生水起，网络文化管理体系日臻完善，网络文化的吸引力、影响力进一步增强，在推动经济社会发展，构建社会主义和谐社会和全面建设小康社会的进程中发挥了积极作用。

第3章　网 安 天 下

网络安全是指网络系统的硬件、软件及其系统中的数据受到保护，不因偶然的或者恶意的原因而遭受到破坏、更改、泄露，系统连续可靠正常地运行，网络服务不中断。网络安全从其本质上来讲是指网络上信息的安全。网络安全包含逻辑安全和物理安全两方面的内容，其中逻辑安全可理解为信息安全，网络安全本质上是信息安全的引申，在信息的安全期内保证信息在网络上流动时或者静态存放时不被非授权用户非法访问，但授权用户可以访问。网络的物理安全是整个网络系统安全的前提，可以通过制定严格的网络安全规章制度，采取防辐射、防火以及安装不间断电源等措施得以实现。

3.1　网络安全隐患及其威胁来源

网络的最根本目的是实现网络资源的共享。伴随计算机与通信技术的迅速发展，网络面临的安全威胁也越来越多。其中包括自然灾害、网络结构的缺陷、恶意攻击以及系统本身漏洞等原因引起的各种网络安全隐患，也包括由于网络固有的优越性、开放性和互联性所造成的网络安全隐患。系统的安全漏洞也称为脆弱性，简称为漏洞或缺陷。典型的缺陷包括：系统、硬件、软件的设计缺陷；软件和协议的实现漏洞；以及在使用中的配置错误等。

3.1.1　硬件系统的脆弱性

计算机系统中，硬件的脆弱性主要表现为物理安全方面的问题。例如，由于自然灾害或温度、湿度、尘埃、静电、电磁场等原因，可能引发信息泄露或失效，由于硬件安全问题是固有的，这类问题采用软件程序的方法进行补救见效不大，一般是通过加强管理进行预防，该类问题最有效的防治方法是加强硬件在设计和选购时的安全性论证。

3.1.2　软件系统的脆弱性

软件本身的脆弱性是造成信息安全威胁的重要因素。软件的脆弱性主要来自于软件设计过程中由于疏忽可能留下的安全漏洞，软件设计中不必要的功能冗余等。

1. 软件分层的概念

从功能层次上说，软件可以分为操作平台软件、应用平台软件和应用业务软件。操作平台软件处于基础层，其任何的安全隐患都可能直接危及或被转移、延伸到应用平台软件。应用平台软件属于中间层，一方面可能受到来自操作平台软件的风险影响，另一方面，其安全风险也可能直接危及或传递给应用业务软件。应用业务软件处于最外层，直接与用户打交道，应用业务软件的任何风险都直接表现为整个系统的风险。

2. 软件脆弱性的原因

软件由于计算机系统在发展初期的主要任务是解决方便、快速处理数据的问题，在系统

安全性方面没有周密考虑，因此，随着软件规模的不断扩大，各类软件功能及其运行环境日益复杂。操作系统、数据库等系统软件，各类应用软件以及计算机硬件和各类硬件设备的漏洞更加隐秘、由此所造成的危害也更加严重。

3. 软件脆弱性引发的安全问题

尽管各软件开发商会不定期地推出软件的补丁，以解决已经发现的漏洞，但是由于软件本身的复杂性，已有漏洞的修改又可能引发新的漏洞。除了软件开发者由于技术原因无意制造的漏洞，还有一类漏洞是软件开发者为了日后窃取信息或信息而有意制造的漏洞。无论什么原因引起的漏洞都可能成为黑客攻击的便利途径。

3.1.3　网络和通信协议的脆弱性

在计算机网络中，两个相互通信的实体处在不同的地理位置，其上的两个进程相互通信，需要通过交换信息来协调它们的动作达到同步，而信息的交换必须按照预先共同约定好的规则进行。网络协议就是用来描述进程之间信息交换数据的规则、标准或约定的集合，协议规定了通信时信息必须采用的格式和这些格式的意义，不同的计算机之间必须使用相同的网络协议才能进行通信

1. 网络协议的要素

（1）语义

语义是解释控制信息每个部分的意义。它规定了需要发出何种控制信息，以及完成的动作与做出什么样的响应。

（2）语法

语法是用户数据与控制信息的结构与格式，以及数据出现的顺序。

（3）时序

时序是对事件发生顺序的详细说明。

人们形象地把这三个要素描述为：语义表示要做什么，语法表示要怎么做，时序表示做的顺序。

2. 网络协议的脆弱性

网络的互联是基于各种通信协议，但是由于因特网设计的初衷是为了计算机之间交换信息和数据共享，缺乏对安全性整体的构想和设计，协议的开放性、共享性以及协议的设计时缺乏认证机制和加密机制，这些使得网络安全存在着先天性的不足。

3. 各类网络协议安全性

在网络协议中，局域网和专用网络由于不直接与异构的网络进行连接和通信，其通信协议具有相对的封闭性，从而降低了外部网络或站点直接攻击软件系统的可能性，但是信息的电磁泄漏性和基于协议分析的搭线截获问题仍然存在。

安全问题最多的是基于 TCP/IP 协议的 Internet 及其通信协议。支持 Internet 的 TCP/IP 协议原本只考虑网络的互联互通和资源的共享问题，并没有考虑也无法兼容来自网络中的大量安全问题。任何接入 Internet 的计算机网络以及利用公共通信设施构建的内联网/外联网，无论在理论上还是在技术实践上都已经没有了真正的物理界限，同时在地缘上也没有真正的国界，国与国之间、组织与组织之间以及个人与个人之间的网络界限是依靠协议、约定和管理关系进行逻辑划分的。因此，Internet 存在以下安全隐患：

①由于 TCP/IP 协议使用 IP 地址作为网络结点的唯一标识，而 IP 地址的使用和管理又存

在许多问题，比如 IP 地址容易被伪造和更改等。因此，该协议缺乏对用户真实身份的鉴别。

②缺乏对路由协议的鉴别认证。TCP/IP 在 IP 层上缺乏对路由安全协议的安全认证机制，对路由信息缺乏鉴别与保护，因此可以通过 Internet 利用路由信息修改网络传输路径，误导网络分组传输。

除以上所述的 TCP/IP 协议的安全威胁外，FTP、EMAIL 以及 TCP/UDP 等协议都包含着许多影响网络安全的因素，存在着许多漏洞。例如 IP 欺骗、SYN Flooding 就是利用了 TCP/IP 网络协议的脆弱性。

3.1.4 人员的因素

网络安全的最大威胁往往来源于人。有这么一批人，他们电脑技术高超，往往处于各种目的，侵入别人的系统，进行各种操作，这类人往往被称做“黑客”。

1. 黑客相关的术语

黑客指热心于 计算机技术，水平高超的电脑专家，尤其是程序设计人员，是带有褒义的。现在，黑客一词已经成为了某类人员的统称。由于其目的不同，手段不同，这类人群又可以划分为：

（1）黑客

最早源自英文hacker，早期在美国的 电脑界是带有褒义的。他们都是水平高超的电脑专家，尤其是程序设计人员。

（2）红客

维护国家利益代表中国人民意志的红客，他们热爱自己的祖国、民族、和平，极力 维护国家安全与尊严。

（3）蓝客

信仰自由，提倡爱国主义的黑客们，用自己的力量来维护网络的和平。

（4）白客

又叫安全防护者，用寻常话说就是使用 黑客技术去做 网络安全防护，他们进入各大科技公司专门防护网络安全。

（5）灰客

亦叫骇客，又称破坏者，他们在那些红、白、黑客眼里是破坏者，是蓄意毁坏系统，恶意攻击等一系列的破坏手段。

2. 具有代表性的黑客事件

2008 年，一个全球性的黑客组织，利用 ATM 欺诈程序在一夜之间从世界 49 个城市的银行中盗走了 900 万美元。黑客们攻破的是一种名为 RBS WorldPay 的银行系统，并且利用高超的技术取得了数据库内的银行卡信息，目前该案件还没有破获，甚至连一个嫌疑人都没找到。

2010 年 1 月 12 日上午 7 点钟开始，全球最大中文 搜索引擎“百度”遭到黑客攻击，长时间无法正常访问。主要表现为跳转到一雅虎出错页面、伊朗网军图片，出现“天外符号”等，范围涉及四川、福建、江苏、吉林、浙江、北京、广东等国内绝大部分省市。这次攻击百度的黑客利用了 DNS记录篡改的方式。这是自百度建立以来，所遭遇的持续时间最长、影响最严重的黑客攻击，网民访问百度时，会被定向到一个位于荷兰的 IP地址，百度旗下所有子域名均无法正常访问。

2012 年 9 月 14 日，中国红客成功入侵日本最高法院官方网站，并在其网站上发布了有关钓鱼岛的图片和文字。

无论入侵计算机系统出于什么目的，黑客行为已成为计算机网络安全的主要威胁。目前很多单位缺少安全管理员，缺少定期的安全测试与检查和网络安全管理的技术规范，导致黑客很容易利用计算机系统及网络协议的漏洞非法入侵他人计算机，因此，网络管理员需要充分认识到这些潜在的威胁，及时采取补救措施。

3.1.5　网络安全威胁及其来源

1. 网络安全威胁

（1）信息泄露

信息泄露是指敏感数据在有意或无意间被泄露、丢失或者透露给未授权的实体，这种现象经常发生在信息的传输过程中。比如，利用电磁泄漏或者搭线窃听等方式截获机密信息，或通过对信息流向、流量、通信频度和长度等参数的分析，推测出有用的信息。

（2）完整性破坏

完整性是指信息的正确性、有效性和相容性。破坏完整性的威胁常常是别有用心者通过非法手段获得对信息的管理权，或者非法获得对数据的创建、修改和删除等操作，从而破坏数据的完整性。

（3）拒绝服务

拒绝服务是指由于受到攻击者对系统进行的非法的、根本无法访问成功的访问尝试而产生过量的系统负载，从而导致系统对合法用户的服务能力下降。或者系统本身在屋里或者逻辑上受到破坏而中断。

（4）未授权访问

未授权服务是指实体非法访问系统资源，或者授权用户越权访问系统资源。非法访问主要形式包括假冒和盗用合法用户身份攻击、非法进入网络系统进行操作或者合法用户以未授权的方式进行操作等。

2. 网络威胁的来源

（1）系统管理员操作不当

系统管理员或者安全管理员由于操作失误或者配置错误造成安全事故。也有一些失误是管理员恶意为之。由于管理员操作不当给系统带来的危害非常巨大，应该通过加强系统管理员以及安全管理员的责任心、提高他们的职业水平来控制和避免此类威胁。

（2）内部操作人员失误

系统管理制度不严格或者执行不力造成内部人员私自安装拨号上网软件以绕过系统安全管理的控制点或者内部人员利用隧道技术与外部人员实施勾结等造成网络和站点拥塞甚至造成网络瘫痪。

（3）来自外部的威胁

来自外部的威胁主要指：

①黑客攻击。黑客往往会绕过系统管理的网上跟踪和反跟踪，对系统实施攻击破坏或者通过攻击获得系统的信息和技术。

②信息间谍。信息间谍主要以获取系统情报为目的，他们往往通过在系统中安装监听设备，监听和窃取包括政治、经济、军事、国家安全等方面的情报，系统的此类威胁主要属于国家之间或者机构之间的对抗范畴。

③计算机犯罪。计算机犯罪人员利用系统漏洞，进入系统并且篡改系统数据，例如，篡改金融数据，将别人账户上的资金转移到自己的账户下。

3.2 信息网络安全法律法规

法律法规，指中华人民共和国现行有效的法律、行政法规、司法解释、地方法规、地方规章、部门规章及其他规范性文件以及对于该等法律法规的不时修改和补充。其中，法律有广义、狭义两种理解。广义上讲，法律泛指一切规范性文件；狭义上讲，仅指全国人大及其常委会制定的规范性文件。在与法规等一起谈时，法律是指狭义上的法律。法规则主要指行政法规、地方性法规、民族自治法规及经济特区法规等。

本教材从法律、法规、部门规章和地方法规等四个层面对信息安全相关的法律法规进行介绍。

3.2.1 信息安全法律

目前，我国涉及信息安全的法律主要包括：

1.《中华人民共和国宪法》

《中华人民共和国宪法》是中华人民共和国的根本大法，规定拥有最高法律效力。中华人民共和国共制定过四部宪法，现行的第四部宪法在 1982 年由第五届全国人民代表大会通过，并经过了 1988 年、1993 年、1999 年和 2004 年四次修正。

（1）宪法中与信息相关的条款

第二十八条国家维护社会秩序，镇压叛国和其他危害国家安全的犯罪活动，制裁危害社会治安、破坏社会主义经济和其他犯罪的活动，惩办和改造犯罪分子。

第三十五条中华人民共和国公民有言论、出版、集会、结社、游行、示威的自由。

第四十条中华人民共和国公民的通信自由和通信秘密受法律的保护。除因国家安全或者追查刑事犯罪的需要，由公安机关或者检察机关依照法律规定的程序对通信进行检查外，任何组织或者个人不得以任何理由侵犯公民的通信自由和通信秘密。

第四十一条中华人民共和国公民对于任何国家机关和国家工作人员，有提出批评和建议的权利；对于任何国家机关和国家工作人员的违法失职行为，有向有关国家机关提出申诉、控告或者检举的权利，但是不得捏造或者歪曲事实进行诬告陷害。

第五十一条中华人民共和国公民在行使自由和权利的时候，不得损害国家的、社会的、集体的利益和其他公民的合法的自由和权利。

第五十三条中华人民共和国公民必须遵守宪法和法律，保守国家秘密，爱护公共财产，遵守劳动纪律，遵守公共秩序，尊重社会公德。

第五十四条中华人民共和国公民有维护祖国的安全、荣誉和利益的义务，不得有危害祖国的安全、荣誉和利益的行为。

《中华人民共和国宪法》的相关条款规定了维护国家安全，维护社会秩序；制裁危害社会的违法犯罪活动；保护通信自由和通信秘密；保守国家秘密；保护公民、法人和其他组织的合法权益等与信息安全相关的内容。

（2）宪法与信息法的关系

信息法与宪法是普通法与根本法的关系。信息法依据宪法制定，是宪法原则具体化，同时不得与宪法相抵触。宪法从根本上确认了公民与团体的表达、传递和获取信息的权利。宪法中规定了公民的信息自由权，如何保障这一权利使之能全面有效地实现，是信息法需要解

决的问题。

2.《中华人民共和国刑法》

《中华人民共和国刑法》是规定犯罪、刑事责任和 刑罚的法律，是掌握政权的统治阶级为了维护本阶级政治上的统治和经济上的利益，根据其阶级意志，规定哪些行为是犯罪并应当负何种刑事责任，给予犯罪人何种 刑事处罚的法律。

（1）刑法中与信息相关的条款

第二百五十三条邮政工作人员私自开拆或者隐匿、毁弃邮件、电报的，处二年以下有期徒刑或者拘役。

犯前款罪而窃取财物的，依照本法第二百六十四条的规定定罪从重处罚。

国家机关或者金融、电信、交通、教育、医疗等单位的工作人员，违反国家规定，将本单位在履行职责或者提供服务过程中获得的公民个人信息，出售或者非法提供给他人，情节严重的，处三年以下有期徒刑或者拘役，并处或者单处罚金。

窃取或者以其他方法非法获取上述信息，情节严重的，依照前款的规定处罚。

单位犯前两款罪的，对单位判处罚金，并对其直接负责的主管人员和其他直接责任人员，依照各该款的规定处罚。

第二百八十五条违反国家规定，侵入国家事务、国防建设、尖端科学技术领域的计算机信息系统的，处三年以下有期徒刑或者拘役。

违反国家规定，侵入前款规定以外的计算机信息系统或者采用其他技术手段，获取该计算机信息系统中存储、处理或者传输的数据，或者对该计算机信息系统实施非法控制，情节严重的，处三年以下有期徒刑或者拘役，并处或者单处罚金；情节特别严重的，处三年以上七年以下有期徒刑，并处罚金。

提供专门用于侵入、非法控制计算机信息系统的程序、工具，或者明知他人实施侵入、非法控制计算机信息系统的违法犯罪行为而为其提供程序、工具，情节严重的，依照前款的规定处罚。

第二百八十六条违反国家规定，对计算机信息系统功能进行删除、修改、增加、干扰，造成计算机信息系统不能正常运行，后果严重的，处五年以下有期徒刑或者拘役；后果特别严重的，处五年以上有期徒刑。

违反国家规定，对计算机信息系统中存储、处理或者传输的数据和应用程序进行删除、修改、增加的操作，后果严重的，依照前款的规定处罚。

故意制作、传播计算机病毒等破坏性程序，影响计算机系统正常运行，后果严重的，依照第一款的规定处罚。

第二百八十七条利用计算机实施金融诈骗、盗窃、贪污、挪用公款、窃取国家秘密或者其他犯罪的，依照本法有关规定定罪处罚。

第三百六十三条以牟利为目的，制作、复制、出版、贩卖、传播淫秽物品的，处三年以下有期徒刑、拘役或者管制，并处罚金；情节严重的，处三年以上十年以下有期徒刑，并处罚金；情节特别严重的，处十年以上有期徒刑或者无期徒刑，并处罚金或者没收财产。

为他人提供书号，出版淫秽书刊的，处三年以下有期徒刑、拘役或者管制，并处或者单处罚金；明知他人用于出版淫秽书刊而提供书号的，依照前款的规定处罚。

备注：所谓淫秽物品，指具体描绘性行为或者露骨宣扬色情的淫秽性书刊、影片、录像带、图片及其他淫秽物品。

“制作”是指生产、录制、编写、译著、绘画、印刷、刻印、摄制、洗印等行为。

“复制”是指通过翻印、翻拍、复印、复写、复录等方式对已有的淫秽物品进行重复制作的行为。

“出版”是指编辑、印刷出版发行淫秽书刊。

“贩卖”是指销售淫秽物品的行为，包括发行、批发、零售、倒卖等。

“传播”是指通过播放、出租、出借、承运、邮寄等方式致使淫秽物品流传的行为。

行为人只要以牟利为目的，实施了“制作、复制、出版、贩卖、传播”这五种行为中一种行为的，即构成本罪。构成本罪，主观上必须有牟利的目的。本条第二款规定的为他人提供书号出版淫秽书刊罪为过失犯罪，如果行为人主观上出于故意，则不构成本罪，而构成第一款规定的出版淫秽物品罪。

第三百六十四条传播淫秽的书刊、影片、音像、图片或者其他淫秽物品，情节严重的，处二年以下有期徒刑、拘役或者管制。

组织播放淫秽的电影、录像等音像制品的，处三年以下有期徒刑、拘役或者管制，并处罚金；情节严重的，处三年以上十年以下有期徒刑，并处罚金。

制作、复制淫秽的电影、录像等音像制品组织播放的，依照第二款的规定从重处罚。

向不满十八周岁的未成年人传播淫秽物品的，从重处罚。

备注：“传播”是指在公共场所或者公众之中进行传播，主要是指通过传阅、出借、展示、赠送、讲解等方式散布、流传淫秽物品的。这种传播行为可以是在公共场合公开进行，也可以是在公众中私下进行。其传播不是以牟利为目的，如以牟利为目的的传播应依照第三百六十三条的规定定罪处罚。

“情节严重”主要是指多次、经常性地在社会上传播淫秽物品；所传播的淫秽物品数量较大；或者虽然传播淫秽物品数量不大、次数不多，但被传播对象人数众多；造成的后果严重等。

“组织播放”是指召集多人播放淫秽电影、录像等音像制品的行为。播放淫秽音像制品，实质上也是一种传播淫秽物品的方式，鉴于这种行为在传播淫秽物品的各项活动中比较突出，且危害也比较严重，本款将这种行为规定为一个独立的罪名。

第三百六十五条组织进行淫秽表演的，处三年以下有期徒刑、拘役或者管制，并处罚金；情节严重的，处三年以上十年以下有期徒刑，并处罚金。

第三百六十六条单位犯本节第三百六十三条、第三百六十四条、第三百六十五条规定之罪的，对单位判处罚金，并对其直接负责的主管人员和其他直接责任人员，依照各该条的规定处罚。

第三百六十七条本法所称淫秽物品，是指具体描绘性行为或者露骨宣扬色情的淫秽性的书刊、影片、录像带、录音带、图片及其他淫秽物品。

有关人体生理、医学知识的科学著作不是淫秽物品。

包含有色情内容的有艺术价值的文学、艺术作品不视为淫秽物品。

（2）刑法与宪法的关系

宪法与刑法是“母法”与“子法”的关系。

宪法与刑法的联系：宪法是刑法的基础和立法依据，刑法是根据宪法制定的，是宪法中关于刑事内容的具体化；刑法内容不得与宪法相违背，否则就会因为被宪法而无效。

宪法与刑法的共同点：宪法与刑法都是我国制定或认可的法律，均由国家强制力保证实

施，都对全体社会成员具有普遍约束力；宪法和刑法都是我国人民意志和利益的体现，对全体社会成员具有规范和保护作用。

宪法与刑法的区别：宪法规定的内容是国家生活中的根本问题，而刑法规定的内容则是国家生活中关于刑事方面的问题；宪法比刑法具有更高的法律效力；宪法的修改程序比刑法更加严格。

3.《中华人民共和国刑事诉讼法》

刑事诉讼法是指 国家制定或认可的调整刑事诉讼活动的 法律规范的总称。它调整的 对象是公、检、法机关在当事人和其他 诉讼参与人的参加下，揭露、证实、惩罚犯罪的活动。它的内容主要包括刑事诉讼的任务、基本原则与制度，公、检、法机关在刑事诉讼中的职权和相互关系，当事人及其他诉讼参与人的 权利、义务，以及如何进行刑事诉讼的具体程序等。

（1）刑事诉讼法与宪法的关系

宪法作为 根本法，它是其他法律、法规赖以产生、存在、发展和变更的基础和前提条件，是一个 国家法律制度的基石，是 公民权利的保障书，是依法治国的前提和基础。刑事诉讼法是程序法，通过制定刑事诉讼法，将宪法中有关刑事诉讼程序的抽象的 法律规范变为可操作的、具体的刑事诉讼法的法律条文，使 宪法精神得到具体化，刑事诉讼法的制定和修改，也必须以宪法为根据。

（2）刑事诉讼法与刑法的关系

刑事诉讼法与刑法的关系是程序法和实体法的关系。刑事诉讼法属于程序法，刑法属于实体法。刑法规定了犯罪与刑罚的问题，是刑事实体法；刑事诉讼法则是规定追诉犯罪的程序、追诉机关、审判机关的权力范围、当事人以及诉讼参与人的诉讼权利以及相互的法律关系，是刑事程序法。

程序法是为实体法的实现而存在的，而程序法本身具有独立的品格。刑事诉讼法规范涉及国家权力与个人权利的分配关系，直接关系到公民的自由、财产等各项权利的实现程度。伴随着诉讼民主化的发展历程，刑事诉讼程序发生的变化更大，承担不同诉讼职能的国家机关之间也存在职责分配的变化。刑事诉讼法所规定的程序内容是在不断地变化中走向程序正义，引导刑事程序法治的实现。中国刑事诉讼法的内容在科学化、民主化方面仍有待发展聚焦刑事诉讼法修改六大看点，以适应不断提升的人权保障的需要。

刑事诉讼法和刑法具有个别与一般的关系的性质。刑法与刑事诉讼法都以惩罚犯罪、保护人权、维护社会秩序、限制国家公权为目的，刑法是从静态角度对国家刑罚权的限制，而刑事诉讼法则是从动态的角度为国家实现刑罚权施加了一系列程序方面的限制，二者相辅相成、相得益彰，构成了刑事法的整体内容。如果将刑事诉讼看做是一个逻辑证明的过程，那么，在这个逻辑证明的链条上，刑法的规定就是大前提，刑事诉讼是为了探寻小前提，刑事诉讼的结果便是结论。

（3）刑事诉讼法与信息法的关系

信息法是实体法，刑事诉讼法是程序法；当信息权利受到侵犯时，权利主体可以通过诉讼来主张权利保护。因此，诉讼法在保护信息权利方面具有重要作用。同时，由于信息法本身的特殊性质，其相关诉讼中逐渐发展出一些特别的诉讼规则。

4.《中华人民共和国保守国家秘密法》

《中华人民共和国保守国家秘密法》规定了国家事务、国防建设和武装力量活动、外交和外事活动、国民经济和社会发展、尖端科学技术和追查刑事犯罪以及其他涉及国家秘密领域，1988年9月5日中华人民共和国主席令6号。

秘密法中与信息相关的条款包括：

第十条国家秘密的密级分为绝密、机密、秘密三级。绝密级国家秘密是最重要的国家秘密，泄露会使国家安全和利益遭受特别严重的损害；机密级国家秘密是重要的国家秘密，泄露会使国家安全和利益遭受严重的损害；秘密级国家秘密是一般的国家秘密，泄露会使国家安全和利益遭受损害。

第二十一条国家秘密载体的制作、收发、传递、使用、复制、保存、维修和销毁，应当符合国家保密规定。

绝密级国家秘密载体应当在符合国家保密标准的设施、设备中保存，并指定专人管理；未经原定秘密机关、单位或者其上级机关批准，不得复制和摘抄；收发、传递和外出携带，应当指定人员负责，并采取必要的安全措施。

第二十二条属于国家秘密的设备、产品的研制、生产、运输、使用、保存、维修和销毁，应当符合国家保密规定。

第二十三条存储、处理国家秘密的计算机信息系统（以下简称涉密信息系统）按照涉密程度实行分级保护。

涉密信息系统应当按照国家保密标准配备保密设施、设备。保密设施、设备应当与涉密信息系统同步规划，同步建设，同步运行。

涉密信息系统应当按照规定，经检查合格后，方可投入使用。

第二十四条机关、单位应当加强对涉密信息系统的管理，任何组织和个人不得有下列行为：

（一）将涉密计算机、涉密存储设备接入互联网及其他公共信息网络；

（二）在未采取防护措施的情况下，在涉密信息系统与互联网及其他公共信息网络之间进行信息交换；

（三）使用非涉密计算机、非涉密存储设备存储、处理国家秘密信息；

（四）擅自卸载、修改涉密信息系统的安全技术程序、管理程序；

（五）将未经安全技术处理的退出使用的涉密计算机、涉密存储设备赠送、出售、丢弃或者改作其他用途。

5.《中华人民共和国人民警察法》

警察法于1995年2月28日第八届全国人民代表大会常务委员会第十二次会议通过。该法为维护国家安全和社会治安秩序，保护公民的合法权益，加强人民警察的队伍建设，从严治警，提高人民警察的素质，保障人民警察依法行使职权，保障改革开放和社会主义现代化建设的顺利进行而制定。

警察法第六条第十二款规定，人民警察有监督管理计算机信息系统的安全保护工作的职责。

6.《中华人民共和国电子签名法》

电子签名法于2004年8月28日第十一届全国人民代表大会常务委员会第十一次会议通过。该法中所称电子签名，是指数据电文中以电子形式所含、所附用于识别签名人身份并表明签名人认可其中内容的数据。其中所称的数据电文，是指以电子、光学、磁或者类似手段生成、发送、接收或者储存的信息。

签名法对规范电子签名行为，确立电子签名的法律效力，维护有关各方的合法权益做了规定。电子签名法具有非常重要的现实意义，主要用于规范电子签名行为，从国家法律意义上明确了电子签名的法律效力。

3.2.2　信息安全法规

目前，我国已经颁布并执行的信息安全行政法规主要包括：

1.《中华人民共和国计算机信息系统安全保护条例》

本条例是为了保护计算机信息系统的安全，促进计算机的应用和发展，保障社会主义现代化建设的顺利进行而制定，是中华人民共和国国务院令 147 号，1994 年颁布。147 号令是我国计算机信息系统安全体系建设的基本法律依据，也为信息系统安全体系的建设提出了明确的要求。主要条款内容包括：

①计算机信息系统，是指由计算机及其相关的和配套的设备、设施（含网络）构成的，按照一定的应用目标和规则对信息进行采集、加工、存储、传输、检索等处理的人机系统。

②计算机信息系统的安全保护，应当保障计算机及其相关的和配套的设备、设施（含网络）的安全，运行环境的安全，保障信息的安全，保障计算机功能的正常发挥，以维护计算机信息系统的安全运行。

③计算机信息系统的安全保护工作，重点维护国家事务、经济建设、国防建设、尖端科学技术等重要领域的计算机信息系统的安全。

④公安部主管全国计算机信息系统安全保护工作。国家安全部、国家保密局和国务院其他有关部门，在国务院规定的职责范围内做好计算机信息系统安全保护的有关工作。

⑤任何组织或者个人，不得利用计算机信息系统从事危害国家利益、集体利益和公民合法利益的活动，不得危害计算机信息系统的安全。

另外，条例从安全保护制度、安全监督、法律责任等方面对计算机信息系统保护的具体内容作了规定。

2.《中华人民共和国计算机信息网络国际联网管理暂行规定》

《中华人民共和国计算机信息网络国际联网管理暂行规定》是中华人民共和国国务院令 195 号，1996 年颁布。该规定是为加强对计算机信息网络国际联网的管理，保障国际计算机信息交流的健康发展而制定，主要适用于中华人民共和国境内的互联网。与信息安全相关的主要条款内容包括：

①国家对国际联网的建设布局、资源利用进行统筹规划。

②国务院信息化工作领导小组办公室负责组织、协调有关部门制定国际联网的安全、经营、资费、服务等规定和标准的工作，并对执行情况进行检查监督。

③中国互联网络信息中心提供互联网络地址、域名、网络资源目录管理和有关的信息服务。

④我国境内的计算机信息网络直接进行国际联网，必须使用邮电部国家公用电信网提供的国际出入口信道。任何单位和个人不得自行建立或者使用其他信道进行国际联网。

⑤已经建立的中国公用计算机互联网、中国金桥信息网、中国教育和科研计算机网、中国科学技术网四个互联网络，分别由邮电部、电子工业部、教育部和中国科学院管理。

⑥新建互联网络，必须经部(委)级行政主管部门批准后，向国务院信息化工作领导小组提交互联单位申请书和互联网络可行性报告，由国务院信息化工作领导小组审议提出意见并报国务院批准。

⑦对从事国际联网经营活动的接入单位实行国际联网经营许可制度。经营许可证的格式由国务院信息化工作领导小组统一制定。经营许可证由经营性互联单位主管部门颁发，报国务院信息化工作领导小组办公室备案。

⑧个人、法人和其他组织用户使用的计算机或者计算机信息网络必须通过接入网络进行国际联网，不得以其他方式进行国际联网。

⑨国际出入口信道提供单位、互联单位和接入单位必须建立网络管理中心，健全管理制度，做好网络信息安全管理工作。

3.《互联网信息服务管理办法》

《互联网信息服务管理办法》是中华人民共和国国务院令292号，2000年颁布。本办法是为规范互联网信息服务活动，促进互联网信息服务健康有序发展而制定，规定了中华人民共和国境内从事互联网信息服务活动必须遵守的条例。本办法中与信息安全相关的主要条款包括：

①互联网信息服务分为经营性和非经营性两类。

②国家对经营性互联网信息服务实行许可制度；对非经营性互联网信息服务实行备案制度。

③从事经营性互联网信息服务，除应当符合《中华人民共和国电信条例》规定的要求外，还应当具备其他一些相关条件。

④从事非经营性互联网信息服务，应当向省、自治区、直辖市电信管理机构或者国务院信息产业主管部门办理备案手续。

⑤从事互联网信息服务，拟开办电子公告服务的，应当在申请经营性互联网信息服务许可或者办理非经营性互联网信息服务备案时，按照国家有关规定提出专项申请或者专项备案。

⑥互联网信息服务提供者应当按照经许可或者备案的项目提供服务，不得超出经许可或者备案的项目提供服务。非经营性互联网信息服务提供者不得从事有偿服务。

互联网信息服务提供者变更服务项目、网站网址等事项的，应当提前30日向原审核、发证或者备案机关办理变更手续。

⑦从事新闻、出版以及电子公告等服务项目的互联网信息服务提供者，应当记录提供的信息内容及其发布时间、互联网地址或者域名；互联网接入服务提供者应当记录上网用户的上网时间、用户账号、互联网地址或者域名、主叫电话号码等信息。互联网信息服务提供者和互联网接入服务提供者的记录备份应当保存60日，并在国家有关机关依法查询时，予以提供。

⑧互联网信息服务提供者不得制作、复制、发布、传播含有下列内容的信息：

- 反对宪法所确定的基本原则的；
- 危害国家安全，泄露国家秘密，颠覆国家政权，破坏国家统一的；
- 损害国家荣誉和利益的；
- 煽动民族仇恨、民族歧视，破坏民族团结的；
- 破坏国家宗教政策，宣扬邪教和封建迷信的；

- 散布谣言，扰乱社会秩序，破坏社会稳定的；
- 散布淫秽、色情、赌博、暴力、凶杀、恐怖或者教唆犯罪的；
- 侮辱或者诽谤他人，侵害他人合法权益的；
- 含有法律、行政法规禁止的其他内容的。

4.《中华人民共和国电信条例》

《中华人民共和国电信条例》是中华人民共和国国务院令 91 号，2000。《中华人民共和国电信条例》是为了规范电信市场秩序，维护电信用户和电信业务经营者的合法权益，保障电信网络和信息的安全，促进电信业的健康发展而制定。该条例中所称的电信，是指利用有线、无线的电磁系统或者光电系统，传送、发射或者接收语音、文字、数据、图像以及其他任何形式信息的活动。条例对在中华人民共和国境内从事电信活动或者与电信有关的活动适应于对提供信息通信的建设和运营单位进行了全面规范，其目的是保障安全的信息通信环境。

3.2.3　信息安全部门规章

主要的信息安全部门规章有公安部、信息产业部、国务院新闻办公室、国家保密局、新闻出版总署等部门的规定。比较具有影响力的信息安全部门规章主要包括：

1.《关于严禁用涉密计算机上国际互联网的通知》

《关于严禁用涉密计算机上国际互联网的通知》主要针对地方和中央国家机关部委的涉密计算机上互联网的问题，由中保委于 2003 年 5 月 16 日印发。该通知的主要内容包括：

①涉密计算机信息系统必须与互联网实行物理隔离，严禁用处理国家秘密信息的计算机上互联网，违者严肃查处。

②采取切实措施，加强对计算机的使用管理，上互联网的计算机必须与处理涉密信息的计算机严格区分，做到专机专用，不得既用于上互联网又用于处理国家秘密信息。

③使用物理隔离计算机一机两用的，其物理隔离计算机必须采用经国家保密局批准的产品，使用中应严格按规范操作，严防由于误操作造成泄密。在目前尚不能确保安全的情况下，禁止任何单位将网络安全隔离与交换设备（又称网闸）用于涉密信息网络和互联网之间。

④加强计算机及网络安全保密知识教育，加强保密形势教育，使涉密人员懂得用涉密计算机上互联网的严重危害性，提高信息安全保密意识，自觉遵守保密纪律和有关保密规定。

⑤要切实加强对计算机及网络的保密管理，建立健全规章制度，并严格执行；加强保密技术检查，及时发现违反规定的行为，堵塞泄密漏洞。

2.《计算机信息系统国际联网安全保护管理办法》

《计算机信息系统国际联网安全保护管理办法》由公安部于 1997 年 12 月 30 日发布，该办法为加强对计算机信息网络国际联网的安全保护，维护公共秩序和社会稳定，根据《中华人民共和国计算机信息系统安全保护条例》、《中华人民共和国计算机信息网络国际联网管理暂行规定》和其他法律、行政法规的规定制定，主要适用于中华人民共和国境内的计算机信息网络国际联网安全保护管理。该办法的主要条款包括：

①公安部计算机管理监察机构负责计算机信息网络国际联网的安全保护管理工作。公安机关计算机管理监察机构应当保护计算机信息网络国际联网的公共安全，维护从事国际联网业务的单位和个人的合法权益和公众利益。

②任何单位和个人不得利用国际联网危害国家安全、泄露国家秘密，不得侵犯国家的、社会的、集体的利益和公民的合法权益，不得从事违法犯罪活动。

③任何单位和个人不得利用国际联网制作、复制、查阅和传播下列信息：

- 煽动抗拒、破坏宪法和法律、行政法规实施的；
- 煽动颠覆国家政权，推翻社会主义制度的；
- 煽动分裂国家、破坏国家统一的；
- 煽动民族仇恨、民族歧视，破坏民族团结的；
- 捏造或者歪曲事实，散布谣言，扰乱社会秩序的；
- 宣扬封建迷信、淫秽、色情、赌博、暴力、凶杀、恐怖，教唆犯罪的；
- 公然侮辱他人或者捏造事实诽谤他人的；
- 损害国家机关信誉的；
- 其他违反宪法和法律、行政法规的。

④任何单位和个人不得从事下列危害计算机信息网络安全的活动：

- 未经允许，进入计算机信息网络或者使用计算机信息网络资源的；
- 未经允许，对计算机信息网络功能进行删除、修改或者增加的；
- 未经允许，对计算机信息网络中存储、处理或者传输的数据和应用程序进行删除、修改或者增加的；
- 故意制作、传播计算机病毒等破坏性程序的；
- 其他危害计算机信息网络安全的。

⑤用户的通信自由和通信秘密受法律保护。任何单位和个人不得违反法律规定，利用国际联网侵犯用户的通信自由和通信秘密。

3.《计算机信息系统国际联网保密管理规定》

国家保密局，2000。该规定为加强计算机信息系统国际联网的保密管理，确保国家秘密的安全，根据《中华人民共和国保守国家秘密法》和国家有关法规的规定制定。

4.《金融机构计算机信息系统安全保护工作暂行规定》

公安部，1998。该规定为加强金融机构计算机信息系统安全保护工作，保障国家财产的安全，保证金融事业的顺利发展，根据《中华人民共和国中国人民银行法》和《中华人民共和国计算机信息系统安全保护条例》等有关法律、法规制定。

5.《电子出版物管理规定》

新闻出版署，2007。该规定为发展和繁荣我国电子出版物出版事业，加强对电子出版物的管理，促进社会主义物质文明和精神文明建设，根据《出版管理条例》制定。

6.《计算机信息系统安全专用产品检测和销售许可管理办法》

公安部，1997。该办法为加强计算机信息系统安全专用产品（以下简称安全专用产品）的管理，保证安全专用产品的安全功能，维护计算机信息系统的安全，根据《中华人民共和国计算机信息系统安全保护条例》第十六条的规定制定。

7.《计算机病毒防治管理办法》

公安部，2000。该办法为加强对计算机病毒的预防和治理，保护计算机信息系统安全，保障计算机的应用与发展，根据《中华人民共和国计算机信息系统安全保护条例》的规定制定。

8.《国家信息化领导小组关于加强信息安全保障工作的意见》

2003 年由中央办公厅、国务院办公厅转发的。该意见明确提出实行信息安全等级保护，是信息安全等级保护的重要政策性文件。

9.《关于信息安全等级保护工作的实施意见》

公安部、国家保密局、国家密码管理委员会、国务院信息化工作办公室四部委联合发布，2004。该意见对我国信息安全等级保护的级别及各级别的要求做了具体规定。

3.2.4　信息安全地方法规

北京、上海、天津等地方政府也相继配套发布了许多与信息安全保障工作相关的法规和标准，这些地方法规根据本地实际情况，详细规定了保障和加强信息安全管理、网络安全事件应急处置预案、网络安全岗位责任制等做了周密的部署。

3.2.5　保证信息安全的部分规定

1. 关于信息安全的“五禁止”

根据国务院办公厅《关于加强政府信息安全和保密管理工作的通知》中，关于信息安全的“五禁止”指的是：

（1）禁止将涉密信息系统接入国际互联网及其他公共信息网络；

（2）禁止在涉密计算机与非涉密计算机之间交叉使用 U 盘等移动存储设备；

（3）禁止在没有防护措施的情况下将国际互联网等公共信息网络上的数据备份到涉密信息系统；

（4）禁止涉密计算机、涉密移动存储设备与非涉密计算机、非涉密移动存储设备混用；

（5）禁止使用具有无线互联功能的设备处理涉密信息。

2. 计算机网络保密的“十个不准”

公安部颁布了关于计算机网络保密的“十个不准”，具体内容如下：

（1）涉密计算机不准连接互联网；

（2）涉密计算机不准使用无线键盘和无线网卡；

（3）涉密计算机不准安装来历不明的软件和随意拷贝他人文件；

（4）涉密计算机和涉密移动存储介质不准让他人使用、保管或办理寄运；

（5）未经专业消密，不准将涉密计算机和涉密移动存储介质淘汰处理；

（6）涉密场所中连接互联网的计算机不得安装、配备和使用摄像头等视频、音频输入设备；

（7）不准在涉密计算机和非涉密计算机之间交叉使用移动存储介质；

（8）不准在互联网上存储、处理涉密信息；

（9）不准使用普通传真机、多功能一体机传输、处理涉密信息；

（10）不准通过手机和其他移动通信工具谈论国家秘密、发送涉密信息。

3.3　信息网络安全技术

信息网络安全是关系到国家安全和主权、社会稳定、民族文化继承和发扬的重要问题。信息网络安全技术涉及计算机科学、网络技术、通信技术、密码技术、信息安全技术、数学等多门学科，其主要目标是保证网络系统的硬件、软件及其系统中的数据受到保护，不受偶然的或者恶意的原因导致的破坏、更改、泄露、系统连续可靠正常地运行。

3.3.1 信息系统防御策略基本原则

信息安全体系属于防御体系，在构建过程中应该遵循以下策略：

1. 最小特权原则

最小特权原则是指系统安全的最基本原则，其实质是任何实体（用户、管理员、进程、应用和系统等）仅有该主体需要完成其指定任务所必需的特权。最小特权可以尽量避免将系统资源暴露在侵袭之下，并减少因特别的侵袭所造成的破坏。

2. 纵深防御原则

安全的体系应该是一个具有协议层次和纵向结构层次的完备系统，应该建立相互支撑的多种安全机制。

3. 建立阻塞点原则

阻塞点是指在网络系统对外连接的通道上，可供管理人员进行监控的连接控制点，通过阻塞点可以对网络进行监控和控制，例如，位于站点和 Internet 之间的防火墙就是一个阻塞点，阻塞点有助于系统管理人员对网络的监控。

4. 失效保护原则

失效保护是指当发生故障时，必须拒绝入侵者的访问，更不允许入侵者进入网络，失效保护也会引起当故障发生时正常用户无法进入系统的情况。例如，当包过滤路由器发生故障时，将不允许任何数据包进出。

5. 安全策略简单化原则

安全策略一定要简单、易于理解和实施。简单化的安全策略一方面便于理解，另一方面也可以避免隐藏漏洞，从而威胁网络的安全。

6. 普遍参与原则

系统的安全单纯依靠系统管理员或安全管理员进行维护是远远不够的，一个安全系统的运行需要全体人员共同参与设计和维护。

7. 防御多样化原则

防御多样化是指使用不同厂家的安全保护系统，降低因普遍的错误或配置而危及整个系统。

8. 监测和消除薄弱连接

是指对网络系统防御中的弱点采取措施进行加固或消除其存在，同时监测无法消除的缺陷。

3.3.2 系统安全的工程原则

系统在安全设计、实施和运行过程中，应该兼顾系统安全的系统性、相关性、动态性和相对性原则。

1. 系统性原则

系统安全需要安全技术和安全管理的密切结合。只有经过对系统进行安全规划，对信息进行优先级保护分类，对系统脆弱性的分布和强度关系进行分析，对来自内部和外部的威胁手段和技术进行排列，建立起“风险分析、安全需求分析、安全策略制定和评估及其实施、

风险监测以及实时响应”的安全模型，才可能有效抵制各类系统安全风险。

2. 相关性原则

相关性是指涉及系统安全的各组件之间的变化关系，可能引起安全风险强度及分布的变化，安全策略需要适应这一变化。

3. 动态性原则

动态性是指安全策略以及实现安全策略的安全技术和安全服务应该具有“风险监测、实时响应、策略调整、风险降低”的自适应能力。

4. 相对性原则

相对性是指安全方案的根本意义不在于可防范所有的违规和网络犯罪行为，而在于可防范大多数、一般性违规和常规性犯罪。安全方案更侧重于对恶意违规或者犯罪行为具有探测、记录跟踪、告警和实时反应能力。

3.3.3 身份认证技术

计算机网络世界中一切信息包括用户的身份信息都是用一组特定的数据来表示的，计算机只能识别用户的数字身份，所有对用户的授权也是针对用户数字身份的授权。如何保证以数字身份进行操作的操作者就是这个数字身份合法拥有者，也就是说保证操作者的物理身份与数字身份相对应，身份认证技术就是为了解决这个问题。

1. 身份认证的意义

身份认证是系统审查用户身份的过程，根据审查结果确定用户是否具有对某种资源的访问和使用权限。身份认证也称身份鉴别，它是信息安全的重要组成部分，是实施访问控制、审计等一系列信息安全措施的前提，只有在真实用户的前提下，访问控制、安全审计等才有意义。作为防护网络的第一道关口，身份认证有着举足轻重的作用。网络中的身份认证是通过将一个证据与实体身份绑定来实现的。实体可能是用户、进程、设备、应用程序等。

2. 身份认证的方法

通常情况下，可以根据用户的下列三种信息确认用户的身份：

①用户所知道的（what you know）。即根据用户所知道的信息确认用户的身份。例如，很多系统通过用户名+口令的方式确认用户是否为合法用户。

②用户所拥有的（what you have）。即根据用户所拥有的东西确认用户身份。例如，身份证、IC卡、USB key等。

②用户本身特有的（what you are）。即根据用户的身体特征来确认用户身份。例如，指纹、虹膜、面相、声纹、笔迹、DNA等。

在实际应用中，为了保证系统达到更高的安全级别，往往会将上面的三种方法混合使用，即通过多个因素共同确认用户身份。

3.3.4 访问控制技术

访问控制是防止对网络资源进行非法使用和访问的技术。

1. 访问控制的意义

访问控制是网络安全防范和保护的主要策略，是保证网络安全最重要的核心策略之一。访问控制涉及的技术包括入网访问控制、网络权限控制、目录级控制以及属性控制等多种手段。

2. 基于权限的访问控制

网络的权限控制是针对网络非法操作所提出的一种安全保护措施。用户和用户组被赋予一定的权限。网络控制用户和用户组可以访问哪些目录、子目录、文件和其他资源。可以指定用户对这些文件、目录、设备能够执行哪些操作。

在信息管理系统中，基于权限的访问控制技术使用非常广泛。例如，可以将用户分为：系统管理员用户，可以指定该类用户只负责对系统用户的创建以及指定其他用户的权限等，系统初始化完成，系统中往往只有一个管理员用户，其他所有的用户都是管理员用户创建的；操作员用户，该类用户可以修改信息系统中的数据；普通用户，该类用户往往只能够对系统中的数据进行浏览和查询，不可以修改系统数据。在实际系统中，开发人员可以根据系统的具体情况设置不同角色的用户并且为该类用户指定权限。

3.3.5 防病毒技术

计算机病毒是指计算机程序中插入的破坏计算机功能或者破坏数据，影响计算机使用并且能够自我复制的一组计算机指令或者程序代码。计算机病毒大多是由人为故意编写的，病毒编写者有的为了表现和证明自己的能力，或者出于对上司的不满，为了报复，为了得到控制口令等目的。也有因政治、军事、宗教、民族、专利等方面的需求而专门编写的，其中也包括一些病毒研究机构和 黑客的测试病毒。

1. 计算机病毒的特点

①繁殖性。计算机病毒可以像生物 病毒一样进行繁殖，当 正常程序运行的时候，它也进行运行自身复制，是否具有繁殖、感染的特征是判断某段程序为计算机病毒的首要条件。

②破坏性。计算机中毒后，可能会导致 正常的程序无法运行，把计算机内的文件删除或受到不同程度的损坏。通常表现为：增、删、改、移。

③传染性。计算机病毒不但本身具有破坏性，更有害的是具有传染性，一旦病毒被复制或产生 变种，其速度之快令人难以预防。传染性是病毒的基本特征。

④潜伏性。有些病毒像定时炸弹一样，让它什么时间发作是预先设计好的。比如黑色星期五病毒，不到预定时间一点都觉察不出来，等到条件具备的时候一下子就爆炸开来，对系统进行破坏。

⑤隐蔽性。计算机病毒具有很强的隐蔽性，有的可以通过病毒软件检查出来，有的根本就查不出来，有的时隐时现、变化无常，这类病毒处理起来通常很困难。

⑥可触发性。病毒具有预定的触发条件，这些条件可能是时间、日期、文件类型或某些特定数据等。病毒运行时，触发机制检查预定条件是否满足，如果满足，启动感染或破坏动作，使病毒进行感染或攻击；如果不满足，使病毒继续潜伏。

2. 计算机病毒的表现形式

如果计算机出现以下某种或者某几种症状，则可能是染上了计算机病毒。

①计算机系统运行速度减慢。

②计算机系统经常无故发生 死机。

③计算机系统中的文件长度发生变化。

④计算机存储的容量异常减少。

⑤系统引导速度减慢。

⑥丢失文件或文件损坏。

⑦计算机屏幕上出现异常显示。

⑧计算机系统的蜂鸣器出现异常声响。

⑨磁盘 卷标发生变化。

⑩系统不识别 硬盘。

⑪对 存储系统异常访问。

⑫键盘输入异常。

⑬文件的日期、时间、属性等发生变化。

⑭文件无法正确读取、复制或打开。

⑮命令执行出现错误。

⑯虚假报警。

⑰无故更换当前盘。有些病毒会将当前盘切换到C盘。

⑱时钟倒转。有些病毒会命名系统时间倒转，逆向计时。

⑲WINDOWS操作系统无故频繁出现错误。

⑳系统异常重新 启动。

㉑一些 外部设备工作异常。

㉒异常要求用户输入密码。

㉓WORD或EXCEL提示执行“宏”。

㉔使不应驻留内存的程序驻留内存。

3. 计算机病毒的传播渠道

①通过移动存储介质。通过使用外界被感染的优盘、移动硬盘等。由于移动存储介质的便携性和易操作性，很容易感染病毒并且传播，不加控制地随便在机器上移动存储介质，很容易形成病毒感染、泛滥蔓延的温床。

②通过硬盘。硬盘也是病毒的重要传染渠道，由于机器移到其他地方使用、维修等，造成硬盘被病毒感染，从而使传染并扩散。

③通过光盘。因为光盘容量大，存储了海量的可执行文件，大量的病毒就有可能藏身于光盘，对只读式光盘，不能进行写操作，因此光盘上的病毒不能清除。以谋利为目的非法盗版软件的制作过程中，不可能为病毒防护担负专门责任，也绝不会有真正可靠可行的技术保障避免病毒的传入、传染、流行和扩散。当前，盗版光盘的泛滥给病毒的传播带来了很大的便利。

④通过网络。网络是病毒最快、最广的传播方式。网络带来的安全威胁主要来自两个方面，一个方面是来自文件下载，这些被浏览的或是被下载的文件可能存在病毒。另一个方面是来自电子邮件。大多数Internet邮件系统提供了在网络间传送附带格式化文档邮件的功能，因此，遭受病毒的文档或文件就可能通过网关和邮件服务器涌入企业网络。

4. 计算机病毒的防范

①建立良好的安全习惯。对一些来历不明的邮件及附件不要打开，不要上一些不太了解的网站、不要执行从网上下载后未经杀毒处理的软件等，这些必要的习惯会使您的计算机更安全。

②关闭或删除系统中不需要的服务。默认情况下，许多操作系统会安装一些辅助服务，如FTP客户端、Telnet和Web服务器。这些服务为攻击者提供了方便，而又对用户没有太大用处，如果删除它们，就能大大减少被攻击的可能性。

③经常升级安全补丁。80%的网络病毒是通过系统安全漏洞进行传播的，像蠕虫王、冲击波、震荡波等都是通过系统漏洞进行传播的，所以应该定期到微软网站去下载最新的安全补丁，以防患于未然。

④使用复杂的密码。许多网络病毒就是通过猜测简单密码的方式攻击系统的，因此使用复杂的密码，将会大大提高计算机的安全系数。

⑤迅速隔离受感染的计算机。当计算机发现病毒或异常时应立刻断网，以防止计算机受到更多的感染，或者成为传播源，再次感染其他计算机。

⑥安装个人防火墙软件。由于网络的发展，用户电脑面临的黑客攻击问题也越来越严重，许多网络病毒都采用了黑客的方法来攻击用户电脑，因此，用户还应该安装个人防火墙软件，将安全级别设为中、高，这样才能有效地防止网络上的黑客攻击。

5. 计算机病毒的查杀

一旦计算机感染了病毒，就应该利用专业的防病毒软件进行查杀。安装专业的杀毒软件进行全面监控。这是最直接和有效的防范措施，安装了反病毒软件之后，应该经常进行升级，并要打开监控系统。

目前市场上流行的防病毒软件很多，例如诺顿、瑞星、金山毒霸、江民等。这些查病毒软件各有优缺点，主要表现在对于系统资源的占有量，与其他查毒软件的兼容性，以及是否需要收费等方面。

3.3.6 防火墙技术

防火墙是一种重要的保护 计算机网络安全的 技术性措施，是一个由软件和硬件设备组合而成、在内部网和外部网之间、专用网与公共网之间的界面上构造的保护屏障。

1. 防火墙的基本原理

防火墙是一种隔离控制技术，在某个机构的网络和不安全的网络之间设置 屏障，阻止对信息资源的非法访问，也可以使用防火墙阻止重要信息从企业的网络上被非法输出。

2. 防火墙的意义

建立了防火墙的内网，对于来自互联网的访问，采取有选择的接收方式。它可以允许或禁止一类具体的IP地址访问，也可以接收或拒绝 TCP/IP上的某一类具体的应用。如果在某一台IP主机上有需要禁止的信息或危险的 用户，则可以通过设置使用防火墙 过滤掉从该主机发出的包。如果一个企业只是使用互联网的 电子邮件和 WWW服务器向外部提供信息，那么就可以在防火墙上进行相应的设置，使得只有这两类应用的数据包可以通过。这对于 路由器来说，就要不仅分析IP层的信息，而且还要进一步了解TCP传输层甚至应用层的信息以进行取舍。

防火墙一般安装在路由器上以保护一个子网，也可以安装在一台主机上，保护这台主机不受侵犯。

3.3.7 漏洞扫描技术

漏洞是在硬件、软件、协议的具体实现或系统安全策略上存在某种缺陷，从而可以使攻击者能够在未授权的情况下访问或破坏系统。操作系统、数据库等系统软件，各类应用软件以及计算机硬件和各类硬件设备都有可能存在漏洞。

系统安全漏洞是指可以用来对系统安全造成危害，系统本身具有的，或设置上存在的缺

陷。总之，漏洞是系统在具体实现中的错误。比如在建立安全机制中规划考虑上的缺陷，作系统和其他软件编程中的错误，以及在使用该系统提供的安全机制时人为的配置错误等。

安全漏洞的出现，是因为人们在对安全机制理论的具体实现中发生了错误，是意外出现的非正常情况。而在一切由人类实现的系统中都会不同程度存在实现和设置上的各种潜在错误。因而在所有系统中必定存在某些安全漏洞，无论这些漏洞是否已被发现，也无论该系统的理论安全级别如何。

1. 系统软件漏洞

操作系统是计算机裸机之上的第一层软件，是计算机系统的 内核与基石。操作系统是控制其他程序运行，管理系统资源并为用户提供操作界面的 系统软件的集合。操作系统负责管理与配置 内存、决定 系统资源供需的优先次序、控制 输入与 输出设备、操作网络与管理 文件系统等基本事务。操作系统的种类繁多，从手机的 嵌入式系统到 超级电脑的大型操作系统。目前 微机上常见的操作系统有 DOS、OS/2、UNIX、XENIX、LINUX、Windows、Netware 等。随着操作系统功能的日益强大，系统漏洞也难免增多，造成的危害也更加严重。

以大家熟知的 Windows XP 为例，该系统于 2001 年 10 月 25 日正式上市。上市的前 3 周中已披露和修复了 IE 中 3 个漏洞。因此，新用户必须立即应用一个 IE 补丁来解决这些问题。上市后 6 个月内，微软共修复了 36 个漏洞，其中 23 个在美国国家漏洞数据库（NVD）中列属高危漏洞。 6 个月期限结束时，有 3 个已公开披露的漏洞仍未得到来自微软的补丁，其中 2 个（CVE-2002-0189 和 CVE-2002-0694）被美国国家标准和技术研究院（NIST）列为高危漏洞。图 3.1 是七款操作系统的漏洞情况。

Client OS	Vulnerabilities fixed	Security Advisories	Patch Events
Windows Vista	9	6	2
Windows XP	12	8	2
Red Hat RHELD S (reduced)	60	19	12
Red Hat RHEL WS 4 (reduced)	75	18	14
Ubuntu 6.06 LTS (reduced)	54	15	13
Mac OS X 10.5 Leopard	83	6	5
Mac OS X 10.4 Tiger	81	5	5

图 3.1　七款客户端操作系统漏洞对比

数据库软件也和操作系统一样，自推出之日起，就不可避免地存在着漏洞，如果这些漏洞被别有用心的人加以利用，将会给系统造成严重的安全问题。

2. 应用软件的漏洞

漏洞在应用软件中也难以幸免。应用软件中的漏洞常常是由于开发人员的疏忽或者经验不足，或者有意为之。例如，缓冲区溢出是一种常见的编程错误，也是一种牵扯到复杂因素的错误。开发人员经常预先分配一定量的临时内存 空间，称为一个 缓冲区，用以保存特殊信息。如果代码没有仔细地把要存放的 数据大小同应该保存它的空间大小进行对照检查，那么靠近该分配空间的内存就有被覆盖的风险。熟练的黑客输入仔细组织过的数据就能导致程序崩溃，甚至能够执行代码。

3. 漏洞造成的危害

近些年来，以红色代码、尼姆达、蠕虫王、冲击波为代表的蠕虫病毒频繁爆发，给全球网络运行乃至经济都造成了严重影响，这些蠕虫都利用了操作系统或者应用程序的漏洞。从公开的统计资料可以看到，在2005年全球有70%的大型企业遭受病毒感染而使得业务系统运作受到干扰。即使这些大型企业已经具备了良好的边界安全措施，也普遍部署了病毒防御机制，但仍然不能幸免。造成困境的原因，一方面是由于现有防御体系的缺陷，另一方面，也是由于系统本身存在漏洞。

漏洞最初就存在于系统当中，但只有在被发现并且被利用后才会对系统造成损坏，入侵者常常会有意利用其中的某些错误并使其成为威胁系统安全的工具。入侵者利用漏洞破坏很大范围的软硬件设备，包括作系统本身及其支撑软件，网络客户和服务器软件，网络路由器和安全防火墙等。与此同时，利用漏洞进行攻击也成为黑客最常用的手段之一。攻击者首先通过扫描工具发现漏洞，然后利用相应的攻击工具实施攻击。这种攻击模式简单易行，危害极大。由此可见，操作系统或者应用程序的漏洞是导致网络风险的重要因素。

4. 漏洞扫描

美国国防部对“漏洞”一词的定义是“利用 信息安全 系统设计、程序、实施或内部控制中的弱点不经授权获得信息或进入信息系统。”这里的关键词是“弱点”。任何系统或网络中的弱点都是可防的。

漏洞扫描是指基于漏洞数据库，通过扫描等手段，对指定的远程或者本地计算机系统的安全脆弱性进行检测，发现可利用的漏洞的一种安全检测行为。漏洞扫描对于保护电脑和上网安全是必不可少的，而且需要每星期就进行一次扫描，一旦发现漏洞就要马上修复，有的漏洞系统自身就可以修复，而有些则需要手动修复。

网站漏洞扫描工具：主要应用网站漏洞扫描工具，其原理是通过工具通过对网站的代码阅读，发现其可被利用的漏洞进行告示，通过前人收集的漏洞编成数据库，根据其扫描对比做出。具体网站扫描工具有：appscan，mdcsoft-ips。360提供的webscan平台，提供了一种基于云安全的服务，用户无需在本机安装任何的硬件和软件，只需提交一次扫描请求，webscan能够自动化地帮您完成整个专业性的安全评估工作，并将评估结果通过邮件发送给用户。

5. 消除漏洞的方法

系统漏洞被发现后，系统供应商会尽快发布针对这个漏洞的补丁程序，纠正这个错误。补丁是指对于大型软件系统使用过程中暴露的问题而发布的解决问题的小程序，消除漏洞的根本办法就是安装软件补丁。

漏洞是与时间紧密相关的。一个系统从发布之日起，随着用户的深入使用，系统中存在的漏洞会被不断暴露出来，这些早先被发现的漏洞也会不断被系统供应商发布的补丁软件修补，或在以后发布的新版系统中得以纠正。而在新版系统纠正了旧版本中具有漏洞的同时，

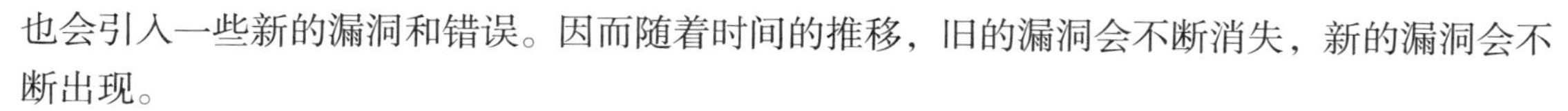

也会引入一些新的漏洞和错误。因而随着时间的推移，旧的漏洞会不断消失，新的漏洞会不断出现。

对于终端节点众多的用户，繁杂的手工补丁安装已经远远不能适应目前大规模的网络管理，必须依靠新的技术手段来实现对操作系统的补丁自动修补。

3.3.8　入侵检测技术

入侵检测是指对入侵行为的发觉。入侵检测系统通过收集和分析 网络行为、安全日志、审计数据、其他网络上可以获得的 信息以及 计算机系统中若干关键点的信息，检查网络或系统中是否存在违反 安全策略的行为和被攻击的迹象。

1. 入侵检测的意义

入侵检测是一种积极主动的安全防护技术，提供了对内部攻击、外部攻击和误操作的实时保护，在网络系统受到危害之前 拦截和响应入侵。因此入侵检测系统是 防火墙之后的第二道安全闸门，入侵检测系统在发现入侵后，会及时作出响应，包括切断网络连接、记录事件和报警等。入侵检测系统在不影响网络性能的 情况下完成对网络的监测。

一个成功的 入侵检测系统，不但可以使系统管理员时刻了解 程序、文件和 硬件设备的任何变更，还可以给网络安全策略的制订提供指南。更为重要的一点是，由于入侵检测系统管理、配置简单，从而使非专业人员非常容易地获得 网络安全。

2. 入侵检测系统的任务

①监视、分析用户及系统活动；

②系统构造和 弱点的审计；

③识别反映已知进攻的活动 模式并向相关人士 报警；

④异常行为模式的统计分析；

⑤评估重要系统和 数据文件的完整性；

⑥操作系统的 审计跟踪管理，并识别用户违反安全策略的行为。

3.3.9　安全审计技术

安全审计是指针对操作系统、信息系统或者用户活动所产生的一系列的计算机安全事件进行记录和分析，以发现系统中存在的安全问题，并对违规的操作进行报警和阻断，审计技术是入侵检测的一个基础工具。

1. 安全审计技术的功能

据统计，60%以上的网络入侵和破坏来自于网络内部，因为内部人员对于网络的情况更加熟悉，因此，来自内部的安全危害能够对系统造成更大的破坏，而安全审计技术也就显得尤为重要，安全审计技术应该实现以下主要功能。

①自动采集与所有安全性有关的活动信息，这些活动由系统开发员或者安全管理员事先指定。

②采用标准格式记录信息。

③自动建立和存储审计信息。

④按照一定的安全机制保护审计信息。

⑤尽可能小地影响系统的运行和性能。

⑥应该是一个高度安全的系统，其特点类似于飞机上使用的“黑匣子”，任何黑客和内部人员都无法改变其记录，即使网络意外瘫痪，审计系统的记录仍然保持完整。

2. 安全强审计

安全强审计与普通的安全审计相比，主要在以下几个方面得到增强：信息收集能力；信息分析能力；信息保护能力；防绕过特性；规范性、标准性和开放性。

3. 重要领域信息系统的安全审计

（1）对重要信息系统实施安全审计的必要性

从技术角度讲，很多安全措施都是针对外部入侵的防范，比如网关、防火墙、内外网的物理隔离等。然而，一个不争的事实是，银行等重要领域的信息系统面临的一种重要的安全隐患来自于内部人员。一种是无意识的违规操作，另一种是处于特定目的的资源窃取。

解决内部人员违规的一个重要手段就是对信息系统采取高强度的安全强审计措施，即采取增强的、全方位、多层次、分布式的安全审计策略，覆盖网络系统、操作系统、各类应用系统，对各种未授权或者非法的活动进行实时报警和阻断。

（2）重要信息系统的审计重点

重要信息系统的审计重点包括：

①网络通信系统审计。除入侵检测功能外，还应该对网络流量中的典型协议进行分析、识别、判断和记录；对 Telnet、HTTP、E-mail、FTP、文件共享等操作进行记录和还原；对网络设备运行进行持续的检测等。

②重要服务器审计。包括服务器启动、运行情况；管理员登录、操作情况；系统配置更改情况；操作系统安全日志；对重要文件的访问情况等。

③应用平台审计。包括重要应用平台进程的运行；Web 服务器；邮件服务器；中间件系统；数据库配置的更改；数据库的备份；重要数据的访问等。

④重要应用系统审计。例如办公自动化系统中的公文流转等。

⑤重要网络区域中的客户机审计。包括通过网络进行文件共享情况；文件复制、打印操作；擅自连接外网情况；非业务异常软件的安装和运行。

3.4 个人计算机系统的安全和管理

个人计算机是指能独立运行、完成特定功能，不需要共享其他计算机的处理、磁盘、打印机等资源的 PC 机及其兼容机。这里泛指所有的笔记本计算机、台式机、或者是P C机的兼容机。由于大多数的用户都是通过个人计算机处理各种信息，如果不注重个人计算机的安全问题，可能会造成个人信息泄露、重要数据丢失被盗、系统故障死机等问题。因此，养成良好的安全意识，对于信息的安全非常重要。

3.4.1 个人计算机安全注意事项

用户几乎每天都要使用计算机，养成良好的计算机操作系统，对于保证系统安全、防治系统遭受破坏具有非常重要的作用，下面从用户最常使用的软件、最常做的操作出发讲解正确的使用个人计算机的一些注意事项。

1. 安装和使用操作系统注意事项

①安装正版系统，安装完成后，及时修补系统漏洞；

②关闭远程桌面和无用服务；

③设置管理员账户密码并且保证改密码具有一定的复杂性，一般要求满足6位并且同时存在大小写字母、数字、特殊符号等四项中的三项；

④系统使用一段时间要进行优化；

⑤不使用时关闭电脑；

⑥优化电脑启动项，关闭不必要的启动项。

2. 安装杀毒软件注意事项

①选择安装一款杀毒软件即可；

②定期升级病毒库；

③开启实时防护。

3. 安装和使用应用软件注意事项

①尽量从官方网站下载相关软件；

②确保电脑使用正规的软件；

③尽量不使用P2P的软件，如果一定要使用，则使用后关闭。

4. 使用移动存储设备注意事项

①避免在单位之外电脑中毒几率较高的地方拷贝文件，例如网吧、复印打字部等；

②插入移动存储介质时进行杀毒操作；

③拔掉移动存储介质前首先进行删除操作。

5. 重要文件使用注意事项

①重要文件不要存放在C盘上；

②定期对重要文件进行备份；

③特别重要的文件的文件名要比较隐秘。

6. 个人上网习惯

①注册登记个人信息不要公开；

②公共电脑不要使用网页记住密码；

③用来收发邮件的邮箱和用来注册其他网上账户的邮箱最好区分；

④不浏览非正规网站；

⑤如果发现自己电脑中毒，不要将中毒文件发给其他电脑。

3.4.2　个人计算机保护措施

计算机启动的每一步都可以通过设置相应的密码来提高系统的安全性。密码是最直接、最简单地提高系统安全性的措施。密码在计算机系统中无处不在，常见的密码有：机器的开机密码、操作系统的用户密码、信息系统的登录密码、Office 文档的打开或修改密码、电子邮箱的登录密码、聊天软件的登录密码等。合理有效地使用密码可以加强计算机系统的安全性。

1. 密码设置规则

日常生活中，人们往往习惯设置一些简单的、容易猜到的密码，由于密码被盗而引起的泄密或者财产损失事件时有发生。因此，正确设置及使用密码对于系统安全至关重要。下面对密码设置及使用中需要注意的事项进行说明。

①使用较长密码。在很多系统中都要求密码不短于6位。这是因为，最普遍的密码破解

办法就是暴力破解，其特点是对可能使用到的字符进行数学排列组合，一个个进行比对，直到找出正确的密码。因此，密码越长，排列组合的可能性越多，暴力破解的难度就越大。

②使用陌生密码。很多用户喜欢用自己的姓名、出生日期、电话号码或者其他一些经常使用的符号作为密码，这样很容易被猜中。因此，尽量不要使用周围人容易获取的信息作为密码，可以使用一些只有自己知道的字符，以增加密码被猜中的难度。

③使用复杂密码。单纯的数字、字母，或者重复使用一个字符，这样虽然密码位数比较长，但是很容易被破译。因此，我们在设置密码的时候应包含字母、数字、各种符号，如果区分大小写的话，那么还应交替使用大小写，这样组成的密码将会安全许多。

④逆序设置密码。在设置密码时，大部分人都习惯从顺序较小的 a、b、c、d 或者 1、2、3 开始，这一点刚好满足了暴力破解的破解顺序，因为它们就是按照字母和数字的自然排序进行计算。因此，建议将密码的第一位设为 z 等排在后面的内容，这样破解的几率会少了许多。

⑤使用易记的密码。足够长又足够复杂的密码，虽然能够防止别人破译，但同样也会给自己带来麻烦。很多用户长时间不用系统，会忘记密码。因此，在设置密码时，建议使用只有自己熟悉的内容，在密码固定位置加上某种特定字符。或者使用多个熟悉的内容进行叠加。

⑥使用不同密码。如果所有系统的密码都设为同一个密码，那么一旦某一个密码被破获，其他的密码也会遭到危险，这样的损失是很大的。因此，建议不同系统设置不同密码。

⑦经常更换密码。从理论上说，无论多么复杂的密码，只要有足够的时间，都可能被破解。因此，定期更换密码非常重要。

⑧不保存密码。很多系统提供了保存密码的功能，用户往往为了操作方便，就直接使用保存密码功能。这种做法非常危险。因为，有一种*号查看软件，可以很方便地查看到密码的真实内容。

2. 设置开机密码

开机密码是指在开机后，进入操作系统之前要求用户输入的密码，密码正确才可以进行操作系统的启动，该密码可以防止非授权用户开机。设置开机密码的步骤如下：

①开始启动系统时不断按下 del 键，进入 SETUP 界面；

②设置密码；

③使 BIOS Feature Setup 中的 Security Option 为 system；

④用 F10，保存退出。

开机密码的修改过程与创建过程类似。

3. Windows 账户密码

Windows 账户密码是指进入 Windows 系统某个账户之前必须输入的密码。通过该密码，可以防止非法用户进入系统。账户密码的创建步骤如下：

①依次选择“开始”→“设置”→“控制面板”，打开“控制面板”窗口；

②双击“控制面板”窗口中的“用户账户”图标，进入“用户账户”窗口；

③选择“用户账户”窗口中需要创建密码账户，选择其中的“创建密码”功能，进入图 3.2 所示的窗口；

④在窗口中两次输入要创建的密码，然后单击“创建密码”即可；

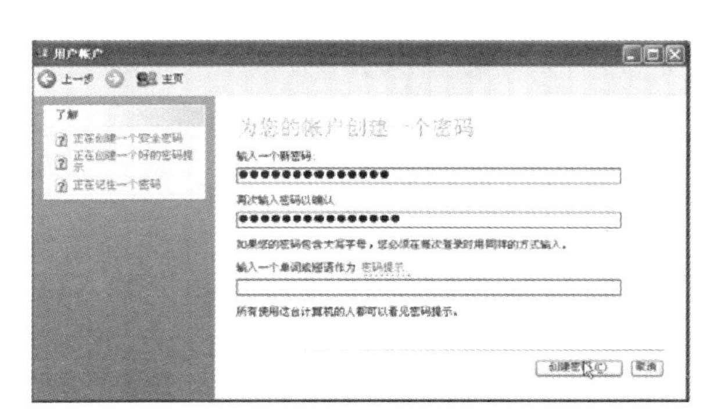

图 3.2 创建账户密码

依次两次要创建的新密码，然后选择“创建密码”按钮，即可使创建的密码生效。密码生效后，在 Windows 系统启动时，系统便要求用户选择账户，并且输入对应的密码，如果密码正确才可以正确启动 Windows 系统。

“密码提示”中可以输入一个字符串，用于当密码遗忘时对用户的提示。由于密码本身的复杂性，加之用户不经常使用系统等原因，经常会有用户忘记密码，进不了系统的情况出现。因此，在设置密码时要重视“密码提示”的设置，以便于一看提示就能回忆起密码。

用户账户密码的修改和删除与用户密码的创建过程类似。也是在“用户账户”串口中选择需要修改或者删除密码的账户，然后按照系统的提示进行操作即可。

4. 账户密码安全方案

尽管绝对安全的密码是不存在的，但是相对安全的密码还是可以实现。Windows 提供了对密码进行可靠性限制的功能，通过这些功能的设置，可以强制使密码满足一定的安全需求。

①在“开始”→“运行”窗口中输入“secpol.msc”并回车，打开“本地安全设置窗口”。或者通过“控制面板”→“管理工具”→“本地安全策略”打开该窗口；

②在“本地安全设置”窗口的左侧展开“账户策略”→“密码策略”，则在右边窗格中就会出现一系列的密码设置项，如图 3.3 所示。

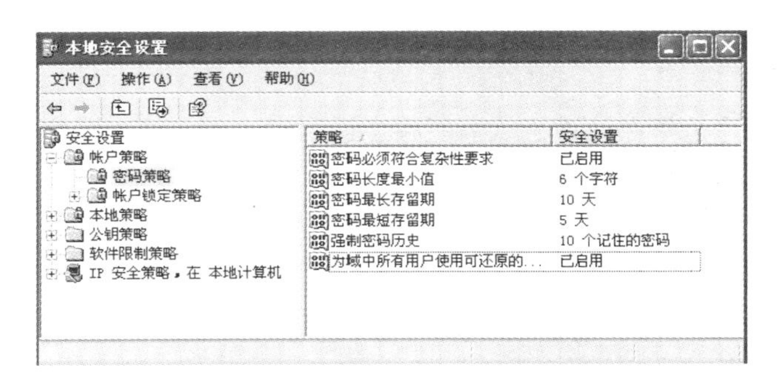

图 3.3 本地安全设置

其中，如果启用了“密码必须符合复杂性要求”这个策略，则在设置和更改一个密码时，系统将会按照下面的规则检查密码是否有效：

- 密码不能包含全部或者部分的用户名。
- 最少包括 6 个字符。

密码必须包含以下四个类别中的三个类别：

- 大写英文字母 a ~ z。
- 小写英文字母 a ~ z。
- 基本的 10 个数字，0 ~ 9。
- 特殊字符，例如“!”，“$”，“#”，“%”等。

启用了这个策略，系统就会强制用户使用安全性高的密码。如果用户在创建或修改密码时没有达到以上要求，系统会给出提示并要求重新输入符合要求的安全密码。

如果启用了“密码长度最小值”策略，则密码长度的有效值在 0 到 14 之间。如果设置为 0，则表示不需要密码，这是系统的默认值，而从安全角度来考虑，这是非常危险的。建议密码长度不小于 6 位。

“密码最长存留期”策略决定密码使用多久之后就会过期，密码过期时系统就会要求用户更换密码。如果设置为 0，则密码永不过期。一般情况下可设置为 30 天到 60 天左右，最长可以设置为 999 天。

“密码最短存留期”策略决定密码使用多久之后才能被修改。有效范围在 0 到 999 之间。这个策略与“强制密码历史”结合起来就可以得知新的密码是否是以前使用过的，如果是，则不能继续使用这个密码。如果“密码最短存留期”为 0 天，即密码永不过期，这时设置“强制密码历史”是没有作用的，因为没有密码会过期，系统就不会记住任何一个密码。因此，如果要使“强制密码历史”有效，应该将“密码最短存留期”的值设为大于 0。

“强制密码历史”策略决定系统保存用户曾经用过的密码个数。经常更换密码可以提高密码的安全性，但由于个人习惯，常常换来换去就是有限的几个密码。配置这个策略就可以让系统记住用户曾经使用过的密码，如果更换的新密码与系统“记忆”中的重复，系统就会给出提示。默认情况下，系统不保存用户的密码，可以根据自己的习惯进行设置，系统最多可以保存 24 个曾用密码。

将上面几点结合使用就可以得出简单有效的密码安全方案，即首先启用“密码必须符合复杂性要求”策略，然后设置“密码最短存留期”，最后开启“强制密码历史”。设置好后，在“控制面板”中重新设置管理员的密码，这时的密码不仅本身是安全的，而且以后修改密码时也不易出现与以前重复的情况了。这样的系统密码安全性就比较高了。

5. 电源密码

电源密码的用途是指在计算机从节能状态返回时，需要输入账户密码，密码正确方可恢复。设置电源密码的步骤如下：

①在控制面板中选择“电源选项”；

②在“高级选项”中选择“在计算机从待机状态恢复，提示输入密码”复选框；

③单击“确定”。

6. 屏幕保护密码

屏幕保护可以防止用户不在时，非授权用户不能看到屏幕上的内容，屏幕保护密码则是在用户从屏幕保护状态转换到运行状态时，需要输入正确的账户密码，设置屏幕保护密码的步骤如下：

①打开“控制面板”，选择“显示”对话框；

②选择“屏幕保护程序”；

③选择“在恢复时返回到欢迎界面”复选框，如图 3.4 所示；

④单击“确定”。

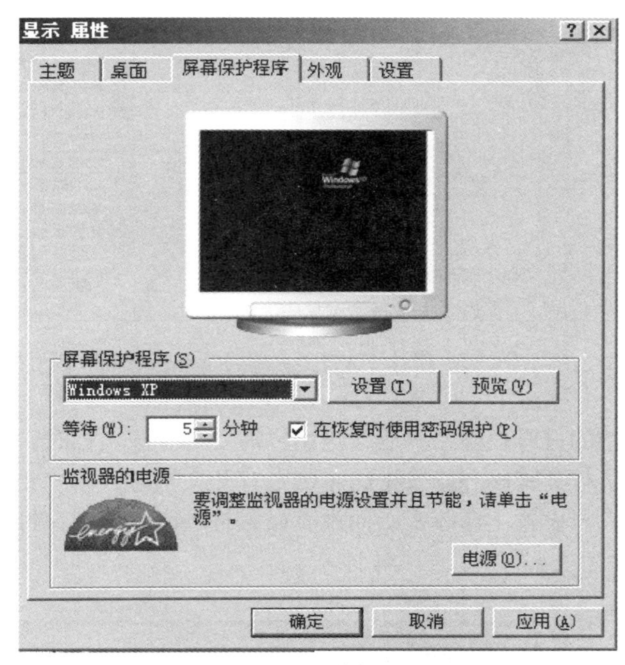

图 3.4　设置屏幕保护密码

设置了屏幕保护密码，则系统从屏幕保护状态返回运行状态时，先进入 Windows 登录界面要求用户输入登录密码。

3.4.3　常用文件加密操作

为了保证办公文档的安全性，常常需要给办公文档加上打开密码和修改密码，常用的办公自动化软件 Word、Excel、PowerPoint 等都提供了设置打开文件密码和修改文件密码的功能。下面以 Word 2003 为例进行介绍，其余版本的操作与此类似。

1. 对 Word 文档进行加密

（1）对单个 Word 文档进行加密

可以通过“文件”菜单和“工具”菜单两种方式为 Word 文档设置相应的密码，加强文档的安全性。下面介绍通过“文件”菜单为 Word 文档设置密码。

- 打开需要加密的 Word 文档。
- 选“文件”的“另存为”，出现“另存为”对话框。
- 在“工具”中选“安全措施选项”，出现“安全性”选项卡，如图 3.5 所示。
- 分别在“打开权限密码”和“修改权限密码”中输入密码，打开权限密码是指打开该文档时的密码，修改权限密码是对文档进行修改时的密码，这两种密码可以相同也可以不同。
- 再次确认“打开权限密码”和“修改权限密码”。
- 按“确定”退出“保存”选项卡。
- 文件存盘。

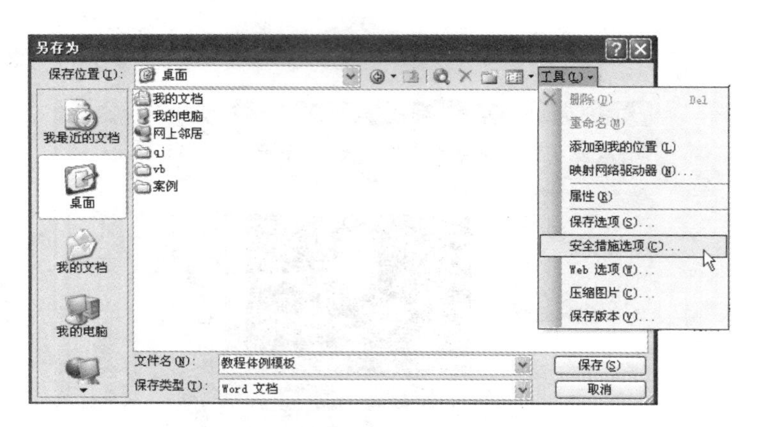

图 3.5　通过“文件”菜单为 Word 文档加密

设置 Word 文档的打开权限密码后，当用户需要打开该文档时，需要输入正确的密码方可。如果同时设置了打开密码和修改密码，则在打开文档时，系统要求用户同时输入打开密码和修改密码。如果只设置了修改密码而没有设置打开密码，则在打开文档时，系统出现如图 3.6 所示的提示。

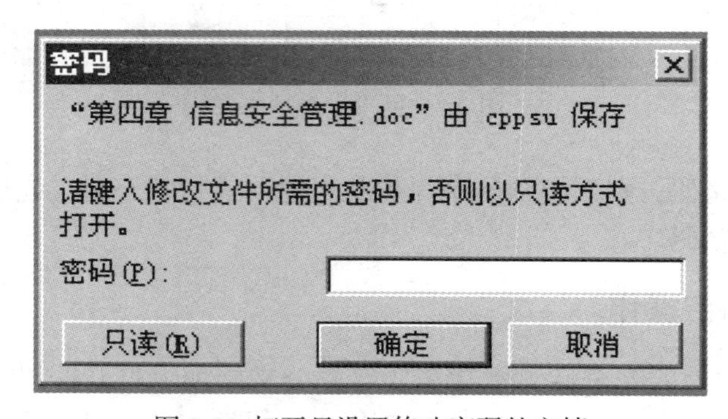

图 3.6　打开只设置修改密码的文档

如果用户输入了正确的密码，则打开文档后可以对该文档进行修改，否则，该文档以只读方式打开。

（2）批量对 Word 文档进行加密

用户往往拥有多个 Word 文档，如果给每个文档都设上不同的密码，很有可能因为密码记不清而打不开自己的文档，因此，建议用户给自己的文档加上相同的密码。可以通过一次性设置，为所有的文档加上相同的密码，从而简化逐个文档加密的操作。具体做法如下：

- 打开 Word 文字处理系统。
- 依次选择“工具”→“宏”→“录制新宏”功能，进入如图 3.7 所示的对话框。
- 在“宏名”文本框中输入一个字符串，例如输入“test”，在“将宏保存在”下拉菜单中选中“所有文档（Normal.dotm）”，即该宏命令对所有的 Word 文档都有效，这样才能为所有文档加上密码。在“说明”文本框中，键入对话的说明性文字，也可以不输入，建议输入一个忘记密码时的提示问题，以防止在忘记密码的情况下，帮助用户回忆起自己的密码。

- 输入完毕，单击“确定”按钮，开始录制宏。
- 开始录制给文档加密的宏，具体做法和给单个文档加密码的过程相同。
- 依次选择“工具”→“宏”→“停止录制”，完成密码设置。

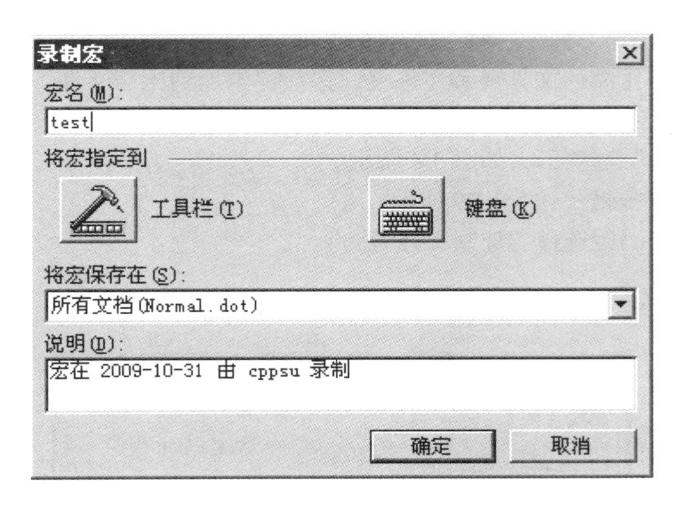

图 3.7　录制宏

为 Word 文档加密码的宏录制完成后，在建立新的 Word 文档时，通过 Word 系统的“新建”命令新建一个 Word 文档，所建立的 Word 文档都会自动加上录制宏时创建的密码。如果希望删除某一个文档的密码，则按照后面介绍的删除单个文档密码的方法操作即可。

如果不想再给 Word 文档统一加密了，则可以打开“宏”对话框，选择要删除的宏，选择删除命令将其删除。删除了宏，以后再创建新的 Word 文档就不再自动加密了。但是原先通过宏加上的密码仍然存在，如果要取消这些密码，只能按照单个文档取消密码的方法进行。

（3）Word 文档的密码修改及删除

修改或删除 Word 文档密码和为 Word 文档设置密码的过程相同，只不过修改时输入的是新的密码，而删除时则是把相应的密码框清空。

（4）防止 Word 文档被修改

有时候，我们不希望别人对自己的文档进行任何操作，包括剪切、复制、修改、粘贴等编辑操作，这时，可以进行下面的操作。

- 打开 Word 文档，依次选择“工具”→“保护文档”，在窗口右侧出现保护文档的相关提示。
- 选择“2.编辑限制”，选择“仅允许在文档中进行此类编辑”在下拉框中选择“未作任何更改（只读）”。
- 选择“3.启动强制保护”下的“是，启动强制保护”。
- 保存文档。

进行这种操作后的 Word 文档，即使别人打开了文档，也只能进行浏览，无法对该文档进行任何编辑，也无法直接从该文档复制内容。

2.　Excel 文档和 PowerPoint 文档的密码操作

Excel 文档和 PowerPoint 文档的页都可以通过“文件”菜单和“工具”菜单两种方法实现

打开密码和修改密码的设置。具体操作方法和 Word 文档的操作类似，这里不再赘述。

3. 压缩文件（夹）密码操作

可以在压缩文件或者文件夹的过程中设置一个密码，该密码在用户对压缩文件进行解密的时候起作用。

（1）压缩文件密码设置

- 右键单击要压缩的文件或者文件夹，选择“添加到压缩文件（A）”，进入“压缩文件名和参数”对话框。
- 选择“高级”选项卡，如图 3.8 所示。
- 选择“设置密码”，如图 3.9 所示。
- 两次输入密码后选择“加密文件名”。
- 单击“确定”。

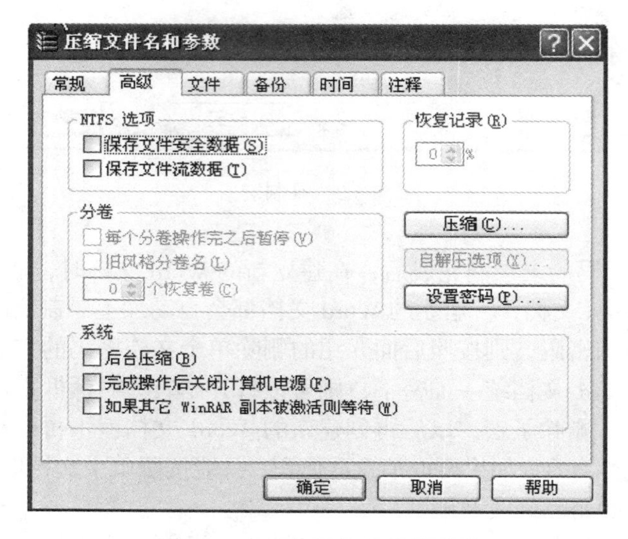

图 3.8　在压缩文件时设置密码

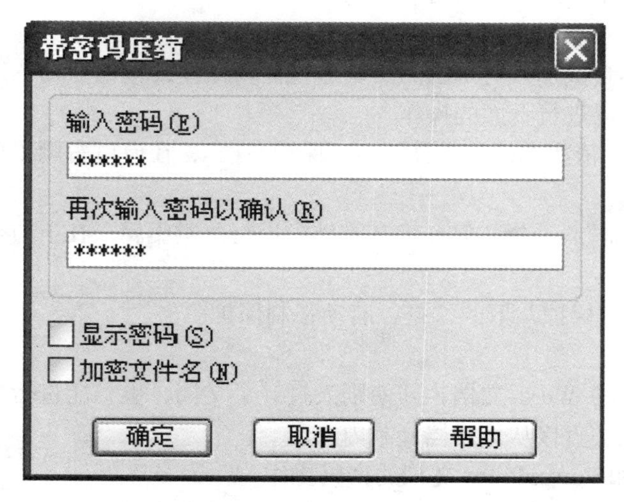

图 3.9　带密码压缩

（2）压缩文件（夹）解密

当文件或者文件夹被加密后，当需要进行解密时，系统会要求用户输入密码方可正常解压，具体步骤如下：

- 右键单击压缩文件，选择“解压到当前文件夹”。
- 出现图 3.10 所示的对话框，输入压缩文件时设置的密码。
- 选择“确定”。

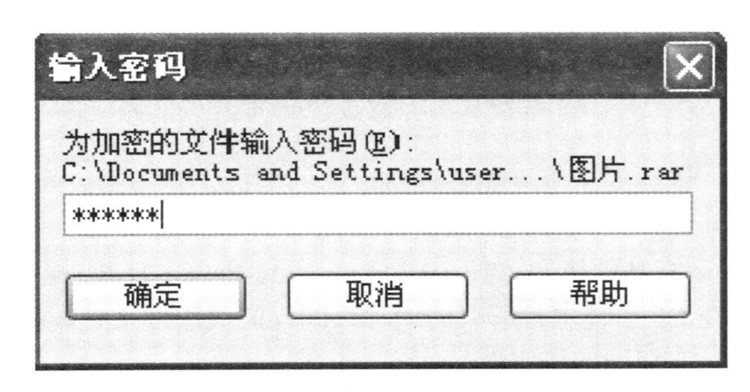

图 3.10　解压带密码的压缩文件

3.5　信息安全标准

信息安全标准是整个信息安全工作的指南，信息安全标准的主要作用体现在两个方面，一个是确保有关产品、设施的技术先进性、可靠性和一致性，确保信息化安全技术工程的合理、可用、互联互通互操作。二是按照国际规则实行 IT 产品市场准入时为相关产品的安全性合格评定提供依据。目前，国际和国内都制定了一系列的信息安全标准。

3.5.1　可信计算机安全评价标准 TCSEC

计算机系统安全的核心问题是操作系统的安全问题，确认操作系统安全方面具体工作的是美国国家计算机安全中心（NCSC）。1983 年 8 月 NCSC 首先推出了“美国可信计算机安全评价标准”(Trusted Computer System Evaluation Criteria；commonly called the “Orange Book”)，简称 TCSEC。该标准是计算机系统安全评估的第一个正式标准，也称为美国橘皮书。

1. TCSEC 推出的目的

①为制造商提供一个安全评估标准，作为监察和评价产品的依据。

②为国防部各部门和用户提供一种验收度量标准。

③在分析、研究和制定规范时，为安全方面的需求提供一种基础。

2. TCSEC 的安全性度量标准

①安全性政策。必须有一项明确而确定的安全策略。

②标识：必须唯一而可靠地标识每一个主体，以便能够控制主体对目标的访问请求。

③标记：必须为每一个目标做一个标记，指明该课题的安全级别，以便每次对该目标进行访问时可以进行比较。

④可检查性。系统对影响安全的活动必须维持完全而安全的记录，以便事后查验。

⑤保证措施。系统必须包含安全机制，必须能够评价这些机制的有效性。

⑥连带的保护：安全机制本身受到保护，以防止未经授权的改变。

3. TCSEC 安全等级划分

在TCSEC中，美国国防部按信息的等级和应用采用的响应措施，将 计算机安全从高到低分为：A、B、C、D四类八个级别，共 27 条评估准则，如表 3-1 所示。其中D为无保护级，C为自主保护级，B为强制保护级，A为验证保护级。各等级的具体含义如下：

①D 类安全等级。D 类安全等级只包括 D1 一个级别。D1 的安全等级最低。D1 系统只为文件和用户提供安全保护。D1 系统最普通的形式是本地操作系统，或者是一个完全没有保护的网络。

②C 类安全等级。该类安全等级能够提供审慎的保护，并为用户的行动和责任提供审计能力。C 类安全等级可划分为 C1 和 C2 两类。

C1 系统的可信任运算基础体制（Trusted Computing Base，TCB）通过将用户和数据分开来达到安全的目的。在 C1 系统中，所有的用户以同样的灵敏度来处理数据，即用户认为 C1 系统中的所有文档都具有相同的机密性。

C2 系统比 C1 系统加强了可调的审慎控制。在连接到网络上时，C2 系统的用户分别对各自的行为负责。C2 系统通过登录过程、安全事件和资源隔离来增强这种控制。C2 系统具有 C1 系统中所有的安全性特征。

③B 类安全等级。B 类安全等级可分为 B1、B2 和 B3 三类。B 类系统具有强制性保护功能。强制性保护意味着如果用户没有与安全等级相连，系统就不会让用户存取对象。

B1 系统满足下列要求：系统对 网络控制下的每个对象都进行灵敏度标记；系统使用灵敏度标记作为所有强迫访问控制的基础；系统在把导入的、非标记的对象放入系统前标记它们；灵敏度标记必须准确地表示其所联系的对象的安全级别；当 系统管理员创建系统或者增加新的通信通道或I/O设备时，管理员必须指定每个通信通道和I/O设备是单级还是多级，并且管理员只能手工改变指定；单级设备并不保持传输信息的灵敏度级别：所有直接面向用户位置的输出（无论是虚拟的还是物理的）都必须产生标记来指示关于输出对象的灵敏度：系统必须使用用户的口令或证明来决定用户的安全访问级别：系统必须通过审计来记录未授权访问的企图。

B2 系统必须满足B1 系统的所有要求。另外，B2 系统的 管理员必须使用一个明确的、文档化的安全策略模式作为系统的可信任运算基础体制。B2 系统必须满足下列要求：系统必须立即通知系统中的每一个用户所有与之相关的网络连接的改变；只有用户能够在可信任通信路径中进行初始化通信；可信任运算基础体制能够支持独立的操作者和管理员。

B3 系统必须符合B2 系统的所有安全需求。B3 系统具有很强的监视委托管理访问能力和抗干扰能力。B3 系统必须设有安全管理员。B3 系统应满足以下要求:除了控制对个别对象的访问外，B3 必须产生一个可读的安全列表；每个被命名的对象提供对该对象没有访问权的用户列表说明：B3 系统在进行任何操作前，要求用户进行 身份验证；B3 系统验证每个用户，同时还会发送一个取消访问的 审计跟踪消息；设计者必须正确区分可信任的通信路径和其他路径；可信任的通信基础体制为每一个被命名的对象建立 安全审计跟踪；可信任的运算基础体制支持独立的安全管理。

④A类安全等级。A系统的安全级别最高。目前，A类安全等级只包含A1 一个安全类别。

A1 类与B3 类相似，对系统的结构和策略不作特别要求。A1 系统的显著特征是，系统的设计者必须按照一个正式的设计规范来分析系统。对 系统分析后，设计者必须运用核对技术来确保系统符合设计规范。A1 系统必须满足下列要求：系统管理员必须从开发者那里接收到一个安全策略的正式模型：所有的安装操作都必须由系统管理员进行；系统管理员进行的每一步安装操作都必须有正式文档。

表 3-1　　TCSEC 的等级列表

类别	级别	名称	主要特征
A	A1	验证设计	形式化的最高级描述和验证，形式化的隐蔽通道分析，非形式化的代码对应证明
B	B3	安全区域	访问监控，高抗渗透能力
	B2	结构化保护	形式化模型/隐通道约束、面向安全的体系结构，较好的抗渗透能力
	B1	标记安全保护	强制访问控制、安全标记
C	C2	受控制的访问控制	单独的可追究性、广泛的审计跟踪
	C1	自主安全保护	自主访问控制
D	D1	低级保护	相当于无安全功能的个人微机

TCSEC 是一个过渡期的安全标准，目前正逐渐被其他的安全标准取代。

3.5.2　信息技术安全评估标准 ITSec

德、英、法、荷四国于 1990 年一起制定并推出了“信息技术安全评估标准”（Information Technology Security Evaluation Criteria），简称 ITSEC。该标准除了吸取 TCSEC 的成功经验外，首次提出了信息安全的保密性、完整性、可用性的概念，把可信计算机的概念提高到可信信息技术的高度上。该标准也称为欧洲白皮书。

1. ITSec 标准的主要贡献

该标准除了吸取 TCSEC 的成功经验外，首次提出了信息安全的保密性、完整性、可用性的概念，把可信计算机的概念提高到可信信息技术的高度上。

①保密性。是指对抗对手的被动攻击，确保信息不泄露给非授权的个人和实体 ，或被其利用。保密性可通过对信息进行加密来得到保护，使用对称密钥技术或公开密钥技术都可以实现这一目标。

②完整性。完整性是指对抗对手的主动攻击，防止信息被未经授权的篡改，即保证信息在存储或传输的过程中不被修改、破坏及丢失。可通过对信息完整性进行检验、对信息交换真实性和有效性进行鉴别，以及对系统功能正确性进行确认来实现。

③可用性。是保证信息及信息系统确为受授者所使用，确保合法用户可访问并按要求的特性使用信息及信息系统，即当需要时能存取所需信息，防止由于计算机病毒或其他人为因素而造成系统拒绝服务。维护或恢复信息可用性的方法有很多，如对计算机和指定数据文件

的存取进行严格控制，进行系统备份和可信恢复，探测攻击及应急处理等。

2. ITSEC 的安全级别划分

ITSEC 定义了从 E0 级到 E6 级（形式化验证）的七个安全等级，如表 3-2 所示。

表 3-2　　ITSEC 的安全级别划分

级别	主要特征
E6	形式化验证
E5	形式化分析
E4	半形式化分析
E3	数字化测试分析
E2	数字化测试
E1	功能测试
E0	不能充分满足保证

欧盟曾在 1997 年发布了 ITSEC 评估互认可协定，并在 1999 年 4 月协定修改后发布了新的互认可协定第二版。目前，签署双方承担义务并相互承认的是英国、法国、德国，接受这三个国家的评估结果的有芬兰、希腊、荷兰、挪威、西班牙、瑞典以及瑞士。

3.5.3　信息技术安全评价通用准则 CC

美、英、德、法、荷、加六国的信息安全部门于 1993 年启动信息技术安全评价通用准则（Common Criteria for Information Securiry Evaluation），简称 CC。旨在突破美国国防部原有的橘皮书（TCSEC）标准与欧洲的白皮书（ITSEC）标准的局限性，为信息技术安全性测评认证提供统一的准则。1999 年 10 月 CC V2.1 版发布，并成为国际标准 ISO/IEC 15408[ISO05]，该标准是目前国际通行的信息安全测评认证标准。目前，已经有 17 个国家签署了互认协议，即 IT 产品在某个国家通过 CC 评估后，在其他成员国不需要再评估就可认可。

1. CC 的特点

①TCSEC 主要针对操作系统提出了安全功能要求，CC 则全面地考虑了与信息技术安全性有关的所有因素，以“安全功能要求”和“安全保证要求”的形式提出了这些因素，这些要求也可以用来构建 TCSEC 的各级要求。

②CC 具有保密性、完整性和可用性等安全特性，其目的在于更明确地对军用和商用信息安全进行定位。

③CC 分离了功能与保证。CC 定义了作为评估信息技术产品和系统安全性的基础准则，提出了目前国际上公认的表述信息技术安全性的结构。

2. CC 的安全级别划分

CC 标准定义了 11 个公认的安全功能类，即，安全审计类、通信类、加密支持类、用户数据保护类、身份识别与鉴别类、安全管理类、隐私类、安全功能件保护类、资源使用类、安全产品访问类和可信路径/通道类。七个公认的安全保障需求类，即，配置管理类、发行与使用类、开发类、指南文档类、生命周期支持类、测试类和脆弱性评估类。七个安全确信度等级 EAL1、EAL2、EAL3、EAL4、EAL5、EAL6 和 EAL7。

3.5.4　中国的信息安全管理体系标准

为促进我国信息安全管理体系的建立和完善，信安标委组织开展了信息安全管理相关国家标准的研制工作，并持续跟踪研究了国际信息安全管理体系(ISMS)系列标准(ISO/IEC 27000系列)技术发展动态，有选择性地对国内信息安全管理体系认证现状进行了调研工作，并对27000 系列中的以下两个重要的基础标准进行了等同汉化工作：

- ISO/IEC 27001：2005《信息安全管理体系要求》;
- ISO/IEC 17799：2005《信息安全管理实用规则》;

同时组织研究制定了以下标准

- GB/T19715. 1–2005《信息技术信息技术安全管理指南第1部分：信息技术安全概念和模型》;
- GB/T19715. 2–2005《信息技术信息技术安全管理指南第2部分：管理和规划信息技术安全》;
- GB/T20282–2006《信息安全等级保护工程管理要求》。

这些工作为下一步研究制定适合我国国情的信息安全管理标准体系奠定了基础。

3.5.5　中国的信息安全产品评测标准

本着“科学、合理、系统、适用”的原则，在充分借鉴和吸收国际先进的信息安全技术标准成果的基础上，初步形成了我国的信息安全标准体系。

为配合信息安全等级保护制度的建立，促进信息安全产品评测认证工作，信安标委组织研究制定了如下标准：

- GB/T 20008–2005《信息安全技术操作系统安全评估准则》;
- GB/T 20009–2005《信息安全技术数据库管理系统安全评估准则》;
- GB/T 20010–2005《信息安全技术路由器安全评估准则》;
- GB/T 20011–2005《信息安全技术包过滤防火墙评估准则》;
- GB/T 20275–2006《信息安全技术入侵检测系统技术要求和测试评价方法》;
- GB/T 20274.1–2006《信息技术安全技术信息系统安全保障评估框架第一部分：简介和一般模型》;
- GB/Z 20283–2006《信息技术安全技术保护轮廓和安全目标的产生指南》;
- GB/T 20272–2006《信息安全技术操作系统安全技术要求》;
- GB/T 20281–2006《信息安全技术防火墙技术要求和测试评价办法》;
- GB/T 20276–2006 《信息技术安全技术智能卡嵌入式软件安全技术要求(EAL4增强级)》;
- GB/T 20270–2006《信息安全技术网络安全基础技术要求》;
- GB/T 20278–2006《信息安全技术网络脆弱性扫描产品技术要求》;
- GB/T 20269–2006《信息安全技术信息系统安全管理要求》;
- GB/T 20271–2006《信息安全技术信息系统安全通用技术要求》;
- GB/T 20273–2006《信息安全技术数据库管理系统安全技术要求》;
- GB/T 20280–2006《信息安全技术网络脆弱性扫描产品测试评价方法》;
- GB/T 20277–2006《信息安全技术网络和端设备隔离部件测评方法》;

- GB/T 20279-2006《信息安全技术网络和端设备隔离部件技术要求》；
- GB/T 20282-2006《信息安全技术信息系统安全工程管理要求》。

这些标准将为促进我国实行信息安全等级保护制度和信息安全产品的测评提供必要的基础支撑和依据。

3.5.6 中国的网络信任体系标准

针对我国网络信任体系建设，配合《电子签名法》的有效实施，信安标委重点组织开展了以下标准的研究工作：

- 《PKI 安全协议规范研究》；
- 《网络安全协议及协议安全研究》。

这些研究成果为我国网络信任体系建设奠定了重要的技术基础。

3.5.7 中国的网络安全应急处理标准

针对信息安全应急处理工作，信安标委组织开展了以下标准的制定和实施：

- 《信息安全通报技术规范研究》；
- 《网络与信息安全事件应急处理研究》；
- 《信息安全应急协调预案规范》；
- 《信息安全事件管理》；
- 《信息安全事件分类指南》；
- 《信息系统灾难恢复指南》。

这些成果为信息安全应急处理提供了重要的技术支撑。

3.5.8 中国的信息安全风险评估标准

围绕信息安全风险评估工作，信安标委积极开展信息安全风险评估研究。在广泛调研和深入研究的基础上，结合我国国情，借鉴国际标准化成果，提出了《信息安全风险评估指南》标准草案。2005年初，在国信办的组织协调下，在北京市、上海市、黑龙江省、云南省、人民银行、国家税务总局、国家电力、国家电子政务外网八个试点单位，开展了《信息安全风险评估指南》的试点研究工作。通过总结《信息安全风险评估指南》试用的经验，进一步修改完善标准草案，增强标准的科学性和实用性。

随着网络技术的不断发展，网络安全问题也变得日益突出和重要。网络空间的安全问题不再仅仅是单位、企业、个人的问题，维护虚拟社会的“领网”安全已经成为继“领地”、“领空”、“领海”之后一个国家安全的重要组成部分。信息安全体现着国家意志、政府行为，需要全社会广泛参与，必须对互联网依法进行监督管理。

4.1　互联网管理概述

互联网是世界上最大的互联、互通、互操作的计算机网络。互联网将分布在全世界不同地区、不同民族、不同语言的人们联结在了一起，缩短了人类之间的物理距离、心理距离和文化距离，形成了“地球村”，促进了信息化的发展，迎来了“知识经济”的时代。然而，互联网在带给人们快捷的生活方式的同时，形形色色的不良信息也充斥着互联网。

《中华人民共和国人民警察法》第6条第12款规定：“公安机关的人民警察按照职能分工，依法履行监督管理计算机信息系统的安全保护工作的职责。”这里的计算机信息系统是指所有的信息系统，也包括互联网这种特殊的信息系统。因此，对互联网依法进行管理，维护互联网社会的稳定和安全，防止违法犯罪是公安机关的基础性工作。

信息是人类社会发展的原动力之一，随着计算机和通信技术的发展，信息这种推动人类社会发展的重要因素，已经从从属的隐性地位走到了显性的主导地位。互联网的出现，进一步确认了信息在社会发展中的主导地位。信息技术正在改变人们的工作模式、生活方式、学习方式，乃至整个社会的协作模式，人类社会正在越来越严重地依赖于计算机信息网络，形成了网络化的“虚拟社会”。

然而，信息技术也是一把双刃剑。信息技术在带给人类诸多便利的同时，也给人类社会带来了无限的潜在危害和隐患，大量新的、不容忽视的信息安全问题层出不穷。这些信息安全问题给国家机密、商业秘密、个人隐私和人民财产安全等带来了巨大的危害。因此，对互联网进行有效管理，防止网络安全事件发生已经到了刻不容缓的地步。

4.1.1　互联网管理相关概念

按照公安机关对互联网管理的习惯称谓，就互联网管理的相关概念作如下的界定。

1. 互联网联网

互联网联网是指中华人民共和国境内的计算机互联网网络、专业计算机信息网络、企业计算机信息网络，以及其他通过专线进行国际联网的计算机信息网络同外国的计算机信息网络相连接。

2. 互联网单位

互联网单位是指互联网运行单位、互联网信息服务单位、互联网联网单位（简称互联单位）和互联网场所四种类型单位的总称。

①互联网运行单位包括互联网接入单位（Internet Service Provider，ISP）（简称接入单位）和互联网数据中心（Internet Data Center，IDC）等。互联网接入单位是指负责提供互联网接入网络运行的单位。接入网络是指通过接入互联网进行国际联网的计算机信息网络，接入网络可以是多级连接的网络。互联网数据中心是指向企业、商户或网站服务器群提供大规模、高质量、安全可靠的专业化服务器托管、虚拟空间租用、网络带宽出租等业务的平台。

②互联网信息服务单位（Internet Content Provider，ICP）是指通过互联网向上网用户提供信息服务活动的单位。互联网信息服务单位分为经营性ICP和非经营性ICP两种类型。经营性ICP在互联网上提供有偿信息服务，主要以营利为目的，如新闻宣传、电子娱乐、电子商务、信息搜索、空间出租、邮件、聊天、交友、广告等；非经营性ICP主要指政府网站、新闻机构电子版报刊、企事业单位网站等。国家对经营性ICP实行许可制度，对非经营性ICP实行备案制度。互联网信息服务单位包括网站、聊天室、论坛BBS、搜索引擎、电子邮件、互联网娱乐平台、点对点服务、短信、电子商务、网上视音频、声讯信息等。

③互联网联网单位是指通过接入网络与互联网连接的计算机信息网络用户，互联网联网单位可以是单位，也可以是个人。社区、学校、图书馆、宾馆、咖啡屋、娱乐休闲中心和网吧等向特定对象提供上网服务的场所也纳入互联网联网单位管理，但对它们还需要其他的管理。

4.1.2 互联网管理的指导思想

对互联网的安全管理是公安机关的法定职责，是公安机关应用行政手段，依法监督、检查和指导互联网安全，依法查处各类违法犯罪行为，预防和打击犯罪，维护公共秩序和信息系统安全运行的一项基础性的公安工作，公安机关对互联网进行管理的指导思想如下：

1. 加强管理，夯实基础

对互联网管理的基本指导思想是依法管理，以维护互联网“虚拟社会”的和谐发展为目标，以互联网的稳定和安全为主要任务，加强管理、扎实工作、夯实基础，采用监督管理和技术防控相结合，建立长效和现代化的管理机制，增强公安机关对互联网的掌控能力，为网上斗争、维护网络治安秩序、打击网上各类违法犯罪提供保障。

2. 群防群治，综合防范

互联网发展到今天，已经形成了网络化的“虚拟社会”，对它的管理已经不能仅仅靠技术手段，而更重要的是采用社会学的方法对其治理。按照治安学的理论，采用在现实生活中普遍使用的“群防群治，综合防范”的方法，充分调动联网单位、网络运营商、信息服务商和联网个人的积极性、主动性，使他们切实负起应尽的社会责任，共同参与对互联网的综合治理，有效遏制境内外敌对势力和敌对分子利用网络进行煽动、渗透和破坏，预防、预警和快速处置各种信息安全事件、不良信息和各类违法犯罪活动，营造良好的信息化发展空间。

3. 与时俱进，适应形势

互联网的发展日新月异，不断有新的问题需要进一步研究，面对新技术、新形势、新任务和新的挑战，要与时俱进，开拓性地工作，制定新的对策。攻防矛盾相互促进，要学习新的技术方法，研究和创新适用管理的技术手段对策，不断提高自身的管理能力和水平。

4. 主动工作，热情服务

互联网的安全管理是一项新兴的公安业务，公安机关的工作需要“监督、检查和指导”互联网的安全管理。一方面，公安机关需要主动地上门服务、调查研究，监督、检查相关单位的安全管理；另一方面，要做好安全知识和国家相关法律的宣传工作，帮助被管理单位做好安全管理工作，建立方便、快捷的联系渠道，树立良好公安机关形象。

4.1.3　互联网管理的基本原则

这里所讲的互联网管理的基本原则是指公安机关管理互联网需要坚持的基本原则。

1. 依法行政原则

对互联网的管理是国家法律赋予公安机关的事权,公安机关的相关业务工作必须坚持依法行政，按照国家相关的法律法规，依法管理、依法监督、依法检查、依法侦查和办案，将互联网管理纳入法制化轨道。要加强立法、严格执法、依法治网。

2. 责任制原则

按照“谁主管谁负责，谁建设谁负责，谁使用谁负责，谁管理谁负责，谁经营谁负责”的原则，监督、建设、使用等各单位分工明确，责任到人。从国家宏观保障机制来看，工业与信息化部负责互联网的行业管理，国务院新闻办公室负责网上意识形态工作，各单位负责自己信息系统的建设和安全运行，公安部负责互联网各单位的监督、检查和指导。公安机关与相关部门分工协作，同时充分调动社会力量，共同维护互联网的安全。

3. 重点保护原则

根据适度保护的原则，重点保护电力、民航、铁路、金融、证券、保险、工商、税务、海关等国家重要基础设施和重点单位的安全，依法履行安全保护的职责。

4.1.4　互联网管理的主要任务

互联网安全管理的主要任务就是对互联网运行单位、互联网信息服务单位、联网单位、互联网营业场所的监督、检查和指导等管理工作。

1. 互联网安全管理的主要内容

指导、督促联网单位依法进行备案，履行社会责任；检查、指导、督促互联网接入服务单位 ISP、信息服务单位 ICP、联网单位和互联网上网服务营业场所落实安全管理制度和安全保护技术措施；掌握相关单位的网络整体拓扑结构，建立和管理网络基础数据库；开展互联网安全知识宣传教育，组织计算机安全员的培训和考核等。

2. 互联网安全管理的主要方式

①常规管理。通过联网单位备案， ISP、ICP 和 IDC 单位定期报送、日常检查等方式，某公安机关全面掌握管辖的 ISP、ICP、IDC 和联网单位的基本情况，熟悉这些单位的网络拓

扑结构，建立相关的数据库，对互联网单位的情况做到心中有数。

②监督检查。定期或不定期到互联网单位对其安全性进行抽查，检查的主要内容包括网络安全保护管理制度和互联网安全保护技术措施的落实情况。同时，发挥技术监督的作用，通过在重点单位建立必要的监管系统，对互联网单位的安全状况实行实时、智能化的在线监督检查。

③加强沟通。通过网上（电子邮件和联机系统）和网下（电话、办公地点和时间、专人负责等）多种联系方式，为互联网单位申报相关信息提供方便；同时，建立互联网单位的安全组织和人员数据库，建立与互联网单位的联络工作机制，形成方便、多渠道的双向沟通模式。

④宣传培训。针对新形势、新任务，以及新技术的发展，采用网站、电视、书籍等媒体，开展互联网安全的日常宣传教育，树立全民安全意识；按照公安机关的统一要求，制订培训计划和大纲，组织相关单位编写教材，对互联网单位开展互联网安全法律、管理和技术培训，增强安全素质和管理水平。

⑤整改查处。依法对不履行备案义务、不落实网络安全管理制度和互联网安全技术保护措施的单位，进行查处，将互联网单位的管理纳入法制化轨道。

4.2　互联网单位的备案管理

互联网上网单位是指通过局域网、ISDN 和无线上网的单位，以及 ISP、ICP 和 IDC 等电信服务商和运营商，备案管理是互联网单位管理中的基本管理。

备案是治安学的基本原则。在现实生活中，公安机关通过备案可掌握管辖范围内的基本情况，做到“底数清，情况明”，心中有数。一直以来，备案管理是公安机关对现实社会管理、维护社会安全最有效的手段之一。

互联网构成的是一个“虚拟社会”，对这种特殊“社会”的管理，也应该遵循一般社会的管理原则——备案管理。

4.2.1　互联网单位备案管理依据

对互联网的备案管理的主要依据有《中华人民共和国计算机信息系统安全保护条例》（国务院 147 号令）和《计算机信息系统网络国际联网安全保护管理办法》（公安部第 33 号令）。其中包括：

1. 中华人民共和国计算机信息系统安全保护条例

第十一条　进行国际联网的计算机信息系统，由计算机信息系统的使用单位包省级以上人民政府公安机关备案。

第十二条　违反本条例的规定，有下列行为之一的，由公安机关处以警告或者停机整顿：违反计算机信息系统国际联网备案制度的。

2. 计算机信息系统网络国际联网安全保护管理办法

第十一条　用户在接入单位办理入网手续时，应当填写用户备案表。备案表由公安部监制。

第十二条 互联单位、接入单位、使用计算机信息网络国际联网的法人和其他组织（包括跨省、自治区、直辖市联网的单位和所属的分支机构），应该自网络正式联网之日起30日内，到所在地的省、自治区、直辖市人民政府公安机关指定的受理机关办理备案手续。

前款所列单位应当负责将接入本网络的接入单位和用户情况报当地公安机关备案，并及时报告本网络中接入单位和用户的变更情况。

第十四条 涉及国家事务、经济建设、国防建设、尖端科学技术等重要领域的单位办理备案手续时，应当出具其行政主管部门的审批证明。

前款所列单位的计算机信息网络与国际联网，应当采取相应的安全保护措施。

第十六条 公安机关计算机管理监察机构应当掌握互联单位、接入单位和用户的备案情况，建立备案档案，进行备案统计，并按照国家有关规定逐级上报。

第二十三条 违反本办法第十一条、第十二条规定，不履行备案职责的，由公安机关给予警告或者停机整顿不超过6个月的处罚。

4.2.2　互联网单位备案管理管辖

①各地级以上（含地级）人民政府公安机关信息网络安全保卫（以下简称网保）部门对物理位置在本行政区划内与互联网相连接的计算机信息系统（服务器）或维护人员都具有备案管辖权。

②各地级以上（含地级）人民政府公安机关网保部门对分别落入不同地级市的与互联网相连接的计算机信息系统（服务器）所在单位或维护人员、维护权在本地的都具有备案管辖权。备案管辖以计算机信息系统服务器所在地的公安机关网保部门为主。

③计算机信息系统服务器所在地的公安机关网保部门有义务将互联网单位的有关资料及时抄送给计算机信息系统维护人员所在地的公安机关网保部门。

④与互联网相连接的计算机信息系统（服务器）或维护人员所在单位或个人都必须向服务器托管地和维护地和维护地的公安机关网保部门申请备案。

4.2.3　互联网单位备案管理内容

1. 互联网接入（ISP）单位备案的内容

按照中华人民共和国公安部信息网络安全保卫局统一印发的备案表填表，一式两份，加盖备案单位公章；本单位的计算机信息系统网络安全组织成员名单，包括单位负责人、两名计算机安全员，以及他们的联系方式；计算机安全员证书复印件；本单位的计算机信息系统网络安全保护管理制度，包括但不限于以下的具体管理制度：互联网公用账号登记、互联网安全保护管理、互联网安全应急处置等制度；互联网安全保护技术措施，包括但不限于以下的具体措施：网络安全审计、防病毒和黑客攻击等措施；本单位的网络拓扑结构图（表明内部节点的IP）；本单位IP的分配、使用和变更情况；本单位接入方式的使用、新增和变更情况；本单位用户注册的登记、使用与变革情况（包括固定IP用户、动态IP用户、托管主机用户等）；在提交以上材料的基础上，还需要遵照其他法律法规要求提交相关管理部门颁发的证件的复印件，包括：工商部门核发的营业执照复印件、工业与信息化部（以下简称工信部）

及各省市通信管理部门颁发的相关经营许可证复印件等。

公安机关网保部门在受理互联网接入单位备案时，需督促互联网接入单位报送接入本网络的联网用户（包括单位和个人）的情况，及变更情况。包括：用户姓名、联系电话、地址、身份证复印件、开户账号等。

开设个人网站、网页的个人联网用户需直接备案，否则，可由接入单位代为办理相关备案。

2. 互联网数据中心（IDC）单位备案的内容

按照中华人民共和国公安部信息网络安全保卫局统一印发的备案表填表，一式两份，加盖备案单位公章；本单位的计算机信息系统网络安全组织成员名单，包括单位负责人、两名计算机安全员，以及他们的联系方式；计算机安全员证书复印件；本单位的计算机信息系统网络安全保护管理制度，包括但不限于以下的具体管理制度：信息发布审核、24小时交互式栏目信息巡查、互联网公用账号登记、互联网安全保护管理、互联网安全应急处置等制度；互联网安全保护技术措施，包括但不限于以下的具体措施：交互式栏目必须有的关键字过滤技术、网络安全审计、防病毒和黑客攻击等措施；本单位的网络拓扑结构图（表明内部节点的IP）；本单位IP的分配、使用和变更情况；本单位接入方式的使用、新增和变更情况；本单位所有托管主机服务的基本情况，包括网站相关资料、负责人信息和联系方式等（首次申报）；以及用户的变更情况；在提交以上材料的基础上，还需要遵照其他法律法规要求提交相关管理部门颁发的证件的复印件，包括：工商部门核发的营业执照复印件、工业与信息化部及各省市通信管理部门颁发的相关经营许可证复印件等。

3. 互联网信息服务（ICP）单位备案的内容

按照中华人民共和国公安部信息网络安全保卫局统一印发的备案表填表，一式两份，加盖备案单位公章；本单位的计算机信息系统网络安全组织成员名单，包括单位负责人、两名计算机安全员，以及他们的联系方式；计算机安全员证书复印件；本单位的计算机信息系统网络安全保护管理制度，包括但不限于以下的具体管理制度：信息发布审核、24小时交互式栏目信息巡查、互联网公用账号登记、互联网安全保护管理、互联网安全应急处置等制度；互联网安全保护技术措施，包括但不限于以下的具体措施：交互式栏目必须有的关键字过滤技术、网络安全审计、防病毒和黑客攻击等措施；本单位的网络拓扑结构图（表明内部节点的IP）；网站网页基本情况， 网页栏目设置、变更和栏目负责人的情况；提供服务或开办栏目的种类，重点说明新闻、交互式栏目、邮件服务、搜索引擎等情况；针对各种服务类型制定的安全保护管理制度及安全保护技术措施；虚拟主机的用户情况；在提交以上材料的基础上，还需要遵照其他法律法规要求提交相关管理部门颁发的证件的复印件，包括：工商部门核发的营业执照复印件；对营业性网站提供工信部核发的电信与信息服务业务经营许可证的复印件，非营业性网站提交工信部核发的备案证书的复印件；从事新闻、出版、教育、医疗保健、药品和医疗器械等互联网服务的单位，还需要提供相关部门颁发的证件的复印件等。

同时具有ISP、IDC和ICP两种以上业务的，必须提交一套综合业务的备案；在原有业务的基础上，新增一项ISP、IDC和ICP业务，必须提交新增业务的备案。

4. 互联网联网单位备案的内容

按照中华人民共和国公安部信息网络安全保卫局统一印发的备案表填表，一式两份，加盖备案单位公章；本单位的计算机信息系统网络安全组织成员名单，包括单位负责人、两名计算机安全员，以及他们的联系方式；计算机安全员证书复印件；本单位的计算机信息系统网络安全保护管理制度，包括但不限于以下的具体管理制度：互联网公用账号登记、互联网安全保护管理、互联网安全应急处置等制度；互联网安全保护技术措施，包括但不限于以下的具体措施：网络安全审计、防病毒和黑客攻击等措施；本单位的网络拓扑结构图（表明内部节点的 IP）；在提交以上材料的基础上，还需要提交工商管理部门核发的营业执照复印件。

5. 互联网上网服务营业场所备案的内容

按照中华人民共和国公安部信息网络安全保卫局统一印发的备案表填表，一式两份，加盖备案单位公章；本单位的计算机信息系统网络安全组织成员名单，包括单位负责人、两名计算机安全员，以及他们的联系方式；计算机安全员证书复印件；本单位的计算机信息系统网络安全保护管理制度，包括但不限于以下的具体管理制度：上网人员登记制度，对上网人员可能利用互联网从事违法犯罪活动进行巡查、举报、制止等相关的制度，以及互联网安全保护管理、互联网安全应急处置等制度；互联网安全保护技术措施，包括但不限于以下的具体措施：网络安全审计、防病毒和黑客攻击等措施；互联网上网服务营业场所技术支持单位信息，包括：单位名称、地址、主要联系人、联系方式和技术支持类型等信息；本单位的安全管理软件安装和使用情况，包括：管理软件名称、型号、销售许可证号、生产厂家和联系人等信息；本单位的网络拓扑结构图（表明内部节点的 IP）；本单位的场地结构图（表明计算机位置、编号，以及与 IP 地址对应情况等）；在提交以上材料的基础上，还需要遵照其他法律法规要求提交相关管理部门颁发的证件的复印件，包括：工商部门核发的营业执照的复印件；文化部门核发的网络经营许可证的复印件；消防部门核发的消防安全审核意见书复印件等。

6. 个人联网用户备案的内容

个人联网用户备案工作由互联网接入单位协助公安机关办理；个人联网用户备案由互联网接入服务单位负责实名登记。相关信息包括：个人用户姓名、联系电话、地址、身份证复印件、开户电话、开户 IP 用途等；互联网接入服务单位按照规定时间，将个人用户备案资料汇总、整理后，按照统一数据格式，报送当地公安机关网保部门；公安机关网保部门指导互联网接入服务单位调整、完善个人用户备案数据。

若互联网信息系统具有多个管辖，各公安机关按照管辖权对属于本地的服务器、维护人员分别进行备案，并备案的材料在 15 日内抄送到对相同的信息系统具有管辖权的其他公安机关。

全国统一于每月 25—30 日将本互联网单位变更情况报当地公安机关备案。

4.2.4 备案管理流程

公安机关对互联网单位进行备案的工作流程分为材料准备和核实检查两个阶段，每个阶段又分为若干步骤，具体如图 4.1 所示。

互联网上网营业服务场所应该首先进行公安机关审批方可开始经营服务。对网吧的备案管理还包括如图 4.2 所示的网吧审批流程。

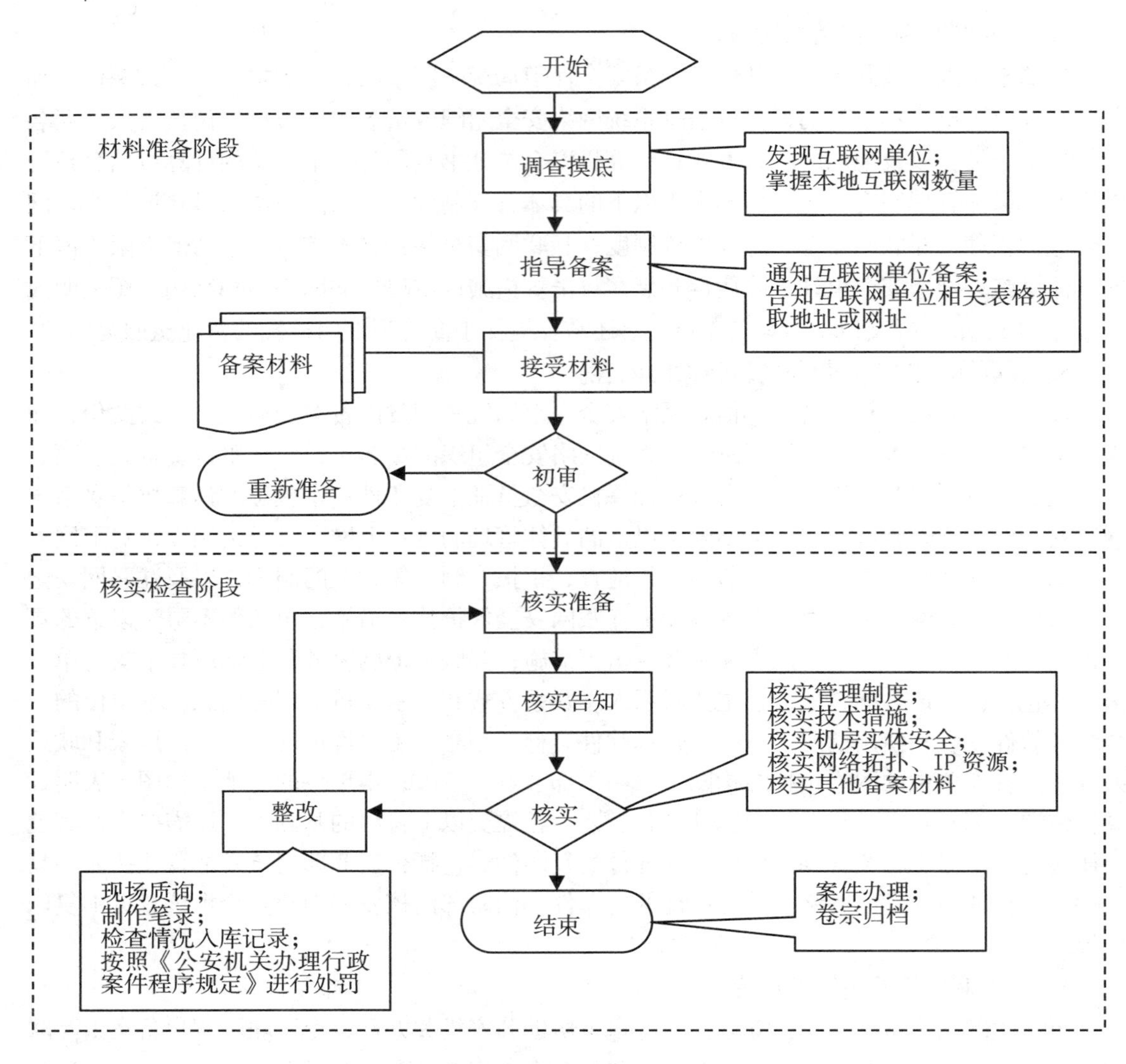

图 4.1　备案管理流程

领取表格。上网营业服务场所单位到当地公安机关领取相关表格，初次申请的领取互联网上网服务营业场所申请登记表，变更的领取互联网上网服务营业场所变更事项申请表。

提交材料。上网营业服务场所单位准备相关材料；填写互联网上网服务营业场所申请登记表或互联网上网服务营业场所变更事项申请表；提交文化行政部门的相关审核文件；提交消防部门的消防安全检查意见书；自有营业场所产权证明或者租赁证明；以固定 IP 接入互联网证明材料；安全责任书和上网安全法定代表人及主要负责人、安全管理员身份证件及计算机信息网络安全员培训合格证书（一式两份）；网络拓扑结构图（一式两份）；内部 IP 对照表（一式两份）；室内平面布置图，包括内部计算机排列序号、内径翔实的长×宽（米）尺寸（一式两份）；营业场所翔实的周边环境实际位置图（一式两份）；已采用网络安全审计管理系统的技术保护措施证明文件和安全保密协议等。

初审。当地的县级公安机关受理上网营业服务场所单位提交的相关材料，合格则转交地级公安机关，否则退回材料，并向上网营业服务场所单位说明原因。

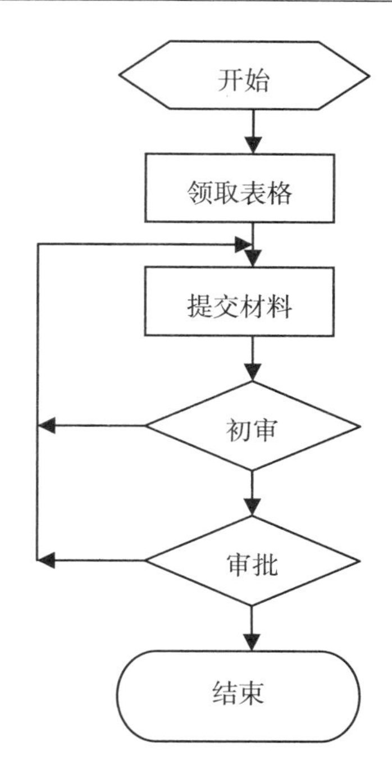

图 4.2 网吧审批流程

审批。当地的地级公安机关对上网营业服务场所单位所报材料进行最后的审核，合格则出具安全审核意见书，并将相关信息录入数据库，相关卷宗归档。否则，退回材料，并向上网营业服务场所单位说明原因。

4.3 互联网上网单位日常监督管理

这里主要介绍公安机关网保单位对互联网上网单位的日常管理内容、管理流程、分类监督管理、营业场所的监管等。

4.3.1 对互联网单位的监督管理流程

公安机关对互联网单位的监督管理流程包括常规管理和现场监督检查两种流程，如图4.3所示。

1. 互联网单位常规管理流程

互联网单位常规管理流程包括：调查摸底，即通过走访、调查，掌握本地互联网数量，工作中发现未掌握的互联网单位；督促备案；监督完善体制机制；督促定期提交数据等。

2. 互联网单位现场检查流程

互联网单位现场检查流程包括：准备阶段，安排两人以上的检查人员、车辆等工作部署；检查告知阶段，出示执法证件、联系被检查单位、说明检查项目等；检查阶段，公安机关对互联网单位备案情况、信息安全组织机构设置情况、信息安全管理制度和技术措施落实情况、数据报送情况等相关内容进行检查。要求互联网运营单位填写由公安部统一制定的公共信息网络运营单位安全检查表，签署安全责任书和承诺书。各互联网信息服务单位填写相应的检查表。对检查不合格者，责令整改，将相关情况入库登记；对两次整改仍不合格者，按照《公安机关办理行政案件程序规定》依法进行处罚；结束阶段。合格后整个监督管理工作流程结束，将相关的办理情况入库记录，相关卷宗归档。

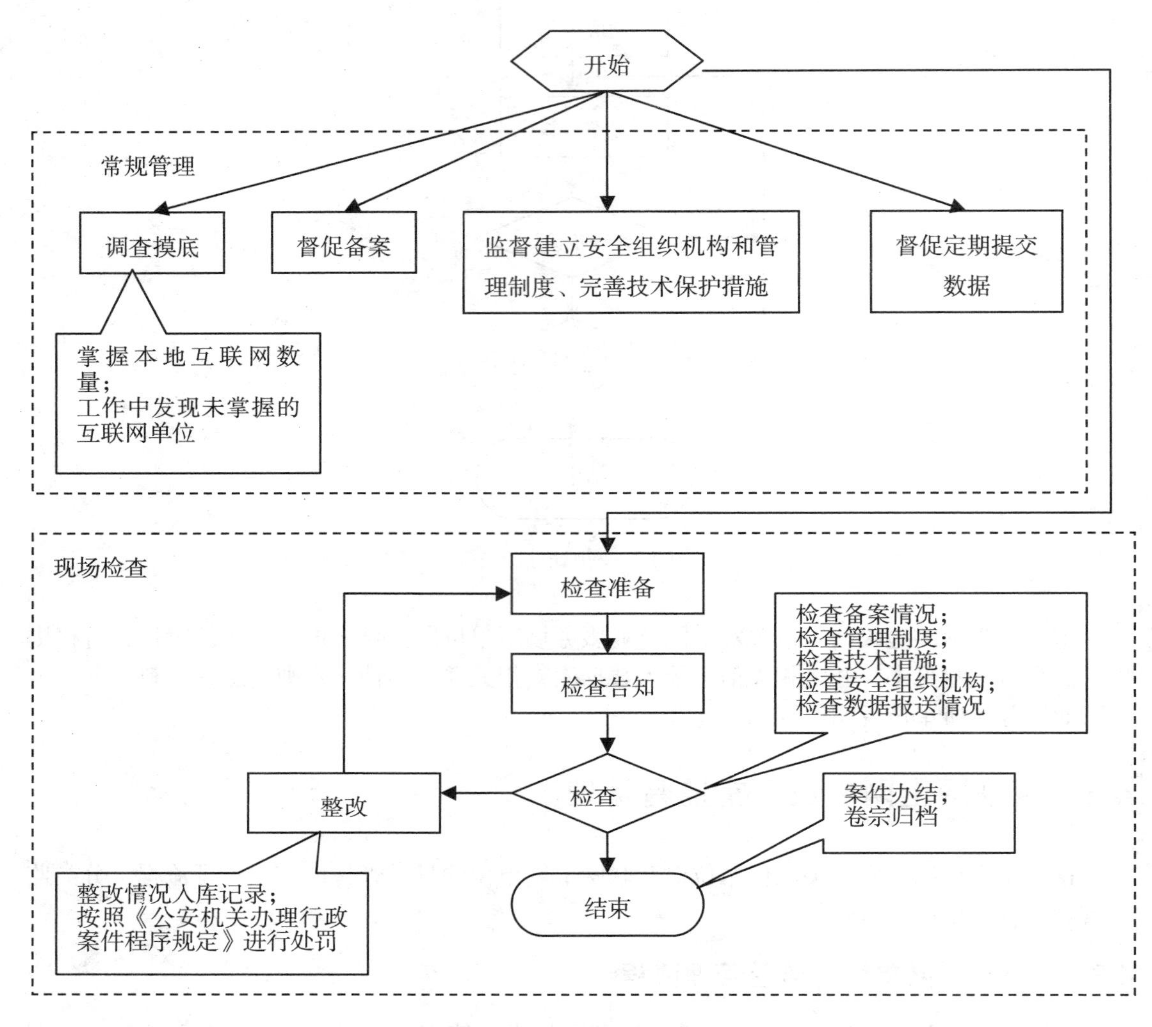

图 4.3　监督管理流程

4.3.2　对互联网单位管理的基本内容

公安机关依法对互联网单位的安全运行状况进行监督、检查和指导，按照统一制定的格式向公安机关报送相关数据，将定期到互联网运营单位走访（最少每半年一次）和不定期抽查相结合，及时了解和掌控互联网运营单位的动态情况，对未按规定要求的进行必要的行政处罚。监督、检查和指导的基础管理内容适用于所有中华人民共和国境内的互联网单位，其相关管理内容如下：

①监督、检查和指导互联网单位的信息安全组织机构。落实安全管理人员，并报公安机关网保部门备案。信息安全组织负责统一指挥、组织、协调本单位的计算机信息系统安全保护工作。信息安全组织要设立两名以上专职安全员，安全员和信息安全相关重要岗位的人员

应当参加公安机关组织的安全培训，持证上岗。

②监督、检查和指导互联网运营单位完善具体网络服务项目、网络拓扑结构、上网接入方式（包括该网络内部的组网方式）、IP地址的分布及IP地址和用户对应等；

③监督、检查和指导互联网运营单位建立健全信息安全保护管理制度，这些制度包括：计算机机房安全保护管理制度；安全管理责任人、信息审查员的任免和安全责任制度；网络安全漏洞检测和系统升级管理制度；操作权限管理制度；用户登记制度；异常情况及违法犯罪案件报告和协查制度；安全教育和培训制度；重要信息系统的系统备份及应急预案制度；备案制度等；

④监督、检查和指导互联网运营单位的实体安全、数据安全、运行安全和网络安全等方面采取的必要信息安全保护措施，这些措施包括：系统时钟统一采用北京时间的措施；系统重要部分的冗余或备份措施；计算机病毒防治措施；网络攻击防范、追踪措施；信息安全事件的预警措施；用户身份鉴别和登录措施；使用国家权威机关检验合格的信息安全专用产品（包括硬件和软件）。安全审计的具体要求有：日志信息要求最少保存60日；对动态IP地址分配上网的日志要包括上网时间、下网时间、用户名、主叫电话号码、分配给用户的IP地址；对采用网络地址转换技术上网的日志包括上网时间、下网时间、用户名、网卡MAC地址、内部IP地址、内部IP地址与外部IP地址的对应关系、访问的目标IP地址等信息；

⑤监督、检查和指导互联网运营单位制定信息安全突发事件和事故的应急处置预案；

⑥监督、检查和指导互联网运营单位提供信息安全保护管理所需的用户注册登记、使用与变更等个人备案材料；IP地址分配、使用及变更情况；用户网络服务功能设置及变更情况；以及与信息安全保护工作相关其他信息资料。

4.3.3　对互联网单位的分类监督管理

按照功能不同，可将互联网单位分为互联网运行单位、互联网信息服务单位、互联网联网单位、互联网上网服务营业场所。

1. 对互联网运行单位的监督管理

互联网运行单位是指在中华人民共和国境内从事互联网接入、主机托管及租赁、网络空间租用、域名注册等单位。对互联网运行单位监督管理的法律依据如下。

依据1:《中华人民共和国计算机信息系统安全保护条例》

第六条 公安部主管全国计算机信息系统安全保护工作。

依据2:《中华人民共和国计算机信息网络国际联网管理暂行规定》

第七条 计算机信息网络直接进行国际联网,必须使用邮电部国家公用电信网提供的国际出入口信道。

第八条 接入网络必须通过互联网络进行国际联网。

接入单位拟从事国际联网经营活动的，应当向有权受理从事国际联网经营活动申请的互联单位主管部门或者主管单位申请领取国际联网经营许可证;未取得国际联网经营许可证的,不得从事国际联网经营业务。

接入单位拟从事非经营活动的，应当报经有权受理从事非经营活动申请的互联单位主管部门或者主管单位审批；未经批准的，不得接入互联网络进行国际联网。

申请领取国际联网经营许可证或者办理审批手续时,应当提供其计算机信息网络的性质、应用范围和主机地址等资料。

国际联网经营许可证的格式，由国务院信息化工作领导小组统一制定。

第十条 个人、法人和其他组织（以下统称用户）使用的计算机或者计算机信息网络，需要进行国际联网的，必须通过接入网络进行国际联网。

前款规定的计算机或者计算机信息网络，需要接入网络的，应当征得接入单位的同意，并办理登记手续。

依据3：《计算机信息网络国际联网安全保护管理办法》

第三条 公安部计算机管理监察机构（编者按：现改为网络安全保卫局）负责计算机信息网络国际联网的安全保护工作。公安机关计算机管理监察机构应当保护计算机信息网络国际联网的公共安全，维护从事国际联网业务的单位和个人的合法权益和公共利益。

第八条 从事国际联网业务的单位和个人应当接受公安机关的安全监督、检查和指导，如实向公安机关提供有关安全保护的信息、资料及数据文件，协助公安机关查处通过国际联网的计算机信息网络的违法犯罪行为。

第十五条 省、自治区、直辖市公安厅（局），地（市）、县（市）公安局，应当有相应机构负责国际联网的安全保护管理工作。

第十六条 公安机关计算机管理监察机构应当掌握互联单位、接入单位和用户的备案情况，建立备案档案，进行备案统计，并按照国家有关规定逐级上报。

第十七条 公安机关计算机管理监察机构应当督促互联单位、接入单位及有关用户建立健全安全保护管理制度。监督、检查网络安全保护管理以及技术措施的落实情况。

公安机关计算机管理监察机构在组织安全检查时，有关单位应该派人参加。公安机关计算机管理监察机构对安全检查发现的问题，应当提出改进意见，作出详细记录，存档备查。

2. 对互联网信息服务单位监督管理

互联网信息服务单位是指在中华人民共和国境内开始网站、电子邮件服务、互联网娱乐平台服务、点对点服务和网上短信服务的单位，以及网上公共信息场所等单位。

（1）对互联网信息服务单位监督管理的法律依据

依据1：《计算机信息网络国际联网安全保护管理办法》

第五条 任何单位和个人不得利用国际联网制作、复制、查阅和传播下列信息：

- 煽动抗拒、破坏宪法和法律、行政法规实施的；
- 煽动分裂国家、破坏国家统一的；
- 煽动民族仇恨、民族歧视，破坏民族团结的；
- 捏造或者歪曲事实，散布谣言，扰乱社会秩序的；
- 宣扬封建迷信、淫秽、色情、赌博、暴力、凶杀、恐怖，教唆犯罪的；
- 公然侮辱他人或者捏造事实诽谤他人的；
- 损害国家机关信誉的；
- 其他违反宪法和法律、行政法规的。
- 第六条 任何单位和个人不得从事下列危害计算机信息网络安全的活动：
- 未经允许，进入计算机信息网络或者使用计算机信息网络资源的；
- 未经允许，对计算机信息网络功能进行删除、修改或者增加的；
- 未经允许，对计算机信息网络中存储、处理或者传输的数据和应用程序进行删除、修改或者增加的；
- 故意制作、传播计算机病毒等破坏性程序的；

- 其他危害计算机信息网络安全的。

第七条 用户的通信自由和通信秘密受法律保护。任何单位和个人不得违反法律规定，利用国际联网侵犯用户的通信自由和通信秘密。

第十条 互联网单位、接入单位及使用计算机信息网络国际联网的法人和其他组织应当履行下列安全保护职责：

- 负责本网络的安全保护管理工作，建立健全安全保护管理制度；
- 落实安全保护技术措施，保障本网络的运行安全和信息安全；
- 负责对本网络用户的安全教育和培训；
- 对委托发布信息的单位和个人进行登记，并对所提供的信息内容按照本办法第五条进行审核；
- 建立计算机信息网络电子公告系统的用户登记和信息管理制度；
- 发现有本办法第四条、第五条、第六条、第七条所列情况之一的，应当保留有关原始记录，并在二十四小时内向当地公安机关报告；
- 按照国家有关规定，删除本网络中含有本办法第五条内容的地址、目录或者关闭服务器。

第十二条 互联单位、接入单位、使用计算机信息网络国际联网的法人和其他组织（包括跨省、自治区、直辖市联网的单位和所属的分支机构），应当自网络正式联通之日起30日内，到所在地的省、自治区、直辖市人民政府公安机关指定的受理机关办理备案手续。

前款所列单位应当负责将接入本网络的接入单位和用户情况报当地公安机关备案，并及时报告本网络中接入单位和用户的变更情况。

第十七条 公安机关计算机管理监察机构应当督促互联单位、接入单位及有关用户建立健全安全保护管理制度。监督、检查网络安全保护管理以及技术措施的落实情况。

公安机关计算机管理监察机构在组织安全检查时，有关单位应该派人参加。公安机关计算机管理监察机构对安全检查发现的问题，应当提出改进意见，作出详细记录，存档备查。

依据2:《互联网信息服务管理办法》

第十四条 从事新闻、出版以及电子公告等服务项目的互联网信息服务提高者，应当记录提供的信息内容及其发布时间、互联网地址或者域名；互联网接入服务提供者应当记录上网用户的上网时间、用户账号、互联网地址或者域名、主叫电话号码等信息。

互联网信息服务提供者和互联网接入服务提供者的记录备份应当保存60日，并在国家有关机关依法查询时，予以提供。

第十五条 互联网信息服务提供者不得制作、复制、发布、传播含有下列内容的信息：

- 反对宪法所确定的基本原则的；
- 危害国家安全，泄露国家秘密，颠覆国家政权，破坏国家统一的；
- 损害国家荣誉和利益的；
- 煽动民族仇恨、民族歧视，破坏民族团结的；
- 散布谣言，扰乱社会秩序，破坏社会稳定的；
- 散布淫秽、色情、赌博、暴力、凶杀、恐怖或者教唆犯罪的；
- 侮辱或者诽谤他人，侵害他人合法权益的；
- 含有法律、行政法规禁止的其他内容的。

第十六条 互联网信息服务提供者发现其网站传输的信息明显属于本办法第十五条所列

内容之一的，应当立即停止传输，保存有关记录，并向国家有关机关报告。

（2）对互联网信息服务单位的监督管理

互联网信息服务单位包括网站、电子邮件、互联网娱乐平台、点对点服务、互联网短信服务、网上公共信息场所等，对互联网信息服务单位的管理除了 4.2.3 所讲的基本管理内容，还包括一些特殊的管理项目，下面逐一讲述各自的管理要点。

①对网站的监督管理：

网站是特指在中华人民共和国境内开设的网站。在基础管理的基础上，公安机关对网站的监督管理内容还包括：

网站应该建立由站长（BBS 站）、信息审核员（开办单位）、栏目主持人（各类栏目）组成的信息安全组织机构。BBS 站长负责对栏目设置、栏目主持人资格等进行严格考察，明确规定开办栏目的内容和范围；信息审核员负责对网站进行安全审计，对交互式栏目需记录发帖用户 IP 地址、时间；对主页修改需记录访问者的 IP 地址、起止时间等。栏目主持人要加强对用户的正确引导和信息监控管理。

建立信息发布和链接网站审核、登记制度。网站对委托发布信息源的单位和个人进行登记，信息源单位须凭单位介绍信；个人须凭有效身份证件办理委托发布信息的手续。对信息源单位和个人提供的信息内容依照《计算机信息网络国际联网安全保护管理办法》中第四条和第五条的规定进行审核。对本网站上的宣传主页及链接站点须经常进行检查，发现问题应在 24 小时内报告当地公安机关网保部门，备份后删除相关内容。

建立聊天室、电子公告栏、留言板、个人主页上传服务等交互式栏目的信息监视、保存、清除和备份制度。

建立健全 BBS 的管理制度。包括：栏目明确制度，应该明确开设的具体栏目和类别，如实时论坛、网民聊天室、文化艺术类留言板、IT 行业布告板等；版主负责制度，对开设的栏目须指定版主，专人负责监管栏目的信息内容，具体负采用必要的技术手段、人工过滤、筛选和监控的责任。一旦发现 BBS 栏目中有违法犯纪的内容，将追究版主的责任；用户登记制度，要求上网用户注册登记真实、准确、最新的个人信息，如姓名、电话、身份证号等，用户注册后方可使用 BBS 网站。网站须妥善保管用户信息，不得泄露用户的个人隐私。一旦发现用户有违法乱纪行为，网站有权暂停或终止该用户的所有或部分服务；张贴制度，在具体论坛、聊天室、留言板等栏目的显著位置张贴 ICP 经营许可证号或备案号，点击须弹出清晰可辨认的许可证号或备案号的扫描图片。用户进入任意一栏目时，需首先弹出电子服务规则的警示页面,要求使用者的行为符合 2000 年 12 月 28 日第九届全国人民代表大会常务委员会第十九次会议通过的《全国人民代表大会常务委员会关于维护互联网安全的决定》等有关法律法规的相关条款。

建立搜索引擎安全保护制度。规范搜索引擎搜索的行为，对每一个上挂网站均要进行登记并报网站安全组织相关负责人审批。

建立异常情况及违法犯罪案件报告和协查制度。落实违法犯罪案件和信息安全事故的报告和协查工作机制，凡发现有违法犯罪行为，应保留原始记录，做好备份，并在 24 小时之内向当地公安机关报告。重点案件和事故应立即报告，并配合公安机关进行相关的查处工作。

建立安全教育和培训制度。对网站的信息安全人员进行定期或不定期的安全教育和培训，积极参加公安机关开展的专题信息安全培训工作，并建立培训台账。

建立重要信息系统的备份和应急预案制度。针对网站的实际情况，建立重大信息安全事

故的应急响应预案，定期或不定期进行演练，并建立工作台账。

监督、检查和指导下列安全技术措施：BBS、论坛、留言板和聊天室等交互式栏目日志记录的审计措施，包括：保留用户登录、退出、文件传输等日志记录60天以上，FTP日志记录的审计等；IP地址的相关技术措施，包括：对特定IP地址进行阻断，限制来自相同客户端IP的最大同时连接数量和最大连接频率等；信息过滤技术，包括：对标题、内容等进行基于特征字符串的过滤，支持过滤规则的动态导入、维护并立即生效，对过滤和阻断的信息进行统计，向公安机关传送要求的过滤信息等。

② 对电子邮件服务的监督管理：

电子邮件是互联网信息服务单位的一种，是特指在中华人民共和国境内的电子邮件服务单位。在基础管理的基础上，公安机关对电子邮件的监督管理内容还包括：

监督、检查和指导电子邮件的服务规范。电子邮件服务规范包括：应当将电子邮件服务和使用规则告知用户，遵守国家的有关法律法规，并向用户提供举报和投诉电子邮件的方式；电子邮件服务应当使用固定IP地址；向用户提供群发电子邮件服务的，应当建立相应的管理制度；应当对用户的电子邮件内容和个人信息采用保密措施，除国家有关机关外，不得泄露个人隐私。

监督、检查和指导电子邮件的管理制度。信息安全漏洞检测和系统升级制度，必须定期对电子邮件服务器进行信息安全漏洞检测，及时对系统进行升级；权限管理制度，规范系统管理员的权限，通过分权制衡，责任落实到人；用户注册登记制度，用户必需登记注册后方可使用电子邮件服务，登记的信息包括用户名、口令、常用手机和电子邮件信箱名称等信息，网站必需对登录用户实施身份鉴别，妥善保管用户信息；建立应急处置制度，对单位具体的安全环境建立相关重大信息安全事件和事故的处置预案；报警、协查制度，对电子邮件服务中发生的重大信息安全事件、事故和发现的违法犯罪行为，保留原始记录，在24小时内向公安机关报告，并协助公安机关进行相关的处置；联络制度，设定专人24小时与公安机关保持畅通的联系渠道，联系渠道包括：手机、值班电话、电子邮箱等，如有变更，应及时告知公安机关。

监督、检查和指导电子邮件的技术措施。对发送垃圾电子邮件的特定网络地址、电子邮件信箱进行屏蔽；提供公众电子邮件服务的，应当向用户提供自行屏蔽垃圾邮件的方式；限制来自相同客户端网络地址的同时连接数量、连接频率和一次性发送同一电子邮件的数量；按照电子邮件长度、信头字段、信体等对垃圾邮件拦截；判别电子邮件虚假路由，并进行限制；关闭电子邮件服务器匿名转发，或采用身份认证、电子邮件转发授权控制；向公安机关提供垃圾邮件需按照同一的格式要求，采用离线和在线两种方式，在线方式须采用公安机关统一的垃圾邮件处置软件。

③对互联网娱乐平台的监督管理：

互联网娱乐平台是互联网信息服务单位的一种，是特指在中华人民共和国境内以公共信息网络为平台，发行、运营好莱坞网络游戏的单位和互联网网络游戏开发、代理和运营的单位。在基础管理的基础上，公安机关对互联网娱乐平台的监督管理内容还包括：

监督、检查和指导娱乐平台的管理制度。用户发布信息责任公告制度和有害信息用户举报渠道；发生网络安全事件和事故的报告制度；发现含有有害信息的地址、目录或者服务器时，应当通知有关单位关闭或者删除制度；建立健全网上违法犯罪案件协查工作制度；用户注册登记制度等。

监督、检查和指导娱乐平台的技术措施。基于关键字的有害信息过滤、删除和保存；基于特定用户账号的登录报警；落实重点网络游戏用户实名制和网络游戏用户虚拟财产保护等技术措施。

监督、检查和指导娱乐平台报警处置系统的建设和运行，要求该系统与公安机关连接，能实现用户账号等报警特征条件和有害信息过滤的关键字远程更新，可实现远程查询用户信息和存留信息等。

④对点对点服务的监督管理：

点对点服务是互联网信息服务单位的一种，是特指在中华人民共和国境内以点对点共享网络平台进行点对点文件共享和数据交换，以及其他点对点应用的单位。在基础管理的基础上，公安机关对点对点服务的监督管理还包括：

监督、检查和指导对点对点服务单位建立健全如下制度：建立用户发布信息责任公告制度和有害信息用户举报渠道；建立用户注册制度；建立沟通制度，设置信息员，加强联系和沟通。

监督、检查和指导对点对点服务单位落实如下技术措施：信息发布、信息搜索、消息广播和文件共享服务中对有害信息基于关键字和文件哈希值的过滤；客户端软件记录用户共享文件信息被其他用户（包括该用户的 IP 地址、账号等）下载的时间和次数；服务器端具有远程调取客户端记录，并记录文件或者信息最初发布者的网络地址、用户账号和发布时间；基于特定账号的登录报警等技术措施。

监督、检查和指导对点对点服务单位关闭或者删除含有有害信息的地址、目录或者服务器；对传播有害信息的用户基于用户账号、网络地址进行屏蔽。

对点对点服务单位发现有害信息、违法犯罪行为、信息安全事件和事故，应及时向公安机关报告，并协助公安机关对相关问题的处置。

监督、检查和指导对点对点服务单位报警处置系统的建设和运行，要求该系统与公安机关连接，能实现用户账号等报警特征条件和有害信息过滤的关键字远程更新，可实现远程查询用户信息和存留信息等。

⑤对互联网短信服务的监督管理：

互联网短信服务是互联网信息服务单位的一种，是特指在中华人民共和国境内以移动通信运营商和好莱坞信息服务单位提供的信息交换平台，进行文字、图片等短信交流的单位。在基础管理的基础上，对互联网短信服务的监督管理还包括：

监督、检查和指导互联网短信服务单位建立健全如下制度：逐步落实实名制，督促移动、电信、联通、网通和铁通等电信业务单位经营单位与互联网短信服务单位逐步落实用户实名登记制度，完善个人身份信息登记款项；建立有害互联网短信的长效防御机制，互联网短信服务单位应在网站显著位置设置报警服务栏目，公布有害信息举报受理的范围和方式，积极配合公安机关打击互联网短信违法犯罪行为；建立巡查制度，对提供下载的公共互联网短信进行巡查，发现敏感短信做好备份后删除，并及时报告公安机关。

监督、检查和指导互联网短信服务单位落实如下技术措施：检测报警，具有以下特征的互联网短信的发现报警：同一用户超过最大发送数量、超过最大发送频率的短信，短信发送者和接收者的手机号码和用户名在过滤的范围内，并使系统具有转发（将短信转发给公安机关控制后台）、投递（正常进行投递处理）和等待（将短信延时，直到审查后被赋予其他动作）三种动作的功能；消息过滤，对发送者和接收者的电话号码和用户名，以及短信内容进行关

键字过滤；定位查询，对互联网短信发送方IP地址，对发送方用户名、接受方手机号码和用户名、短信内容保留60日，对被封堵、过滤短信的发送方用户名、接受方手机号码和用户名、短信内容保留60日。公安机关通过控制后台，可远程增加和修改过滤规则，并可对互联网短信按照级别和类型进行统计和查询。

⑥对网上公共信息场所的监督管理：

网上公共信息场是互联网信息服务单位的一种，是特指在中华人民共和国境内通过互联网上网用户提供信息或者电子公告、BBS、论坛、网络聊天室、网页制作、即时通讯等交互形式，为上网用户提供信息发布条件，为市民提供信息公共场所的单位。在基础管理的基础上，公安机关对网上公共信息场所的监督管理还包括：

监督、检查和指导网上公共信息场所建立健全如下制度：信息先审后发制度，要求运营单位通过人工或者技术手段，对用户发布在网上公共信息场所的信息实行先审后发；信息巡查制度，要求运营单位实行"7×24"小时信息巡查，发现有害信息做好备份后删除，并及时报告公安机关；用户注册登记制度，要求运营单位对上网用户使用、BBS、论坛、网络聊天室、即时通讯等服务的用户实施注册登记，提供真实、准确、最新的个人信息（包括姓名、电话、身份证号等），只有完成注册登记后方可提供相关服务，对用户的个人信息实施妥善保护，不得泄露用户的个人隐私；报告和协查制度，一旦发现用户有违反国家法律法规的行为，应保留原始记录，做好备份，并在24小时之内向当地公安机关报告。重点案件和事故应立即报告，并配合公安机关进行相关的查处工作；教育培训制度，对网站的信息安全人员进行定期或不定期的安全教育和培训，积极参加公安机关开展的专题信息安全培训工作，并建立培训台账；备份和应急预案制度，针对网站的实际情况，建立重大信息安全事故的应急响应预案，定期或不定期进行演练，并建立工作台账。

监督、检查和指导网上公共信息场所落实如下技术措施：阻断特定IP地址；限制来自相同客户端IP地址的同时最大连接数量、连接频率和一次性发送同一电子邮件的数量；按照标题、内容等进行基于特征字符串的过滤；支持过滤规则得动态导入和维护，并能立即生效；能对过滤和阻断的信息进行统计和查询。

4.3.4　对互联网联网单位的监督管理

联网单位是指通过接入网络与互联网连接的计算机信息网络用户，信息网络用户包括单位和个人。互联网单位的监督管理也包括社区、学校、图书馆和宾馆等提供上网服务的场所。

对互联网联网单位的监督管理依据是《计算机信息网络国际联网安全保护管理办法》，具体条款如下：

第三条　公安部计算机管理监察机构负责计算机信息网络国际联网的安全保护工作。公安机关计算机管理监察机构应当保护计算机信息网络国际联网的公共安全，维护从事国际联网业务的单位和个人的合法权益和公共利益。

第十条　互联网单位、接入单位及使用计算机信息网络国际联网的法人和其他组织应当履行下列安全保护职责：

负责本网络的安全保护管理工作，建立健全安全保护管理制度；

落实安全保护技术措施，保障本网络的运行安全和信息安全；

负责对本网络用户的安全教育和培训；

对委托发布信息的单位和个人进行登记，并对所提供的信息内容按照本办法第五条进行审核；

建立计算机信息网络电子公告系统的用户登记和信息管理制度；

发现有本办法第四条、第五条、第六条、第七条所列情况之一的，应当保留有关原始记录，并在二十四小时内向当地公安机关报告；

按照国家有关规定，删除本网络中含有本办法第五条内容的地址、目录或者关闭服务器。

第十二条 互联单位、接入单位、使用计算机信息网络国际联网的法人和其他组织（包括跨省、自治区、直辖市联网的单位和所属的分支机构），应当自网络正式联通之日起 30 日内，到所在地的省、自治区、直辖市人民政府公安机关指定的受理机关办理备案手续。

前款所列单位应当负责将接入本网络的接入单位和用户情况报当地公安机关备案，并及时报告本网络中接入单位和用户的变更情况。

第十七条 公安机关计算机管理监察机构应当督促互联单位、接入单位及有关用户建立健全安全保护管理制度。监督、检查网络安全保护管理以及技术措施的落实情况。

公安机关计算机管理监察机构在组织安全检查时，有关单位应该派人参加。公安机关计算机管理监察机构对安全检查发现的问题，应当提出改进意见，作出详细记录，存档备查。

4.3.5 对互联网上网服务营业场所的监督管理

互联网上网服务营业场所是指通过计算机等装置向公众提供互联网上网服务的网吧和电脑休闲室（以下将其通称为“网吧”），以及无线接入等营业性的公众提供上网服务。

1. 对互联网上网服务营业场所管理的依据

对互联网上网服务营业场所监督管理的依据是《互联网上网服务营业场所管理条例》（国务院第 363 号令），具体条款如下：

第四条 县级以上人民政府文化行政部门负责互联网上网服务营业场所经营单位的设立审批，并负责对依法设立的互联网上网服务营业场所经营单位经营活动的监督管理；公安机关负责对互联网上网服务营业场所经营单位的信息网络安全、治安及消防的监督管理；工商行政管理部门负责对互联网上网服务营业场所经营单位登记注册和营业执照的管理，并依法查处无照经营活动；电信管理等其他有关部门在各自职责范围内，依照本条例和有关法律、行政法规的规定，对互联网上网服务营业场所经营单位分别实施有关监督管理。

第七条 国家对互联网上网服务营业场所经营单位的经营活动实行许可制度。未经许可，任何组织和个人不得设立互联网上网服务营业场所，不得从事互联网上网服务经营活动。

第八条 设立互联网上网服务营业场所经营单位，应当采用企业的组织形式，并具有下列条件：

- 有企业的名称、住所、组织机构和章程；
- 有与其经营活动相适应并符合国家规定的消防安全条件的经营场所；
- 有健全、完善的信息网络安全管理制度和安全技术措施；
- 有固定的网络地址和与其经营活动相适应的计算机等装置及附属设备；
- 有与其经营活动相适应并取得从业资格的安全管理人员、经营管理人员、专业技术人员；
- 法律、行政法规和国务院有关部门规定的其他条件。

第十三条 互联网上网服务营业场所经营单位变更营业场所地址或者对营业场所进行改建、扩建，变更计算机数量或者其他重要事项的，应当经原审核机关同意。

互联网上网服务营业场所经营单位变更名称、住所、法定代表人或者主要负责人、注册资本、网络地址或者终止经营活动的，应当依法到工商行政管理部门办理变更登记或者注销登记，并到文化行政部门、公安机关办理有关手续或者备案。

第十四条 互联网上网服务营业场所经营单位和上网消费者不得利用互联网上网服务营业场所制作、下载、复制、查阅、发布、传播或者以其他方式使用含有下列内容的信息：

- 反对宪法所确定的基本原则的；
- 危害国家统一、主权和领土完整的；
- 泄露国家秘密，危害国家安全或者损害国家荣誉和利益的；
- 煽动民族仇恨、民族歧视，破坏民族团结，或者侵害民族风俗、习惯的；
- 散布谣言，扰乱社会秩序，破坏社会稳定的；
- 散布淫秽、赌博、暴力或者教唆犯罪的；
- 侮辱或者诽谤他人，侵害他人合法权益的；
- 危害社会公德或者民族优秀文化传统的；
- 含有法律、行政法规禁止的其他内容的。

第十五条 互联网上网服务营业场所经营单位和上网消费者不得进行下列危害信息网络安全的活动：

- 故意制作或者传播计算机病毒以及其他破坏性程序的；
- 非法侵入计算机信息系统或者破坏计算机信息系统功能、数据和应用程序的；
- 进行法律、行政法规禁止的其他活动的。

第十六条 互联网上网服务营业场所经营单位应当通过依法取得经营许可证的互联网接入服务提供者接入互联网，不得采取其他方式接入互联网。

互联网上网服务营业场所经营单位提供上网消费者的计算机必须通过局域网的方式接入互联网，不得直接接入互联网。

第十七条 互联网上网服务营业场所经营单位不得经营非网络游戏。

第十八条 互联网上网服务营业场所经营单位和上网消费者不得利用网络游戏或者其他方式进行赌博或者变相赌博活动。

第十九条 互联网上网服务营业场所经营单位应当适时经营管理技术措施，建立场内巡查制度，发现上网消费者有本条例第十四条、第十五条、第十八条所列行为或者有其他违法行为的，应当立即予以制止并向文化行政部门、公安机关举报。

第二十三条 互联网上网服务营业场所经营单位应当对上网消费者的身份证进行核对、登记，并记录有关上网信息。登记内容和记录备份保存时间不得少于60日， 并在文化行政部门、公安机关依法查询时予以提供。登记内容和记录备份在保存期内部的修改或者删除。

2. 对互联网上网服务营业场所的监督管理

互联网上网服务营业场所是特指在中华人民共和国境内通过计算机等装置向公众提供互联网上网服务的网吧、电脑休闲室等营业性的公众上网场所（以下简称“网吧”）。在基础管理的基础上，公安机关对互联网上网服务营业场所的监督管理还包括：

网吧安全管理要求。网吧必须建立信息安全小组，法定代表人、主要负责人、安全管理人员必须参加计算机安全员培训，持证上岗；建立健全信息安全管理制度（如：上网安全手册、网吧严格落实上网人员实名身份登记制度等）；网吧经营单位变更营业场所地址或者对营业场所进行改建、扩建，变更计算机数量或者其他重要事项的，应先提交书面申请，经同意后方可实施。

网吧信息安全技术措施。网吧经营单位提供上网消费使用的计算机必须通过局域网的方式接入互联网，不得直接接入互联网，采用固定网络 IP 地址，使用的计算机必须是有盘工作站，配备 380V 三相四线电源；网吧必须安装公安机关制定的安全审计系统，安全审计系统须涵盖网吧的所有设备，网吧经营单位须与公安机关签署网吧安全审计管理系统的安全保密协议；网吧须采取安全保护技术措施，防止电脑病毒、黑客软件等恶意程序对内部系统的破坏，不得擅自停止安全技术保护措施；网吧经营单位和消费者不得利用互联网上网服务营业场所制作、下载、复制、查阅、发布、传播或者以其他方式使用有害信息；

3. 对互联网上网服务营业场所的监督管理目标

通过对互联网上网服务营业场所的监督管理，应该达到如下的工作目标：

全面掌握联网单位的基本情况。通过管辖的互联网运营单位报送、备案和日常检查和监控工作发现本地管辖的联网单位，做到心中有数。并掌握这些联网单位的服务内容、用户规模等情况。备案率达到 90%以上。

全面掌握互联网运营单位的网络拓扑结构、IP 资源和 IP 资源分配情况。建立 IP 资源的数据库，及时掌控 IP 地址的变化和动态使用情况；

全面掌握互联网运营单位的网络出入口情况，重点发现互联网运营单位私自接入互联网或者使用异地网络出入口的情况，避免网络监管漏洞；

加强监督、检查和指导。通过对互联单位的监督、检查和指导，促使其建立健全信息安全制度、完善技术保护措施、对重点系统和数据进行备份、落实应急响应机制和预案，以及确保日志规范和完整。上网日志要保存 60 天，日志记录应该包括：上网时间、下网时间、用户鉴别信息、网卡 MAC 地址，对提供 NAT 服务的互联网运营单位，重点检查内部 IP 地址和 MAC 地址、内部 IP 与外部 IP 的对应关系、上网时间和下网时间，以及访问的目标 IP 地址等信息。对信息服务单位加强和落实信息巡查制度，对信息服务单位所涉及的内容进行“7×24”小时巡查，对公安机关要求协查的有害信息，发现问题，及时备份和删除，并及时报告公安机关处置。

实施分级管理。将联网单位按照规模分为特大型联网单位（500 个以上用户）、大型联网单位（100~500 用户）和普通联网单位（100 以下用户）。对特大型联网单位重点管理，特大型联网单位和大型联网单位通过专线入网，使用固定 IP，建设专用机房，采用相应带宽的硬件安全审计产品；对普通联网单位，通过正规渠道入网，不得私自入网，采用相应带宽的软/硬件安全审计产品。

实施分类管理。将联网单位按照业务属性分为重点联网单位、经营性和非经营性联网单位两类。对为重点联网单位（包括党政机），采用重要信息系统登记保护方法（详见第三单元），落实重要系统备份、制订应急预案、加强 IP 地址和上网日志的管理；对经营性和非经营性联网单位，重点落实用户鉴别、日志记录、异常情况以及违法犯罪报告和协查等制度和措施。

4. 对互联网上网服务营业场所的行政处罚流程

对上网服务营业场所内发生的各类事件和事故的处罚处理，按照如图 4.4 所示的流程对上网服务营业场所单位进行行政处罚。

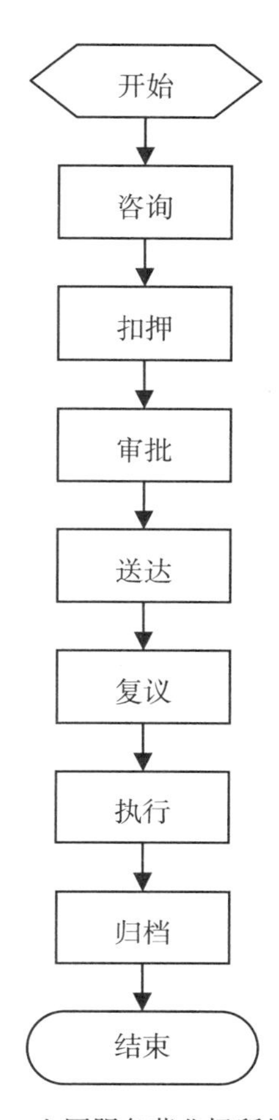

图4.4　上网服务营业场所的行政处罚流程

其中，流程中的几个阶段如下：

①咨询。咨询是指对发生的各类行政和刑事案件、事件和事故进行询问。咨询对象包括：上网消费中未发生违法违纪行为的人员、自愿作证的附近邻居等其他人员、网吧工作人员和网吧经营者。对网吧经营者不在现场的，应传唤至指定地点进行询问。同时制作公安机关行政处罚告知笔录，告知违法嫌疑人。进行询问之前，应告知被询问人的相关权利；对网吧经营者的询问，须出示传唤证；

②扣押。对发生的各类行政案件、事件和事故，可扣押相关对象，开具扣押物品、文件清单（一式两份），一份交网吧负责人保存，另一份归档。扣押对象包括：相关的联网计算机、上网设备、IC卡和其他能证明营业的证据。

③审批。办案人员填写公安机关行政处罚申请表，并按照相关格式整理相关材料，报法制部门开具公安行政处罚决定书。

④送达。公安机关办案人员将处罚决定书交被处罚人。一般地，处罚书应当场交被处罚人，由被处罚人签名、按手印；如处罚书不能当场递交被处罚人或者无法直接送达的，可采用留置送达（须使用送达回执，当场送达的不使用送达回执）。被处罚人应当在处罚决定书的附卷联上签字，拒绝签名的，办案人员应在附卷联上注明。

⑤复议。被处罚人对行政处罚决定不服的，可申请行政复议或者提起行政诉讼，行政处罚不停止执行。

⑥执行。对被处罚人开具缴款清单，让其在指定时间到指定的银行缴纳罚款，并复印银行的缴款收据交公安机关执法人员。执法人员开具罚款收据，并返还扣押物品和文件。

⑦归档。案件办理结束后，由办案人员所在部门对案件办理情况先行归档，3 个月后将案件归档材料一并移送到法制部门，办理相关的交接手续。

4.4 互联网信息管理

互联网信息安全管理的另一项重要内容就是对互联网上信息的安全管理，在信息安全领域称为内容安全，这也是近年来的一个热点研究问题。本节从国家安全和公安工作的角度出发，阐述对互联网上信息进行管理的主要依据、内容、方法和手段。

信息网络安全保卫部门面对新形势、新任务，锐意进取，积极开拓，加强网络舆情的监督检查工作，逐步从不适应走向有所适应，从完全被动扭转到有一定的主动权，探索了许多新做法，取得了许多新经验，开创了信息网络舆情监控管理工作的新局面。

4.4.1 对互联网信息管理的法律依据

对互联网上信息进行管理的法律依据涉及《计算机信息网络国际联网安全保护管理办法》、《互联网信息服务管理办法》、《中华人民共和国计算机信息网络国际联网管理暂行规定》、《互联网新闻信息服务管理规定》等一系列法律法规和部门规章，这些法规范了网络上人们的行为，明确了各方参与人的责任和义务，同时，也使得公共信息网络安全监察民警执法活动有法可依、有章可循。

1.《计算机信息网络国际联网安全保护管理办法》

第五条 任何单位和个人不得利用国际联网制作、复制、查阅和传播下列信息：

- 煽动抗拒、破坏宪法和法律、行政法规实施的；
- 煽动分裂国家、破坏国家统一的；
- 煽动民族仇恨、民族歧视，破坏民族团结的；
- 捏造或者歪曲事实，散布谣言，扰乱社会秩序的；
- 宣扬封建迷信、淫秽、色情、赌博、暴力、凶杀、恐怖，教唆犯罪的；
- 公然侮辱他人或者捏造事实诽谤他人的；
- 损害国家机关信誉的；
- 其他违反宪法和法律、行政法规的。

2.《互联网信息服务管理办法》

第十五条 互联网信息服务提供者不得制作、复制、发布、传播含有下列内容的信息：

- 反对宪法所确定的基本原则的；
- 危害国家安全，泄露国家秘密，颠覆国家政权，破坏国家统一的；
- 损害国家荣誉和利益的；
- 煽动民族仇恨、民族歧视，破坏民族团结的；
- 散布谣言，扰乱社会秩序，破坏社会稳定的；
- 散布淫秽、色情、赌博、暴力、凶杀、恐怖或者教唆犯罪的；

- 侮辱或者诽谤他人，侵害他人合法权益的；
- 含有法律、行政法规禁止的其他内容的。

3.《中华人民共和国计算机信息网络国际联网管理暂行规定》

第十三条 从事国际联网业务的单位和个人，应当遵守国家有关法律、行政法规，严格执行安全保密制度，不得利用国际联网从事危害国家安全、泄露国家秘密等违法犯罪活动，不得制作、查阅、复制和传播妨碍社会治安的信息和淫秽色情等信息。

4.《互联网新闻信息服务管理规定》

第十九条 互联网新闻信息服务单位登载、发送的新闻信息或者提供的时政类电子公共服务，不得含有下列内容：

- 违反宪法确定的基本原则的；
- 危害国家安全，泄露国家秘密，颠覆国家政权，破坏国家统一的；
- 损害国家荣誉和利益的；
- 煽动民族仇恨、民族歧视，破坏民族团结的；
- 破坏国家宗教政策，宣扬邪教和封建迷信的；
- 散布谣言，扰乱社会秩序，破坏社会稳定的；
- 散布淫秽、色情、赌博、暴力、恐怖或者教唆犯罪的；
- 侮辱或者诽谤他人，侵害他人合法权益的；
- 煽动非法集会、结社、游行、示威、聚众扰乱社会秩序的；
- 以非法民间组织民意活动的；
- 含有法律、行政法规禁止的其他内容的。

4.4.2　互联网信息监督管理的主要任务

互联网信息监督管理的主要任务包括：

①坚持把维护国家安全和社会稳定放在首位，为国家的经济建设和改革开放营造一个良好的虚拟社会环境。

②及时准确地发现网络上影响国家安全和社会稳定的各种违法信息、不良信息和恶意代码，快速处理和处置，防止有信息的价值流失，有害信息的扩散。

③实现情报信息的整合和有效利用，将互联网上多部位、多渠道的信息集中起来，进行信息研判，最大限度地占有原始信息，并进行综合利用。

④对网络信息的监督管理工作主要包括搜集整理、分析研判和编报处置三个阶段。

4.4.3　互联网信息搜集

为了实现对互联网信息的有效监督管理，首先应该及时发现、掌握境内外敌对势力、敌对分子通过网络进行各种破坏活动的动向及各种秘密活动，发现和掌握可能影响国家安全、社会和政治稳定的苗头和迹象，发现、掌握网上的社情、民意，为网上斗争提供情报支持。及时掌握各种网络犯罪及网络攻击、计算机病毒的情况，为打击利用和针对计算机网络的各种违反犯罪提供支持。所有这些任务的基础就是需要从互联网上搜集有价值的信息。

1. 互联网上搜集的内容

需要从互联网上搜集的内容包括敌特情、社会热点问题、专项信息、有害信息、信息安全案/事件信息等。其中敌特情、社会热点、专项信息等又统称为网络舆情。

①敌特情。敌特情主要包括境内外敌对势力、敌对分子的网上活动情况；“民运”组织和分子的网上活动情况；民族分裂组织和分子的网上活动情况；宗教极端势力、非法宗教组织和分子的网上活动情况；恐怖组织和分子的网上活动情况；非法组党、结社的网上活动情况；其他特定对象、特定目标的网上活动情况等。

②社会热点。社会热点主要包括重大政治活动、重要事件在网上的动态反映情况；国家重大政策在网上的动态反映情况；严重影响国家安全、社会稳定的群体性事件、突发事件及社会热点问题在网上的动态反映情况；有损国家、政府等形象，可能引起炒作，产生负面影响的其他问题在网上的动态反映情况；涉及国家政治、经济、军事和尖端科技等方面在网上的重要动态情况；涉及重要国际动态和港、澳、台动态等重要情况等。

③专项信息。专项信息主要包括上级机关部署的需要长期关注的专题信息；上级机关部署的需要在一定时期关注的专题信息等。

④有害信息。有害信息主要包括煽动颠覆国家政权、共产党领导，推翻社会主义制度的信息；煽动分裂国家，破坏国家统一的信息；煽动民族分裂、民族歧视，破坏民族团结的信息；煽动抗拒、破坏宪法、法律和行政法规的信息；损害国家机关荣誉和其他重点要害部门信誉，涉及国家和政府的负面影响的信息；宣传封建迷信、淫秽、色情、赌博、暴力、凶杀和恐怖，教唆犯罪的信息；捏造或者歪曲事实，散布谣言，扰乱社会治安秩序的信息；公然侮辱他人或者捏造事实诽谤他人的信息；其他违反宪法、法律和行政法规的信息等。

⑤信息安全案/事件信息。信息安全案/事件信息主要包括计算机病毒发展动态情况；黑客攻击等发展动态情况；国内外信息安全技术、策略、管理等发展动态情况；国内外计算机犯罪发展动态情况；

2. 互联网信息搜集原则

各级公安机关在进行网上信息搜集工作时，应坚持如下原则：

①属地化管理原则。属地化原则是收集网络信息的基本原则，公安机关重点关注本地网上的重点人员、组织的活动信息，即本地网站上涉及的本地重要信息，国内异地网站和国外网站上涉及的本地重要信息，另外，还要尽可能地收集一切危害国家安全、社会治安秩序的信息。

②领导带班和专人负责原则。落实领导带班制度，配备专用的工具、固定专人对网上信息进行搜集，实现 24 小时不间断工作制。

③分工合作和落实责任原则。在对互联网上信息搜集的过程中建立搜索日志和目录，通过分工合作，减少重复劳动，提高工作效率。对发现的信息入库归档，保存 180 天以上。对出现漏控、漏巡的，要责任追究。

④全面掌握和突出重点原则。通过各地公安机关的分工合作，全面掌握互联网上的信息情况，各级公安机关对本地负责的网站实施量化的工作机制：对本地网站、网页每天巡查 1 次以上；对本地管辖的重点网站、网页 30 分钟巡查 1 次；对论坛等交互式栏目每小时巡查 1 次；在重大突发事件期间和特殊、敏感时期对重点监控目标实施实时监控。此外，还要与重点网站管理员、安全员建立联系，每天定时搜集相关信息，及时删除敏感和有害信息。

⑤及时取证和入库管理原则。在巡查中发现敏感信息、有害信息或者其他有价值的情报信息，应按照一定的方法提取相关信息，并保存原始网页以便查证。对搜集到的信息存入专门的数据库中，入库率要求达到 100%，准确率不低于 98%。

⑥综合应用和多管齐下原则。公安机关在搜集互联网上敏感信息、情报信息和有害信息

时，要采取公开搜集、技术监控、秘密搜集等多种方式，多方位开展互联网信息搜集工作，最大限度地获取有价值的信息。

3. 互联网信息的搜集方法

搜集互联网上信息的基本方法包括巡查、技术手段和其他方法。

①巡查。巡查是指通过 IE 等浏览器直接输入网站的 IP 地址或域名从而获得网站信息的方法，或者通过搜索引擎，如 GOOGLE、BAIDU、YAHOO 通过关键字搜索相关信息，或者公安机关专门的搜索引擎在一定的网段内搜索相关信息。通过巡查关注本地所有网站、网页、论坛、BBS；异地和境外网站、网页、论坛、BBS 涉及本地内容。

②技术手段。技术手段是指通过报警处置分布式系统监控系统、网吧监控软件和其他特定的网络技术手段对境内特定网站、境外封堵网站、重点单位后台数据以及网上 QQ 群、P2P 和聊天室等即时通讯场所等进行信息搜索。

③其他方法。其他方法包括：主动法帖与网络用户交流进行搜集；刺激特定对象的网络 ID 进行获取；对特定对象的网络 ID 进行监控获取；通过加入网络组织、注册成为网站会员等主动获取；通过订阅网络杂志、网络期刊、网络短信等被动获取；通过对网络信息的推断、判定网络活动的因果关系获取等。

4.4.4　互联网信息分析研判

互联网信息的分析研判是对前期搜索到的信息进行综合分析，相关部门协调工作，由此及彼、由表及里，提炼、总结出有价值的情报信息，以便“情报指导警务”，对互联网上的相关案、事件有针对性、及时、准确地处置，将相关的案、事件化解在萌芽状态，最大限度地降低互联网上各种危害的风险，减少不良政治影响，维护互联网社会治安秩序。

1. 分析研判的内容

互联网信息分析研判的主要内容是：

①网上信息的性质；

②网上信息的危害程度；

③网上信息所反映的敌情、特情、社情动向及规律和特点；

④网上信息所反映的违法犯罪案件线索；

⑤网上舆情动态及其炒作的苗头、迹象和发展趋势；

⑥网上突发事件的苗头、迹象和可能造成的危害等。

2. 分析研判的要求

互联网信息分析研判的要求是：

①及时研判。对网上搜集到的信息应及时进行分析研判，根据法律法规、相关政策和当前的形势和任务确定其性质；对网上发现的有害信息及时判断其性质、类型和危害程度，及时报告有关部门进行处置；对网上发现的敌情、特情、社情及时编报，分析并掌握其动向、规律和特点；对网上舆论、热点和敏感问题应根据其数量、范围和性质及时研判其苗头、迹象和发展趋势，及时通报有关部门处置；对专题任务要求每月至少 1 次分析研判；对紧急、突发事件的分析研判应随时进行，以免贻误战机。

②准确研判。对网上信息的性质、类型和危害程度，敌情、特情、社情的动向、规律和特点作出准确地判断；对网上炒作和突发性事件的苗头、迹象和发展趋势，以及网上的违法犯罪案件线索作出定时定向性的准确地判断，以便有针对性地开展相关处置工作。

③跟踪积累。对专题信息进行跟踪积累，综合分析、定期研判，从而掌握其动向和发展变化的规律；对网上特定对象和目标的活动情况进行专门的积累和分析研判，以便掌握其活动动向、特点和规律。

④及时反馈。按照互联网上信息分析研判结果指导警务实践工作，将结果信息的采用情况、价值作用、准确性等进行评估、总结，并及时反馈给互联网信息搜集单位，以便他们改进和完善相关的工作。

3. 分析研判的方法

互联网信息的分析研判方法主要有比较法、解剖法、综合法、联系法、归纳法和演绎法，下面分别进行阐述。

①比较法。比较法就是对人、事、物在不同阶段的特点进行对比分析，发现规律。比较法往往是其他方法的基础研究。在进行比较法研究时，要注意研究对象的可比性：范畴可比、时间可比和空间可比。范畴可比是指比较的人、事、物属同一层面、同一级别；时间可比有同比和环比之分，例如：去年一月和今年一月的情况对比称为同比，今年一月与今年二月的情况对比称为环比；空间可比是指比对对象的客观条件相似。另外，还要注意通过外延（直观的、表面的数字、情况等现象）看内涵（隐藏在表面现象背后的原因、背景等），不要被表面的现象所迷惑，须深入研究。

②解剖法。解剖法就是深入研究所搜集到的信息，揣测其中微妙的含义，从中发现容易被忽略的关键细节。

③综合法。综合法是指围绕某个特定的目标将相关的信息素材融合、整合的研究方法，常用于分析敌情、特情、社情、总结工作或特定的任务。具体讲就是，将不同角度、不同深度、不同准确度的零星情报系统地梳理、综合判断，概括出完整、准确和有层次、有深度的情报信息；研究同类情报信息，吸收各方面的精华，加工、整理出新的有价值信息；对同一内容进行共性研究、特性研究和典型研究，即从反映同一信息内容的不同时间、空间或者不同性质的情报中寻找共同规律的共性研究，从反映同一内信息容的空间、时间、状态等角度进行特性研究，从反映同一信息内容中提取一般规律的研究。

④联系法。通过横向联系、纵向联系、逆向联系和多向联系，研究不同素材之间的整体与部分、内部与外部等各种关系。其中，横向联系是指把一些情况、内容相近、类似或者截然相反的素材联系加以分析研究；纵向联系是指把同一现象、对象在不同时间、空间上的情况联系加以分析研究；逆向联系是指打破思维定式，不是从正面，而是从反面的角度对问题进行判断研究；多向联系是指从多个方向、多个角度、多个层面等对对象进行分析判断。

⑤归纳法。归纳法是指对某个时期、某个方面、一定数量的互联网信息进行量化的统计分析，从中找出规律性、动向性的重要情报信息。使用归纳法时要注意统计材料量和质的要求。

⑥演绎法。演绎法是指对已知的互联网信息中的苗头、迹象、动向等进行判断、推理和预测，推测出事件的性质、规律、发展趋势和可能造成的危害等。主要是通过因果关系和伴随关系的分析，从零星的互联网信息中推测出完整的情报信息。因果关系是事物之间本质的联系，伴随关系是一事物的出现伴随着另一事物的产生的必然联系。

4. 分析研判的工作流程

互联网信息分析研判按照如图 4.5 所示的流程。

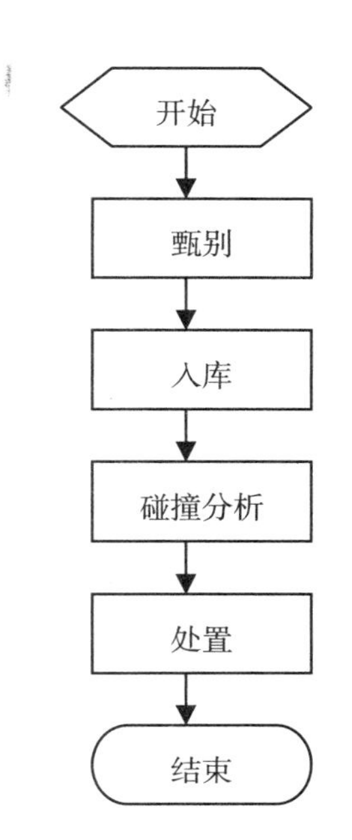

图 4.5　网上信息分析研判流程

①甄别。甄别是指搜索单位对获得的网上信息进行初步的调查验证，甄别其客观性和准确性后，将其转交给综合研判部门进一步处理。

②入库。入库是指综合研判部门对各个部门、各个渠道获得的信息进行汇集、分类和整理，然后将其输入数据库。

③碰撞分析。碰撞分析是指综合研判部门将各种信息在数据库中进行碰撞、比对和深入分析，并对分析得到的结果信息的真伪、价值大小进行判断。对难以判断信息真伪和准确性的，需要及时组织相关人员进行再调查。

④处置。处置是指根据不同性质的信息研判结果分别进行相关的处置：存档、侦查、传递或上报。

4.4.5　互联网信息编报

互联网信息编报就是将信息分析研判的结果，按照公安部统一制定的格式进行信息的整理，审批后以便上报、通报、报送到有关部门处置。这里的编报是特指互联网上发生和发现的"问题信息"的编报。

1. 互联网信息编报格式

互联网信息编报的媒体信息包括表格（函、通报和报告等）、音像资料（图片和电话记录等）。向上级机关报送的互联网信息一般采用公安部统一制定的《互联网信息》格式，《互联网信息》格式又包括普刊、特刊和综刊三种形式。

2. 互联网信息采编注意事项

互联网信息在采编时应该注意以下几个方面：

①富有新意。网上反映社会面的问题很多，这里强调的是出现的新问题，突出一个"新"字。老问题在新的历史条件下也会出现新的情况，需要权衡和甄别。另外，综刊采编的问题应该具有一定的典型意义，对局部发生的、不影响全局的特殊问题不一定采编。

②剖析准确。首先要确定 “是什么”问题，并弄清楚问题的来龙去脉。其次是确定“为什么”会出现该问题，把握问题产生的根源。

③解决方案明确。提出问题不是目的，而是为了引起重视，并找到解决问题的方案，让决策者明白“怎么办”才是关键。

3.“问题信息”编报注意事项

“问题信息”是指互联网上反映现实社会、工作且需要公安机关特别关注的新问题。对于“问题信息”的编报，需要注意以下几个方面：

①实事求是，尊重愿意。编报的信息应该尊重事实，切忌主观臆断。关键情节和词句要尊重原意，既不能盲目照搬原文，也不得篡改愿意。

②行文简洁，言简意赅。标题醒目、贴切、简明，内容通顺、言简意赅。

③归纳提炼，观点准确。对原始材料进行归纳提炼，观点明确，不能模棱两可。特别是人名、地名、组织名称、外文名称、数字等关键名称要准确无误。

④推敲修改、措词严谨。从标题、内容、结构和文字四个方面反复推敲，力求主体明确、内容准确和翔实、结构合理、文字流畅。

⑤逻辑严谨，信息完整。情报信息内容个部分、各环节之间的逻辑关系严谨，情报信息内容六要素（对象、时间、地点、事件、原因和手段）、情报信息三要素（来源、时间和发生部位）齐全。原则上讲，要素不全不得编报；对紧急情况或者受条件限制的，在编报时要予以说明。

⑥详略得当，重点突出。对关键内容应浓墨重彩；对非关键内容应轻描淡写。

⑦定密恰当，保护来源。对信息的密级确定得到，以便安全地保存和传输。原则上，未经加工的原始信息定为内部；经过加工的一般情报定位秘密；涉及具体人员、组织的情报视情况可定为机密或者绝密。通过手段获得的信息要按要求保护来源。

⑧报送及时，范围适当。报送及时是指：互联网信息应在 12 小时之内报送；涉及国家安全和社会稳定的重要信息应在 6 小时之内报送；涉及国家安全和社会稳定的特别重大信息应在 1 小时之内报送；涉嫌违法犯罪的情报信息应在 12 小时之内报送；特别紧急的信息应当随时报送。范围适当是指在信息编报时确定报送的范围：报送本地公安机关和当地相关部门的，须同时报送上级业务主管部门；涉及其他有关部门的应报送到相关部门。

4. 普刊编报要求

普刊是按照国内重要信息、国际重要信息、专稿评述、本地网情等固定栏目编报相关信息。

①国内重要信息和国际重要信息是指发生在国内和国际重大事件或者某种发展趋势在互联网上所反映信息的报告。

②专稿评述是指境外网站或国内外专家在互联网上对我国重大政治、经济政策以及针对国内发生的重大事件、特殊事件相关评论的报告。

③本地网情。发生在本地的重大事件、社情民意和其他有害信息的报告。

5. 特刊编报要求

特刊是指互联网上重大敌情、特请和社情的信息，主要包括境内媒体不曾公开的重大自然灾害、重大事故，影响社会稳定的重要敌情、特情和重大社情，以及对党和政府造成严重恶劣影响的事件等，特刊要求具有很强的时效性，一事一报。

6. 综刊编报要求

综刊是对某一时期内发生的重要事件、案件的总结，要求内容准确、分析透彻、观点鲜明，字数在 800~2000 字，综刊编报主要包括如下几个方面：

①国内外某一时期重大事件、重要信息在网上情况的综合评论报告。

②本地一个月内网上发生的突出问题、有害信息、有害网站以及本地网上舆论的发展趋势等统计分析的报告。

③敌对势力、敌对分子在网上某一时期危害国家安全、社会稳定等活动情况的报告。

4.4.6 互联网有害信息处置

对互联网上发现的有害信息应及时、有效、妥当地处置，以便追究行为人的责任，减小负面影响，净化网络空间。下面分别对处置的要求、取证和方法进行阐述。

1. 互联网有害信息处置要求

①把握尺度、内紧外松。有害信息的处置要把握政策尺度，做到"内紧外松"。根据有关政策对有害信息准确地研判、定性，对外不宜张扬、宣传，防止网上炒作；既不至于打击面过大，也要认真对待、严肃处理。

②及时防御、快速处理。互联网的特点是传播速度快、范围广，在有害信息处置工作中要做到及时防御、快速处置，避免有害信息的扩散，造成不良的社会影响。

③措施得当、方法到位。在有害信息的处置工作中，要充分分析有害信息的性质、特点，根据有害信息的传播情况、社会影响和危害等，作出合理、恰当的处置，注意工作方法，防止造成负面影响。

2. 互联网有害信息取证流程

有害信息的取证就是要证明行为人的身份、行为是否存在、行为是否为行为人所为，以及实施的时间、载体、手段、后果和行为人的责任及共同行为人的责任等。证据固定工作须指遵照相关法律，按照客观全面、迅速及时、细致入微、掌握重点的原则，由两名以上网保民警依法对有害信息进行收集、固定和保存工作，互联网有害信息取证的工作流程如图 4.6 所示。

3.互联网有害信息的处置方法

有害信息的处置就是当互联网上出现有害信息时，公安机关及时采用行政和技术手段，通过多方协作对有害信息进行删除、过滤、断网和封堵等。具体的处置方法如下：

①删除。发现属本地有害信息的，应向主管领导和上级部门按照规定格式进行报告，并通知有关部门采取技术措施及时删除之。

②断网。当发现有害信息属本地的，且范围比较广、流量比较大，难以采用删除的方法控制有害信息的传播的，应向主管领导和上级部门按照规定格式进行报告，并通知有关部门采取技术措施及时断网。

③过滤。发现异地有害信息的，应通知异地公安机关采取相关措施，并通知本地的有关部门重新设置过滤规则，防止有害信息在本地的传播。

④封堵。发现境内和境外有大量有害信息广泛传播，并有可能引起网上炒作的，应按照一定格式向主管领导报告，逐级向公安部报告，由公安部网络安全保卫部门统一部署相关部门进行信息的封堵工作。

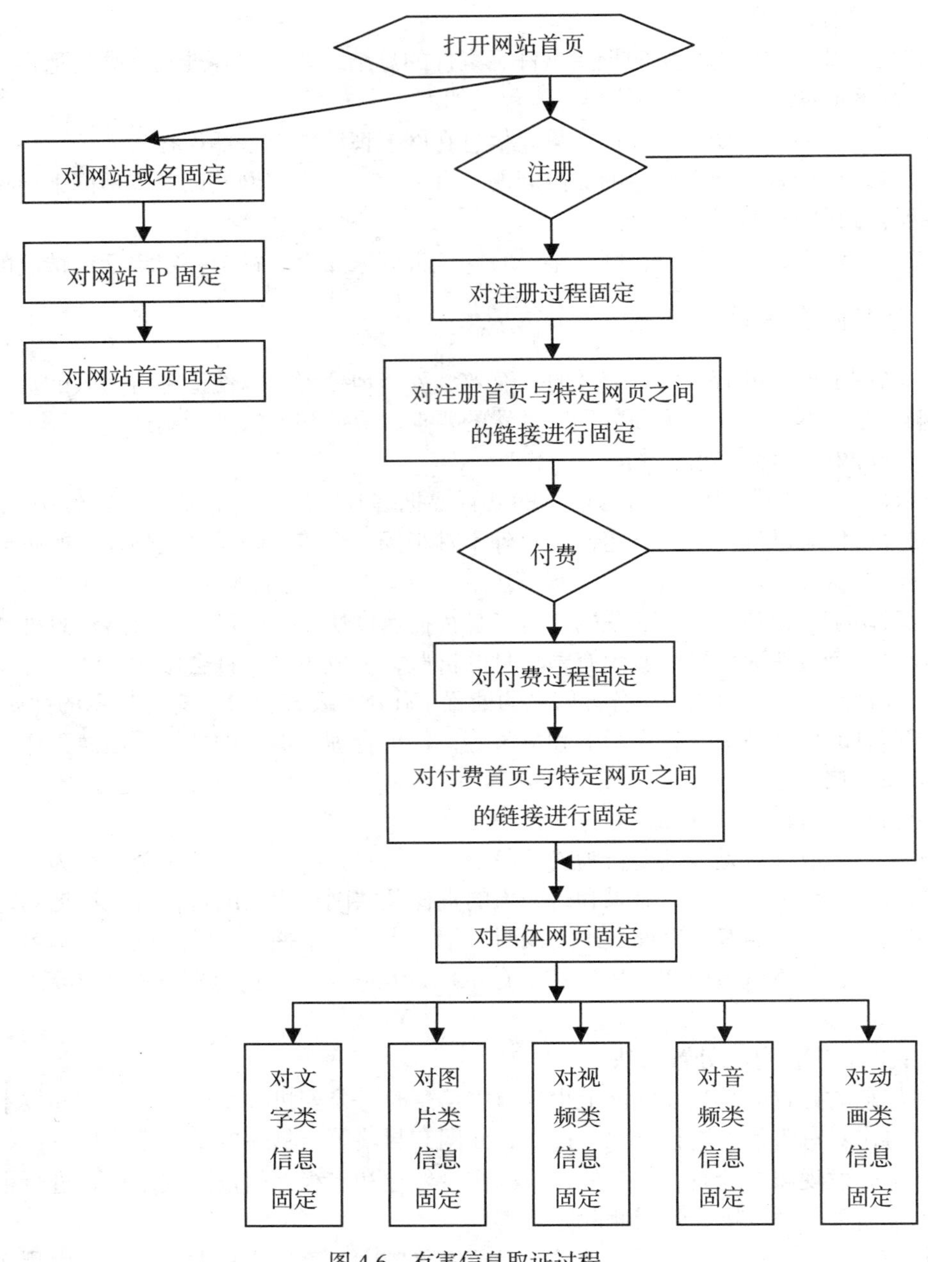

图 4.6　有害信息取证过程

4.5　恶意代码的管理

恶意代码是指破坏计算机信息安全的保密性、完整性、可用性的计算机程序。其表现形式有计算机病毒、黑客程序、蠕虫代码等。

恶意代码的主要形式是“计算机病毒”（Computer Viruses），美国计算机安全专家弗雷德·科恩（Frederick Cohen）博士于 1984 年在《Computer Virus-Theory and Experiments》一

文中首次提出：“计算机病毒是这样的一个程序，它通过修改其他程序使之含有该程序本身或它的一个变体。病毒具有感染力，它可借助其使用者的权限感染他们的程序，在一个计算机系统或网络中得以繁殖、传播。每个被感染的程序也像病毒一样可以感染其他程序，从而更多的程序受到感染。”在《中华人民共和国计算机信息系统安全保护条例》中病毒被明确定义为：“计算机病毒，是指编制或者在计算机程序中插入的破坏计算机功能或者毁坏数据，影响计算机使用，并能自我复制的一组计算机指令或者程序代码。”随着网络的兴起和计算机技术的发展，针对计算机系统实施各种破坏的恶意代码形式层出不穷，如黑客有害程序（Hack Program）、特洛伊木马程序（Trojan Horse）和蠕虫程序（Internet Worm）等各种恶意代码的形式。恶意代码的日益泛滥已严重影响了信息化社会的正常工作，已成为信息安全最大的隐患之一。

4.5.1　恶意代码管理法律依据

对互联网上恶意代码的管理主要法律依据是《中华人民共和国计算机信息系统安全保护条例》和《计算机病毒防治管理办法》（公安部第51号令）等相关条款事实行政管理。具体条款如下：

1.《中华人民共和国计算机信息系统安全保护条例》

第十五条　对计算机病毒和危害社会公共安全的其他有害数据的防治研究工作，由公安部归口管理。

2.《计算机病毒防治管理办法》

第四条　公安部信息公共信息网络安全监察部门（编者按：即现在的信息网络安全保护部门）主管全国的计算机病毒防治管理工作。

地方各级公安机关具体负责本行政区域内的计算机病毒防治管理工作。

4.5.2　恶意代码管理内容

对恶意代码的管理就是对制作、传播恶意代码的行为进行惩治。具体包括：

1. 建立健全管理制度

监督、检查和指导信息系统运营、使用单位建立健全和落实恶意代码的管理制度，包括单不限于本单位的计算机病毒防治管理制度；计算机信息系统使用人员的计算机病毒防治教育和培训制度；使用恶意代码专用产品的制度；发生重大计算机病毒须保存现场并向公安机关及时报告的制度等。

2. 建立和完善防治技术

监督、检查和指导信息系统运营、使用单位建立和完善恶意代码的防治技术措施，包括但不限于安装专用的恶意代码产品；及时检测和清除计算机信息系统中的恶意代码；记录恶意代码的检测和消除日志等。

3. 计算机病毒疫情防治

开展本地计算机病毒疫情调查，并适时举办各种恶意代码防范的宣传活动。

4. 建设监控系统

建设大型的网络安全恶意代码监控系统，在骨干网、支网、用户网等不同层次的网络上建设恶意代码监控系统，实施检测网络恶意代码的传播情况，及时发现新的恶意代码、病毒源，并发出恶意代码预警信息。

5. 发动专业机构

督促计算机恶意代码防治产品研制、生产和销售单位，以及安全服务机构和用户对发现的恶意代码提取样本，报送公安机关的网保部门，并将汇总的结果报送上级公安机关；

6. 发动社会力量

指导和组织社会力量对发现的计算机恶意代码解剖、分析，提出解决方案；对用户级的恶意代码控制与处置工作提供技术支持。

7. 加强对恶意代码防治产品的管理

加强对恶意代码专业产品的监管，任何单位和个人销售和附赠的恶意代码防治产品，均须专门的机构检测，产品上应附有“销售许可”的标记。

8. 通过行政手段

利用行政管理手段严格控制恶意代码的传播，严厉处罚各类制作、传播恶意代码的行为。

4.5.3 恶意代码管理具体要求

恶意代码的管理工作的具体要求为：

1. 全面掌握计算机恶意代码的情况

一是要及时收集本行政管辖的恶意代码研究机构和各种社会技术支撑单位报送恶意代码的情况，及时掌握恶意代码的相关情况；二是通过日常检查和监督管理工作发现恶意代码的相关情况；三是通过上级有关部门和各地网保部门的报送、通报等掌握恶意代码的相关情况；四是通过技术手段发现恶意代码的相关情况。

2. 全面掌握计算机恶意代码防治产品的研发机构情况

一是掌握本行政管辖的恶意代码研究机构和各种社会技术支撑单位的基本情况、服务内容和生产产品情况；二是督促研发单位履行产品备案义务；三是督促研发单位将生产的计算机恶意代码防治产品到公安部门的相关机构检测。

3. 建立恶意代码预警和快速反应机制

通过各种渠道及时发现和掌控恶意代码的动态情况，及时组织社会各界的力量解剖、分析恶意代码，制定防治方案，通过专门渠道和新闻发布等形式，及时进行恶意代码的预警。

4. 加强病毒防治知识的宣传、教育和培训

一是每半年举办一次计算机恶意代码防范的宣传活动；二是在本地政府网站上设立计算机恶意代码防治的专栏；三是对信息系统运营、使用单位的安全员定期组织计算机恶意代码防治技术培训；四是开设计算机恶意代码报警电话，接受群众举报和咨询。

4.6 计算机信息系统安全等级保护

信息系统安全等级保护是我国的信息安全保护工作的基本国策。信息安全等级保护工作以 GB17859-1999 为核心形成了技术体系，同时也形成了组织管理、法律法规和技术标准等主要内容的管理体系。

4.6.1 等级保护的基本思路

信息系统的安全应该分级、分类保护，遵循适度保护的信息安全原则。

1. 信息系统安全等级保护的原理

信息系统安全有其内在的规律，只有研究、掌握并遵循其内在规律，才能做好信息安全保护工作。对于信息系统实行等级保护，基于以下几个方面的原因：

首先，等级化起源于阶级和国家的形成，阶级本身就是一个等级的划分，一个团体乃至一个国家的运转就是靠分级控制管理机制起作用的。等级制既是一种不可或缺的组织形式，也是组织管理科学原理。如果没有分级化控制管理体系，部门、单位、组织乃至国家将不复存在，军队就会成为一盘散沙，不具有战斗力。而信息系统是传统组织体系及其业务体系在信息社会中的映射，是为组织体系及其业务体系的需求而建立和服务的，是传统组织管理体系及其业务体系的延伸。因此，部门的组织管理及其业务体系运转的分级控制管理机制，也适应于信息系统安全分级保护，是信息安全等级保护的科学基础。任何有效解决国家信息安全问题的办法都必须基本符合组织和业务的分级控制管理特性，任何忽视或背离这个基本原理的信息安全解决方案只能是临时、局部的，不可能成为全局、长效的解决办法。

其次，信息系统是应部门行政职能及其业务运转需求而建立的，一个部门职能的重要程度决定其业务重要程度，业务重要程度决定其信息资源的重要程度，决定信息系统的重要程度，决定信息系统安全保护需求的高低。信息系统的社会和经济价值差异、信息系统中信息的敏感性程度差异，信息系统所属部门和单位的重要级别不同，所有这些，都决定了不同的业务信息系统需要不同的安全保护级别。信息系统和信息的重要程度和敏感程度越高就需要越高的信息安全保护等级，反之，则需要较低级别的安全保护措施进行安全保护。

最后，信息安全的保护是需要代价的，高等级的信息安全保护需要采取高等级的技术措施和强化的管理措施，而高等级的技术措施和强化的管理措施是要花费高昂的代价的。信息系统的安全需要考虑信息安全与花费成本之间的平衡问题，对信息安全进行适度保护，以体现国家主权、政治、经济、国防、社会安全等不同层次需要。

2. 信息系统安全等级保护的管理体系

《中华人民共和国计算机信息系统安全保护条例》中明确了对信息安全实施等级保护的制度。该条例基于社会组织管理科学的原理，即以行政组织和业务分级管理科学原理为基础，运用等级化控制管理原理和方法解决信息系统安全问题，保障组织体系运转和业务安全与发展，保障信息时代的国家安全和社会稳定与和谐，促进各领域发展。

首先，要明确不同行业、领域的重点保护目标，确定各部门各单位的信息安全是属哪一类、哪一级。其次，信息安全保护需要划分出科学、合理、简明、易操作的等级，并通过分级、类级，突出不同级中的重点保护目标和内容。第三，应该按照信息安全保护的目标级别，实施相关的安全措施，为信息安全的目标提供保障。最后，信息安全等级保护的实施关键是明确有关各方的责任和义务，系统化、具体化信息安全管理责任，做到各负其责，实行责任制管理，明确管什么、怎么管，明确谁监督、监督什么、怎么监督，提高综合信息安全保护管理的效益和水平。

信息安全保护工作是一项庞大的系统工程，国家必须建立起一整套系统的信息安全保护框架，把握好各个关键环节。从国家立法、技术规范、系统建设、结果评估和执法部门监督检查等关键环节进行控制，使信息安全产品和系统的建设有法可依，有章可循，并在执法部门监管下，安全正常运行，确保信息系统和产品正常发挥安全保障功能。

①法律、行政与技术法规的宏观控制。信息系统安全等级保护必须有宏观的控制办法，保证全国信息系统安全保护工作方向和目标明确，政令一致，标准统一。

根据信息安全保护的本质，我国在1984年制定了《中华人民共和国计算机信息系统安全保护条例》（以下简称条例），在法律上明确规定了对我国的信息系统安全保护实施等级化管理，并根据该条例和信息安全应遵守的原则，制定了《计算机信息系统安全保护等级划分准则》，即将出台的《信息系统安全等级保护管理办法》进一步规定了安全等级保护制度的实施程序，这些法律法规勾画出安全等级保护的总体技术框架和管理体系。

②安全保护标准化控制。全国信息系统安全等级保护必须有统一、完整、科学的标准体系保障，以保证安全保护的规范化。为此，国家计委批准公安部组织实施"计算机信息系统安全保护等级评估体系及互联网络电子身份管理与安全保护平台建设项目"（简称1110工程），研究并提出了比较完善的信息系统安全等级保护标准体系。

③对产品和信息系统安全保护等级实现过程控制。面向产品研发和系统建设管理者，解决信息系统及产品开发过程中的安全等级问题。开发和研制满足一定安全级别要求的、具有自主版权的信息系统和产品，是我国实现信息安全保护体系的关键技术环节。需要对各种不同类型的信息系统和产品制定相应级别的安全要求，信息安全系统和产品在生产过程中必须遵循这种技术要求，在功能和性能开发的同时，也要完成安全功能和安全保护。

④对产品和信息系统安全等级实现结果控制。政府主管部门指定或委托权威机构对安全产品和系统实现结果进行安全保护等级评估，这是政府监管不可或缺的重要组成部分，是政府行为的具体体现方式之一。

⑤执法部门依法监督、检查、指导。在国家信息系统安全等级法律制度、政策、标准确定之后，政府强有力的监督管理是保障信息系统安全的关键环节。信息系统中信息的安全，特别是国家重要领域信息系统安全，直接关系到国家安全、社会政治稳定、国民经济发展的大事，因此、政府主管部门必须严格依法行政，实施监督、检查和指导。

4.6.2 等级保护的法律保障

公安信息系统中存在大量国家秘密，对公安信息系统必须实施安全保护。在信息安全保障的前提下，实现公安业务信息化和信息的安全共享。

信息安全评估应该遵循国家和公安部的相关法律、法规和标准：

- 国务院147号令《中华人民共和国计算机信息系统安全保护条例》；
- 中办发[2002]17号《国家信息化领导小组关于加强信息安全保障工作的意见》；
- 中办发[2003]27号《国家信息化领导小组关于加强信息安全保障工作的意见》。

4.6.3 等级保护的标准体系

GB17859—1999《计算机信息系统安全等级保护划分准则》是信息安全等级保护的基础性标准和纲领性文件，它是参照TCSEC标准，并根据我国信息安全技术的发展情况，将我国计算机信息系统的安全保护等级划分为五个具有递增关系的安全保护等级，为相关信息安全技术标准和管理等级划分奠定了基础，为信息安全技术和产品的研发提供要求，为信息安全系统的建设、管理和监督检查提供技术指导，也为我国等级保护制度的制定和实施打下了坚实的技术基础。

在GB17859—1999的基础上，制定了一系列与之配套的标准，形成了信息安全等级保护的标准体系。信息安全等级保护标准体系包含如下的六个类型：

1. 基础类标准

基础类标准作为信息系统安全保护等级划分的基础性标准，并为其他标准提供支持的标准，基础类标准包括：

- 信息安全等级保护术语标准；
- 信息系统安全保护等级划分的准则性标准，如GB17859—1999；
- 信息安全等级保护的其他基础性标准。

2. 系统设计指导类标准

系统设计指导类标准是对按等级保护的信息系统设计提供指导的标准。对信息系统安全等级保护的设计提供指导的标准包括以下方面内容的标准：

- 信息系统安全等级保护体系框架；
- 信息系统安全等级保护基本模型；
- 信息系统安全等级保护基本配置；
- 信息系统安全等级保护设计的其他指导性标准。

3. 系统实施指导类标准

系统实施指导类标准从系统角度出发，按信息安全等级保护的要求，以各要求类标准的具体要求为依据，对实施信息系统安全等级保护提供指导的标准，包括以下方面内容的标准：

- 信息系统安全等级保护定级指南；
- 信息系统安全等级保护基本要求；
- 信息系统安全等级保护实施指南；
- 信息系统安全等级保护监督管理手册；
- 信息系统安全等级保护服务指南；
- 信息系统安全等级保护产品选购指南；
- 信息系统安全等级保护安全意识教育培训指南；
- 信息系统安全等级保护系统测试环境；
- 信息系统安全等级保护系统测试方法；
- 信息系统安全等级保护系统测试工具；
- 信息系统安全等级保护产品测试环境；
- 信息系统安全等级保护产品测试方法；
- 信息系统安全等级保护产品测试工具；
- 信息系统安全等级保护实施的其他指导性标准。

4. 要求类标准

要求类标准是对按等级保护的信息安全产品和信息系统，规范安全技术要求和安全管理要求的标准。它包括以下四个方面的标准：

①系统和分析系统安全技术要求。按要素/组件，对系统和分系统的安全技术要求进行描述的标准包括以下方面内容的标准：

- 信息系统安全等级保护信息系统安全通用技术要求；
- 信息系统安全等级保护网络安全基础技术要求；
- 信息系统安全等级保护操作系统安全技术要求；
- 信息系统安全等级保护数据库管理系统安全技术要求；
- 信息系统安全等级保护应用软件系统安全技术要求；

- 信息系统安全等级保护系统和分系统的其他安全技术要求。

②信息安全产品安全技术类要求。按要素/组件，对信息技术产品的安全技术要求进行描述的标准包括以下方面内容的标准：

- 信息系统安全等级保护网管安全技术要求；
- 信息系统安全等级保护网络服务器安全技术要求；
- 信息系统安全等级保护路由器安全技术要求；
- 信息系统安全等级保护交换机安全技术要求；
- 信息系统安全等级保护网关安全技术要求；
- 信息系统安全等级保护网络互联安全技术要求；
- 信息系统安全等级保护网络协议安全技术要求；
- 信息系统安全等级保护电磁信息产品安全技术要求；
- 信息系统安全等级保护其他信息技术产品安全技术要求。

③信息安全专用产品安全技术要求。按要素/组件，对信息安全专用产品的安全技术要求进行描述的标准包括以下方面内容的标准：

- 信息系统安全等级保护公钥基础设施（PKI）安全技术要求；
- 信息系统安全等级保护信息隐藏安全基础设施（CISI）安全技术要求；
- 信息系统安全等级保护网络身份认证安全技术要求；
- 信息系统安全等级保护防火墙安全技术要求；
- 信息系统安全等级保护入侵检测安全技术要求；
- 信息系统安全等级保护系统审计安全技术要求；
- 信息系统安全等级保护网络脆弱性检测分析安全技术要求；
- 信息系统安全等级保护网络及端设备隔离部件安全技术要求；
- 信息系统安全等级保护防病毒产品安全技术要求；
- 信息系统安全等级保护虹膜身份鉴别安全技术要求；
- 信息系统安全等级保护指纹身份鉴别安全技术要求；
- 信息系统安全等级保护虚拟专用网安全技术要求；
- 信息系统安全等级保护通用安全模块安全技术要求；
- 信息系统安全等级保护其他安全产品安全技术要求。

④管理类安全要求。按要素/组件，对系统的安全管理要求进行描述的标准包括以下方面内容的标准：

- 信息系统安全等级保护安全系统工程管理要求；
- 信息系统安全等级保护安全系统运行管理要求；
- 信息系统安全等级保护商用密码管理要求；
- 信息系统安全等级保护安全风险管理要求；
- 信息系统安全等级保护应急处理管理要求；
- 信息系统安全等级保护其他管理要求。

5. 检查/测评类标准

检查/测评类标准是对按等级保护的信息安全产品和信息系统的安全检查/测评，提供安全技术和安全管理方面指导的标准。它包括以下四个方面的标准：

①系统和分系统安全技术检查/测评。按要素/组件，对系统和分系统安全技术的检查/

测评进行描述的标准包括以下方面内容的标准：

- 信息系统安全等级保护信息系统安全技术检查/测评；
- 信息系统安全等级保护网络系统安全技术检查/测评；
- 信息系统安全等级保护操作系统安全技术检查/测评；
- 信息系统安全等级保护数据库管理系统安全技术检查/测评；
- 信息系统安全等级保护应用系统安全技术检查/测评；
- 信息系统安全等级保护硬件系统安全技术检查/测评；
- 信息系统安全等级保护其他系统安全技术检查/测评。

②IT 产品安全检查/评估。按要素/组件，对信息技术产品的安全技术的检查／测评进行描述的标准包括以下方面内容的标准：

- 信息系统安全等级保护网管安全技术检查/测评；
- 信息系统安全等级保护网络服务器安全技术检查/测评；
- 信息系统安全等级保护路由器安全技术检查/测评；
- 信息系统安全等级保护交换机安全技术检查/测评；
- 信息系统安全等级保护网关安全技术检查/测评；
- 信息系统安全等级保护网络互联安全技术检查/测评；
- 信息系统安全等级保护网络协议安全技术检查/测评；
- 信息系统安全等级保护电磁信息产品安全技术检查/测评；
- 信息系统安全等级保护其他信息安全技术产品安全技术检查/测评。

③安全专用产品安全检查/评估。按要素/组件，对安全专用产品的安全技术检查／测评进行描述的标准包括以下方面内容的标准：

- 信息系统安全等级保护公钥基础设施（PKI）安全技术检查/测评；
- 信息系统安全等级保护信息隐藏安全基础设施安全（CISI）技术检查/测评；
- 信息系统安全等级保护网络身份认证安全技术检查/测评；
- 信息系统安全等级保护防火墙安全技术检查/测评；
- 信息系统安全等级保护入侵检测安全技术检查/测评；
- 信息系统安全等级保护系统审计安全技术检查/测评；
- 信息系统安全等级保护网络脆弱性检测安全技术检查/测评；
- 信息系统安全等级保护网络及端设备隔离部件安全技术检查/测评；
- 信息系统安全等级保护防病毒产品安全技术检查/测评；
- 信息系统安全等级保护虹膜身份鉴别安全技术检查/测评；
- 信息系统安全等级保护指纹身份鉴别安全技术检查/测评；
- 信息系统安全等级保护虚拟专用网安全技术检查/测评；
- 信息系统安全等级保护通用安全模块安全技术检查/测评；
- 信息系统安全等级保护其他安全专用产品安全技术检查/测评。

④管理检查/测评。按要素/组件，对系统的安全管理的测试／评估进行描述的标准包括以下方面内容的标准：

- 信息系统安全等级保护安全系统工程管理检查/测评；
- 信息系统安全等级保护安全系统运行管理检查/测评；
- 信息系统安全等级保护商用密码管理检查/测评；

- 信息系统安全等级保护应急处理管理检查/测评；
- 信息系统安全等级保护风险管理检查/测评；
- 信息系统安全等级保护其他管理检查/测评。

6. 各应用领域实施指导方案

各应用领域实施指导方案是按等级保护要求，对各个应用领域按照上述标准的要求建设安全的信息系统的参考性方案。

各个应用领域的实施安全指导方案，应由相应领域的管理部门组织人员，按照以上安全等级保护基础标准、配套系列标准、实施指南、用户手册等的内容，结合该领域对安全要求的特点进行制订。

以上标准有些已经作为公安部标准（GA 标准）发布，有些已经上升为国家标准（GB 标准）发布。

第5章　网情天下

5.1　概述

网络舆情形成迅速，对社会影响巨大。随着互联网在全球范围内的飞速发展，网络成为反映社会舆情的主要载体之一。网络环境下的舆情信息的主要来源有：新闻评论、BBS、博客、聚合新闻(RSS)。网络舆情表达快捷、信息多元，方式互动，具备传统媒体无法比拟的优势。由于网上的信息量十分巨大，仅依靠人工的方法难以应对网上海量信息的收集和处理，需要加强相关信息技术的研究，形成一套自动化的网络随着互联网的快速发展，网络媒体作为一种新的信息传播形式，已深入人们的日常生活。网友言论活跃已达到前所未有的程度，不论是国内还是国际重大事件，都能马上形成网上舆论，通过网络来表达观点、传播思想，进而产生巨大的舆论压力，达到任何部门、机构都无法忽视的地步。可以说，互联网已成为思想文化信息的集散地和社会舆论的放大器。网络舆情是由于各种事件的刺激而产生的通过互联网传播的人们对于该事件的所有认知、态度、情感和行为倾向的集合。舆情是人们的认知、态度、情感和行为倾向的原初表露，可以是一种零散的，非体系化的东西，也不需要得到多数人认同，是多种不同意见的简单集合。具有互动性、评论性、聚变性、真实性的特点。

舆情分析系统，及时应对网络舆情，由被动防堵，化为主动梳理、引导。

5.1.1　情报

情报的定义是情报学中一个最基本的概念，它是构建情报学理论体系的基石，是情报学科建设的基础，对情报工作产生直接的影响。 情报究竟是什么，时至今日，国内外对情报定义仍然是众说纷纭。据学者统计，如今国内外对情报的定义数以百计，不同的情报观对情报有不同的定义，主要的三种情报观对情报的解释是：

——军事情报观对情报的解释。如“军中集种种报告，并预见之机兆，定敌情如何，而报于上官者”(1915 年版《辞源》)，“战时关于敌情之报告，曰情报”(1939 年版《辞海》)，“获得的他方有关情况以及对其分析研究的成果”(1989 年版《辞海》)，情报是“以侦察的手段或其他方式获取有关对方的机密情况”(光明日报出版社现代汉语《辞海》)。

——信息情报观对情报的解释。如情报是“被人们所利用的信息”、“被人们感受并可交流的信息”、“情报是指含有最新知识的信息”、“某一特定对象所需要的信息，叫做这一特定对象的情报”等。

——知识情报观对情报的解释。如《牛津英语词典》把情报定义为“有教益的知识的传达”，“被传递的有关情报特殊事实、问题或事情的知识”，英国的情报学家 B.C.布鲁克斯认为：“情报是使人原有的知识结构发生变化的那一小部分知识”，苏联情报学家 A.H.米哈依洛夫所采用的情报定义：“情报——作为存储、传递和转换的对象的知识”，日本《情报组织概论》一书的定义为："情报是人与人之间传播着的一切符号系列化的知识"，我国情报学界也提出了类似的定义，有代表性是："情报是运动着的知识。这种知识是使用者在得到知识之前是不知道的"，"情报是传播中的知识"，"情报就是作为人们传递交流对象的知识"。

除了军事、信息、知识三种主要情报观的情报定义外，还有许多从其他不同的社会功能、从不同的角度、不同的层面对情报作出定义的，但在普遍意义上能被多数学者认同接受的情报定义是：

情报是为实现主体某种特定目的，有意识地对有关的事实、数据、信息、知识等要素进行劳动加工的产物。目的性、意识性、附属性和劳动加工性是情报最基本的属性，它们相互联系、缺一不可，情报的其他特性则都是这些基本属性的衍生物。

信息是人们对客观存在的一切事物的反映，是通过物质载体所发出的消息、情报、指令、数据、信号中所包含的一切可传递和交换的知识内容。由于宇宙间的一切事物都在运动，都有一定的运动状态和状态的改变方式，因而一切事物及其运动是信息之源。信息不同于数据，数据是记录信息的一种形式，同样的信息也可以用文字或图像来表述；信息不同于情报，情报通常是指秘密的、专门的、新颖的一类信息，可以说所有的情报都是信息，但不能说所有的信息都是情报；信息不同于知识，知识是认识主体所表述的信息，而并非所有的信息都是知识。知识是人类通过信息对自然界、人类社会以及思维方式与运动规律的正确认识和掌握，是人的大脑通过思维重新组合的系统化的信息的集合。人类既要通过信息感知世界、认识世界和改造世界，而且，要根据所获得的信息组成知识。可见知识是信息的一部分，是一种特定的人类信息。从以上讲述可以看出，信息的含义非常广泛，它包容了知识、情报，从而也包含了文献。所以信息与文献是属种关系。文献上记载的知识隶属于信息，即文献是信息的一个组成部分。另外，情报是知识的一部分，是在信息的有效传递、利用过程中，进入人类社会交流系统的运动着的知识。但是，由于数据是信息的记录形式和原材料，因而数据涵盖最广。事实、数据、信息、文献、知识和情报的逻辑关系为：

事实＞数据＞信息＞文献＞知识＞情报

5.1.2 大数据

"大数据"是一个体量特别大、数据类别特别大的数据集，并且这样的数据集无法用传统数据库工具对其内容进行抓取、管理和处理。"大数据"首先是指数据体量(volumes) 大，指大型数据集一般在 10TB 规模左右，但在实际应用中，很多企业用户把多个数据集放在一起，已经形成了 PB 级的数据量。其次是指数据类别(variety)大数据来自多种数据源、数据种类和格式日渐丰富，已冲破了以前所限定的结构化数据范畴，囊括了半结构化和非结构化数据。

IBM 将大数据归纳为三个标准，即 3V：类型 variety、数量 volume 和速度 velocity。其中类型 variety 指数据中有结构化、半结构化和非结构化等多种数据形式。数量 volume 指收集和分析的数据量非常大。速度 velocity，指数据处理速度要足够快。大数据对于悲观者而言，意味着数据存储世界的末日。对乐观者而言，这里孕育了巨大的市场机会。庞大的数据就是一个信息金矿，随着技术的进步，其财富价值将很快被我们发现，而且越来越容易。大数据本身是一个现象而不是一种技术。伴随着大数据的采集、传输、处理和应用的相关技术就是大数据处理技术。是系列使用非传统的工具来对大量的结构化、半结构化和非结构化数据进

行处理，从而获得分析和预测结果的一系列数据处理技术。

5.1.3　搜索引擎

搜索引擎是指根据一定的策略、运用特定的计算机程序从互联网上搜集信息，在对信息进行组织和处理后，为用户提供检索服务，将用户检索相关的信息展示给用户的系统。搜索引擎包括全文索引、目录索引、元搜索引擎、垂直搜索引擎、集合式搜索引擎、门户搜索引擎与免费链接列表等，百度和谷歌等是搜索引擎的代表。

1. 全文搜索引擎

全文搜索引擎是目前广泛应用的主流搜索引擎，国外代表有Google，国内则有著名的百度。它们从互联网提取各个网站的信息（以网页文字为主），建立起数据库，并能检索与用户查询条件相匹配的记录，按一定的排列顺序返回结果。

根据搜索结果来源的不同，全文搜索引擎可分为两类，一类拥有自己的检索程序（Indexer），俗称“蜘蛛”（Spider）程序或“机器人”（Robot）程序，能自建网页数据库，搜索结果直接从自身的数据库中调用，上面提到的Google和百度就属于此类；另一类则是租用其他搜索引擎的数据库，并按自定的格式排列搜索结果，如Lycos搜索引擎。

在搜索引擎分类部分提到过全文搜索引擎从网站提取信息建立网页数据库的概念。搜索引擎的自动信息搜集功能分两种。一种是定期搜索，即每隔一段时间（比如Google一般是28天），搜索引擎主动派出“蜘蛛”程序，对一定IP地址范围内的互联网站进行检索，一旦发现新的网站，它会自动提取网站的信息和网址加入自己的数据库。另一种是提交网站搜索，即网站拥有者主动向搜索引擎提交网址，它在一定时间内（2天到数月不等）定向向你的网站派出“蜘蛛”程序，扫描你的网站并将有关信息存入数据库，以备用户查询。由于近年来搜索引擎索引规则发生很大变化，主动提交网址并不保证你的网站能进入搜索引擎数据库，目前最好的办法是多获得一些外部链接，让搜索引擎有更多机会找到你并自动将你的网站收录。

当用户以关键词查找信息时，搜索引擎会在数据库中进行搜寻，如果找到与用户要求内容相符的网站，便采用特殊的算法——通常根据网页中关键词的匹配程度、出现的位置、频次、链接质量——计算出各网页的相关度及排名等级，然后根据关联度高低，按顺序将这些网页链接返回给用户。这种引擎的特点是搜全率比较高。

2. 智能搜索

智能搜索引擎是结合了人工智能技术的新一代搜索引擎。它除了能提供传统的快速检索、相关度排序等功能，还能提供用户角色登记、用户兴趣自动识别、内容的语义理解、智能信息化过滤和推送等功能。

智能搜索引擎设计追求的目标是：根据用户的请求，从可以获得的网络资源中检索出对用户最有价值的信息。

智能搜索引擎具有信息服务的智能化、人性化特征，允许网民采用自然语言进行信息的检索，为他们提供更方便、更确切的搜索服务。搜索引擎的国内代表有：百度、搜狗、搜搜等；国外代表有：WolframAlpha、Ask jeeves、Powerset、Google等。

5.1.4　数据仓库

数据仓库之父Bill Inmon在1991年出版的“Building the Data Warehouse”一书中所提出

的定义被广泛接受——数据仓库（Data Warehouse）是一个面向主题的（Subject Oriented）、集成的（Integrated）、相对稳定的（Non-Volatile）、反映历史变化（Time Variant）的数据集合，用于支持管理决策(Decision Making Support)。

面向主题：操作型数据库的数据组织面向事务处理任务，各个业务系统之间各自分离，而数据仓库中的数据是按照一定的主题域进行组织的。

集成的：数据仓库中的数据是在对原有分散的数据库数据抽取、清理的基础上经过系统加工、汇总和整理得到的，必须消除源数据中的不一致性，以保证数据仓库内的信息是关于整个企业的一致的全局信息。

相对稳定的：数据仓库的数据主要供企业决策分析之用，所涉及的数据操作主要是数据查询，一旦某个数据进入数据仓库以后，一般情况下将被长期保留，也就是数据仓库中一般有大量的查询操作，但修改和删除操作很少，通常只需要定期的加载、刷新。

反映历史变化：数据仓库中的数据通常包含历史信息，系统记录了企业从过去某一时点(如开始应用数据仓库的时点)到目前的各个阶段的信息，通过这些信息，可以对企业的发展历程和未来趋势做出定量分析和预测。

5.1.5 数据挖掘

数据挖掘（Data Mining，DM）又称数据库中的知识发现（Knowledge Discover in Database，KDD），是目前人工智能和数据库领域研究的热点问题，所谓数据挖掘是指从数据库的大量数据中揭示出隐含的、先前未知的并有潜在价值的信息的非平凡过程。数据挖掘是一种决策支持过程，它主要基于人工智能、机器学习、模式识别、统计学、数据库、可视化技术等，高度自动化地分析企业的数据，做出归纳性的推理，从中挖掘出潜在的模式，帮助决策者调整市场策略，减少风险，做出正确的决策。

知识发现过程由以下三个阶段组成：①数据准备；②数据挖掘；③结果表达和解释。数据挖掘可以与用户或知识库交互。

数据挖掘是通过分析每个数据，从大量数据中寻找其规律的技术，主要有数据准备、规律寻找和规律表示三个步骤。数据准备是从相关的数据源中选取所需的数据并整合成用于数据挖掘的数据集；规律寻找是用某种方法将数据集所含的规律找出来；规律表示是尽可能以用户可理解的方式（如可视化）将找出的规律表示出来。

数据挖掘的任务有关联分析、聚类分析、分类分析、异常分析、特异群组分析和演变分析，等等。

并非所有的信息发现任务都被视为数据挖掘。例如，使用数据库管理系统查找个别的记录，或通过互联网的搜索引擎查找特定的Web页面，则是信息检索（information retrieval）领域的任务。虽然这些任务是重要的，可能涉及使用复杂的算法和数据结构，但是它们主要依赖传统的计算机科学技术和数据的明显特征来创建索引结构，从而有效地组织和检索信息。尽管如此，数据挖掘技术也已用来增强信息检索系统的能力。

5.1.6 社会网络

社会网络是指社会个体成员之间因为互动而形成的相对稳定的关系体系，社会网络关注的是人们之间的互动和联系，社会互动会影响人们的社会行为。

社会网络也是一种DTN中研究的网络形态，其特点与传统意义上的社会有相同之处。社会网络研究基本上坚持如下重要观点：

①世界是由网络而不是由群体或个体组成的；

②网络结构环境影响或制约个体行动，社会结构决定二元关系(dyads)的运作；

③行动者及其行动是互依的单位，而不是独立自主的实体；

④行动者之间的关系是资源流动的渠道；

⑤用网络模型把各种(社会的、经济的、政治的)结构进行操作化，以便研究行动者之间的持续性的关系模式；

⑥规范产生于社会关系系统之中的各个位置(positions)；

⑦从社会关系角度入手进行的社会学解释要比单纯从个体(或者群体)属性角度给出的解释更有说服力；

⑧结构方法将补充并超越个体主义方法；

⑨社会网络分析最终将超越。

六度分割理论：你和任何一个陌生人之间所间隔的人不会超过六个，也就是说，最多通过六个人你就能够认识任何一个陌生人。

5.1.7　社会计算

目前对此还没有一个明确和公认的定义。笼统而言，社会计算是一门现代计算技术与社会科学之间的交叉学科。国内有学者将其定义为：即面向社会活动、社会过程、社会结构、社会组织和社会功能的计算理论和方法。

不妨从两个方面看这种学科的交叉：一方面，是研究计算机以及信息技术在社会中得到应用，从而影响传统的社会行为的这个过程。这个角度多限于微观和技术的层面，从HCI（Human Computer Interaction）等相关研究领域出发，研究用以改善人使用计算机和信息技术的手段。另一个方面，则是基于社会科学知识、理论和方法学，借助计算技术和信息技术的力量，来帮助人类认识和研究社会科学的各种问题，提升人类社会活动的效益和水平。这个角度试图从宏观的层面来观察社会，凭借现代计算技术的力量，解决以往社会科学研究中使用经验方法和数学方程式等手段难于解决的问题。

对于社会计算着眼于微观和技术的层面的这一部分来看，这种对社会计算的研究与人机交互（Human Computer Interaction）有着千丝万缕的联系。计算机不单单是一种计算工具，更重要的是，尤其是在计算机网络出现之后，计算机更成为了一种新兴的通讯工具。于是，社会计算的一项重要功能就在于研究信息技术工具，实现社会性的交互和通讯，使得人类可以更方便地利用计算机构建一个人与人之间的沟通的虚拟空间。这样的一类技术也就是所谓的社会软件（Social Software），其核心问题就是改进IT工具以协助个人进行社会性沟通与协作。从这个意义而言，Email、Internet论坛、办公自动化系统、群件（Groupware）等许多传统网络工具都是一种社会软件。而近年来蓬勃兴起的Blog、Wiki等应用也更是强调借助网络工具从而有效的利用用户群体的智慧。

在这样的环境中，计算机成为了一项通讯工具，而用户利用这一通讯工具，构建了自己的人际交互关系。这样，利用这种社会软件提供的便利，用户也被连接在一起，形成了虚拟空间上的社会网络。一些专门针对虚拟网络上的社会网络的应用也被称为社会网络软件

（Social Network Software，简称 SNS）。

随着 Internet 的发展，着眼于技术层面的社会计算越来越体现出了在应用方面的重要价值，也成为一项广受关注的重要研究内容。许多大公司开始设立了专门的小组着力研究该领域，Microsoft、IBM、Intel、HP、Google 等诸多公司和研究机构都参与其中，开发了诸如 Wallop、Sapphire 等大量的实验项目。而随着 Web 2.0 的兴起，更多的新兴的应用也已经被迅速的开发出来，得到了广泛的应用。

着眼于宏观层面的社会计算，关注的更多的是应用传统社会科学研究的理论，结合计算技术这一工具，研究现实社会的诸多问题，从而促进人类的社会活动。正如社会学鼻祖奥古斯特·孔德最初定义社会学时的宏大远景：社会学希望使用一种类似于物理学这样的自然科学的方法与理论，统一所有的人文科学学科，从而建立一门经得起科学规则考验的新的人文学科。而社会计算也可以说是继承了这样的一个理念，即建立一整套用计算科学方法为重要研究工具，以传统人文社会科学理论为指导，帮助解决经济、政治等诸多领域问题的理论和方法学体系。

正如我们所知，经过数百年的发展，传统人文科学中，诸如经济学、社会学等领域，都形成了一整套的定量研究手段，形成了严谨的基于数学公式的问题求解方法。这些伟大而优美的数学方程式用最简单地方式向人们揭示了各种各样的原理，然而简单地使用这些公式却往往得到一些与现实截然相反的结论。而其中一个重要的原因在于人们使用这些公式时，有很多因素被忽略了。现实世界的经济和社会行为往往是一个复杂的系统，在这个系统中，一些简单的公式可以简单直观的描述单一个体在单一时刻的行为（单一变量的取值），然而由于系统中个体之间的复杂的相互影响的过程，系统就会表现出复杂的行为，而这种行为是难以简单的通过这些公式预测的。

20 世纪 70 年代，随着计算科学技术的发展，人们开始注意到经济与社会系统中的这种复杂现象。以圣菲研究所（Santa Fe Institute）为代表的一些研究机构，开创了复杂性科学这一全新的领域。为了研究复杂性现象，他们提出了复杂自适应系统的理论，用计算机作为从事复杂性研究的最基本工具，用计算机模拟相互关联的繁杂网络，观察复杂适应系统的涌现行为。相关的研究引发了“人工社会”、“人工科学”等诸多相关的领域，形成了一系列研究复杂性的科学方法。

进入 21 世纪之后，9·11 恐怖事件进一步推动了对社会计算的这种宏观层面的研究的需求。人们开始进一步意识到，政府应当寻求各种控制或利用信息技术对社会影响的政策，从而结合信息技术和社会变化情况制定相宜的政策。然而，目前我们关于信息技术对不同文化不同社会结构的影响的了解，不足以确保我们能够制定出正确的政策。因此，使用计算机模拟手段测试和验证社会经济政策的效果，成为了一个公共政策领域的迫切需求。另一方面，恐怖主义袭击这种非对称威胁也引发了关于社会公共安全研究的新的需求。人们迫切需要开发新的信息处理方法，更有效的分析海量的情报内容，保障社会公共安全。

着眼于宏观层面的社会计算，其发展的时间至今仍然很短暂，虽然在一些领域，已经获得了一些理论上的研究成果，但由于社会系统的复杂性，在理论和应用方面都仍然存在许多难以解决的问题。我们仍然需要深入的研究如何有效地将社会科学理论知识与计算技术结合，最终达到科学规划社会发展的目的。

5.2　网情

5.2.1　网情现状

中国互联网络发展状况统计报告（CNNIC30）表明:

1. 基础数据

2012 年上半年在网吧上网的网民比例继续下降，为 25.8%，与 2011 年下半年相比下降了 2.1 个百分点。

2012 年上半年，中国网民人均每周上网时长由 2011 年下半年的 18.7 小时增至 19.9 小时。

网民中，小学及以下、初中学历人群比例均有上升，其中初中学历人群涨幅较为明显，显示出互联网在该人群中渗透速度较快。

截至 2012 年 6 月底，我国 IPv4 地址数量为 3.30 亿，拥有 IPv6 地址 12499 块/32。

截至 2012 年 6 月底，我国域名总数为 873 万个，其中.CN 域名数为 398 万个，网站总数升至 250 万个。

2. 特点与趋势

①手机超越台式电脑成为中国网民第一大上网终端。

②中国网民实现互联网接入的方式呈现出全新格局，在 2012 年上半年，通过手机接入互联网的网民数量达到 3.88 亿，相比之下台式电脑为 3.80 亿，手机成为了我国网民的第一大上网终端。

③手机网络视频用户增长强劲。

④网络视频用户规模继续稳步增长，2012 年上半年通过互联网收看视频的用户增加了约 2500 万人。手机端视频用户的增长更为强劲，使用手机收看视频的用户超过 1 亿人，在手机网民中的占比由 2011 年底的 22.5%提升至 27.7%。

⑤微博用户进入平稳增长期，手机微博保持较快发展。截至 2012 年 6 月底，微博的渗透率已经过半，用户规模增速低至 10%以下。但微博在手机端的增长幅度仍然明显，用户数量由 2011 年底的 1.37 亿增至 1.70 亿，增速达到 24.2%。

⑥网络购物用户增长趋于平稳。截至 2012 年 6 月底，网络购物用户规模达到 2.1 亿，网民使用率提升至 39.0%，较 2011 年底用户增长 8.2%。从 2011 年开始，网络购物的用户增长逐渐平稳，未来网购市场规模的发展，将不仅依托于用户规模的增长，还需要依靠消费深度不断提升来驱动。

⑦网上银行和网上支付应用增速加快。网上银行和网上支付用户规模在 2012 年上半年的增速分别达到 14.8%和 12.3%，截至 2012 年 6 月底两者用户规模分别为 1.91 亿和 1.87 亿。手机在线支付发展速度突出，截至 2012 年上半年使用该服务的用户规模为 4440 万人，较 2011 年底增长约 1400 万人。

⑧IPv6 地址数大幅增长，全球排名升至第三位。截至 2012 年 6 月底，我国拥有 IPv6 地址数量为 12499 块/32，相比上年底增速达到 33.0%，在全球的排名由 2011 年 6 月底的第 15 位迅速提升至第 3 位。由于全球 IPv4 地址数已于 2011 年 2 月已分配完毕，因而自 2011 年开始我国 IPv4 地址数量基本没有变化，当前 IP 地址的增长已转向 IPv6。

3. 总体网民规模

截至 2012 年 6 月底，中国网民数量达到 5.38 亿，互联网普及率为 39.9%。在普及率达到约四成的同时，中国网民增长速度延续了自 2011 年以来放缓的趋势，2012 年上半年网民增量为 2450 万，普及率提升 1.6 个百分点。如图 5.1 所示。

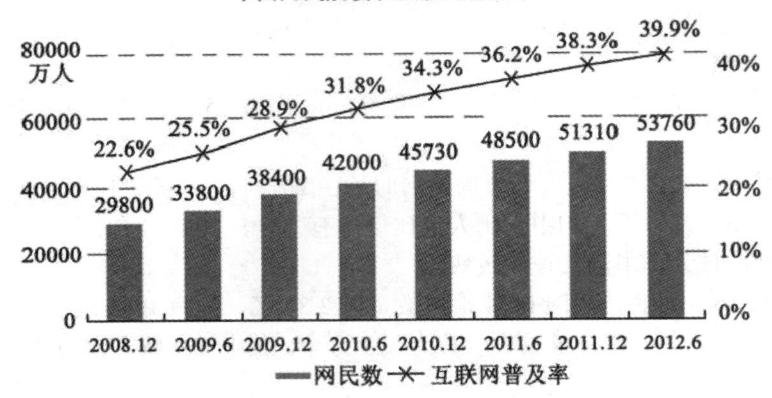

图 5.1　中国网民规模与普及率

当前网民增长进入了一个相对平稳的阶段，互联网在易转化人群和发达地区居民中的普及率已经达到较高水平，下一阶段中国互联网的普及将转向受教育程度较低的人群以及发展相对落后地区的居民，因而需要关注互联网在这些人群中扩散的障碍。比较历年来非网民不上网的原因，其中有两个原因的重要性逐年上升。2012 年 6 月，54.8%的非网民不上网的原因是因为“不懂电脑和网络”，相比 2010 年 6 月，比例上升近十个百分点，IT 技能的缺失依然是阻碍互联网深入普及的最大障碍；另一个因素则是自认为年龄太大或者太小而不使用互联网。相比之下，因为个人使用互联网意识不强(“不感兴趣”/“不需要”)，或者没有上网设备而不上网的非网民比重在下降。如图 5.2 所示。

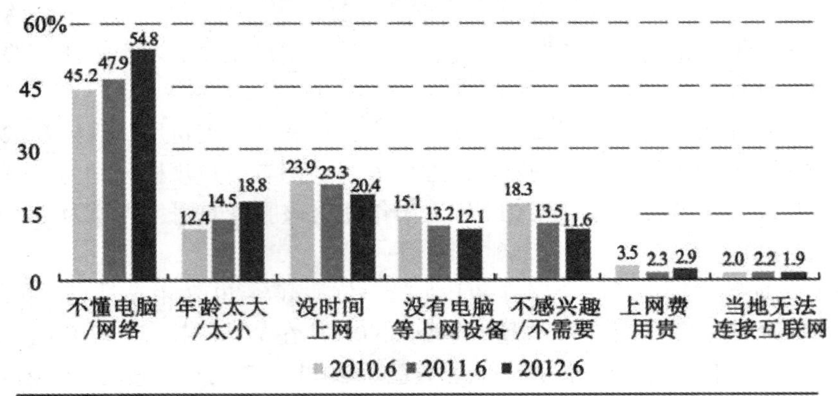

图 5.2　非网民不使用互联网的原因

4. 手机网民规模

截至2012年6月底，我国手机网民规模达到3.88亿，较2011年底增加了约3270万人，网民中用手机接入互联网的用户占比由上年底的69.3%提升至72.2%。手机网民上一波的快速增长周期在2010年上半年结束，从2011年下半年开始，手机网民的增速重新出现回升势头，终端的普及和上网应用的创新是新一轮增长的重要刺激因素。当前，智能手机功能越来越强大，移动上网应用出现创新热潮，同时手机价格不断走低，“千元智能机”的出现大幅降低了移动智能终端的使用门槛，从而促成了普通手机用户向手机上网用户的转化。如图5.3所示。

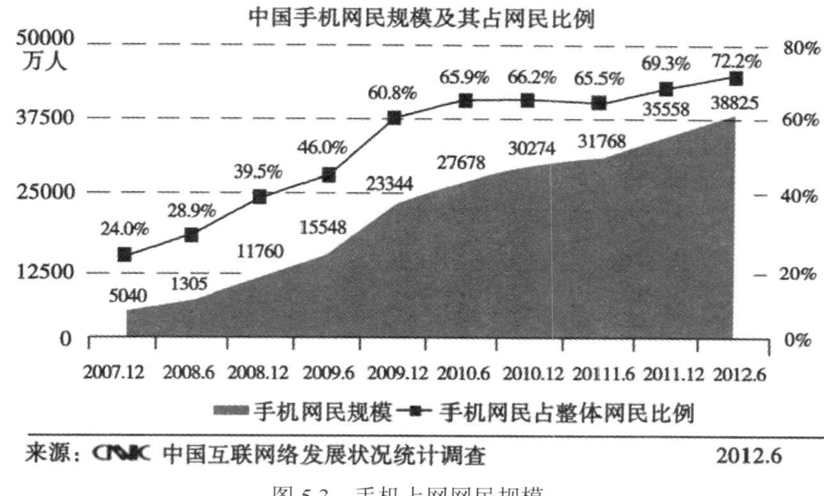

图5.3　手机上网网民规模

手机上网快速发展的同时，台式电脑这一传统上网终端的使用率一直在下降，2012年上半年使用台式电脑上网的网民比例为70.7%，相比2011年下半年下降了2.7个百分点。如图5.4所示。

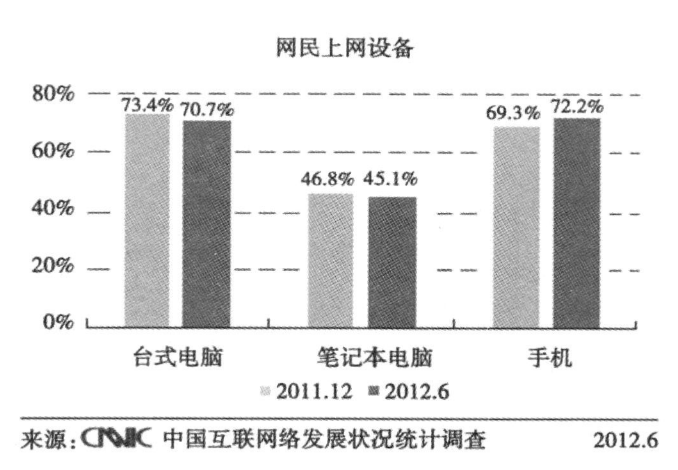

图5.4　网民上网设备

在这样的发展趋势下，目前中国网民实现互联网接入的方式呈现出全新格局，在 2012 年上半年，通过手机接入互联网的网民数量达到 3.88 亿，相比之下台式电脑为 3.80 亿，手机成为了我国网民的第一大上网终端。如图 5.5 所示。

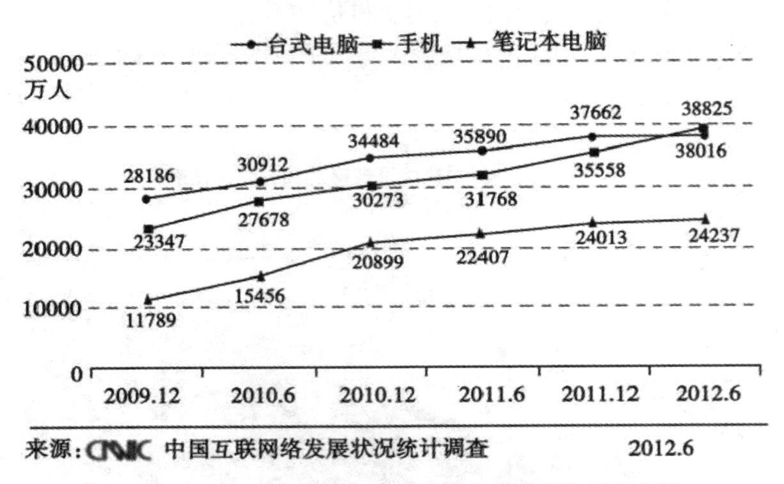

图 5.5　2009.12—2012.6 使用各类终端上网的网民规模

移动互联网和手机终端的发展对中国互联网的普及具有重要的意义，对于中国广阔的农村地区，以及庞大的流动人口来说，使用手机接入互联网是更为廉价和简便的方式。在 2012 年刚开始上网的新网民中，农村网民比例达到 51.8%，这一群体中使用手机上网的比例高达 60.4%，使用台式电脑和笔记本电脑的比例只有 45.7%和 8.7%，而新网民中城镇人口使用手机上网的比例只有 47.2%，这一结果显示出，相比于电脑，手机对农村网民的增长发挥了更加重要的作用。虽然中国农村地区的信息化基础设施建设、电子设备的普及已经有了长足的发展，但是通过电脑使用固网的成本依然较高，在这样的限制下，通过手机终端接入移动互联网是在农村地区普及互联网更加现实的方式。如图 5.6 所示。

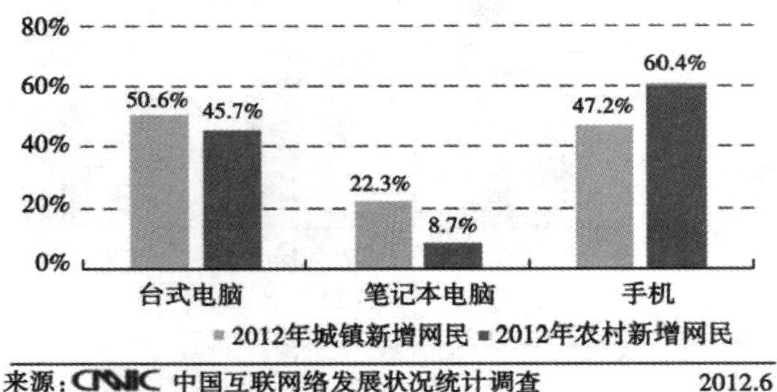

图 5.6　2012 年城镇和农村网民上网设备比较

5.2.2　上网接入方式

1. 上网地点

2012 年上半年，90.3%的网民在家里使用电脑接入互联网，与去年下半年比保持相对稳定。25.8%的网民在网吧上网，这一比例在 2011 年大幅下降后，目前降幅有所放缓。如图 5.7 所示。

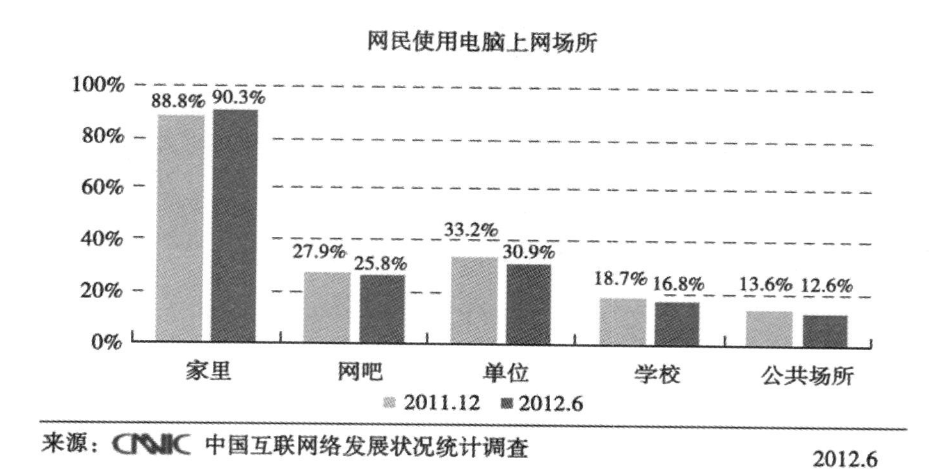

图 5.7　网民使用电脑上网场所

2. 上网时长

2012 年上半年，中国网民人均每周上网时长由 2011 年下半年的 18.7 小时增至 19.9 小时。一方面，网民通过手机等移动终端上网，有效利用了碎片时间，提升了网民的上网时长；另一方面，网民对一些传统互联网的应用深度不断提升，明显增加了使用时长，比如网络视频：中国互联网数据平台数据显示，2012 年第二季度网络视频用户的人均单日访问时长比一季度增加近 10 分钟，其他如资讯门户、网上购物等网站类型的使用时长也有不同程度的增加。如图 5.8 所示。

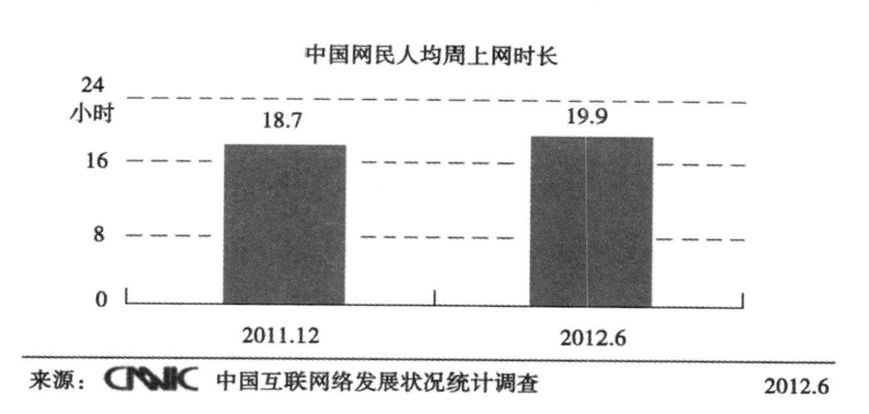

图 5.8　网民平均每周上网时长

3. 网民属性

（1）性别结构

截至 2012 年 6 月底，中国网民中男性占比为 55.0%，比女性高出 10 个百分点。近年来中国网民性别比例保持基本稳定。如图 5.9 所示。

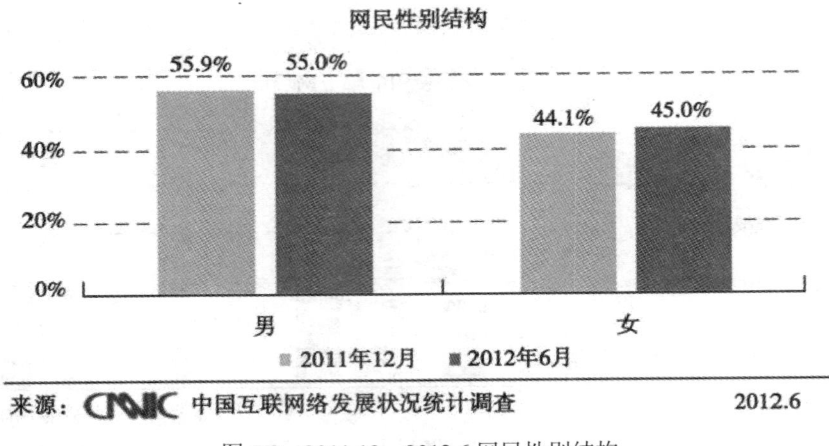

图 5.9　2011.12—2012.6 网民性别结构

（2）年龄结构

随着中国网民增长空间逐步向中年和老年人群转移，中国网民中 40 岁以上人群比重逐渐上升，截至 2012 年 6 月底，该群体比重为 17.7%，比 2011 年底上升 1.5 个百分点。其他年龄段人群占比则相对稳定或略有下降。如图 5.10 所示。

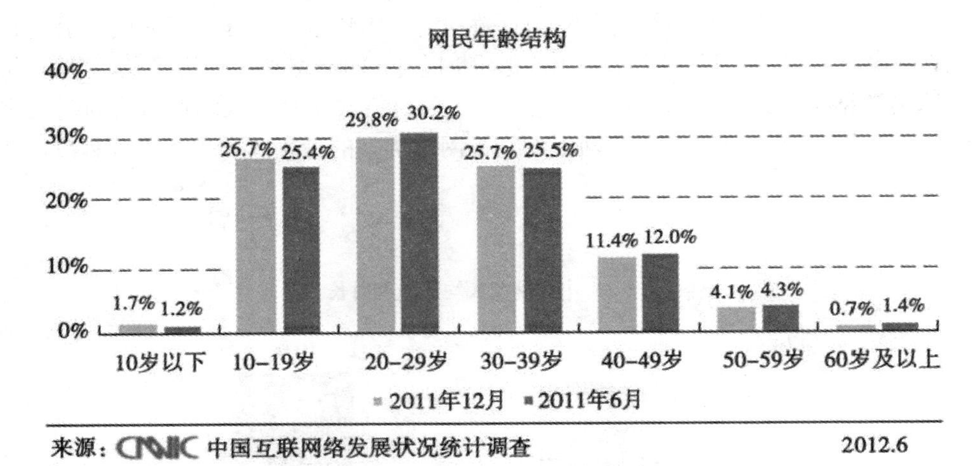

图 5.10　2011.12—2012.6 网民年龄结构

（3）学历结构

网民向低学历人群扩散的趋势在 2012 年上半年继续保持，小学及以下、初中学历人群占比均有上升，其中初中学历人群升幅较为明显，显示出互联网在该人群中渗透速度较快。

大专及以上学历人群中网民占比基本饱和，上升空间有限。如图 5.11 所示。

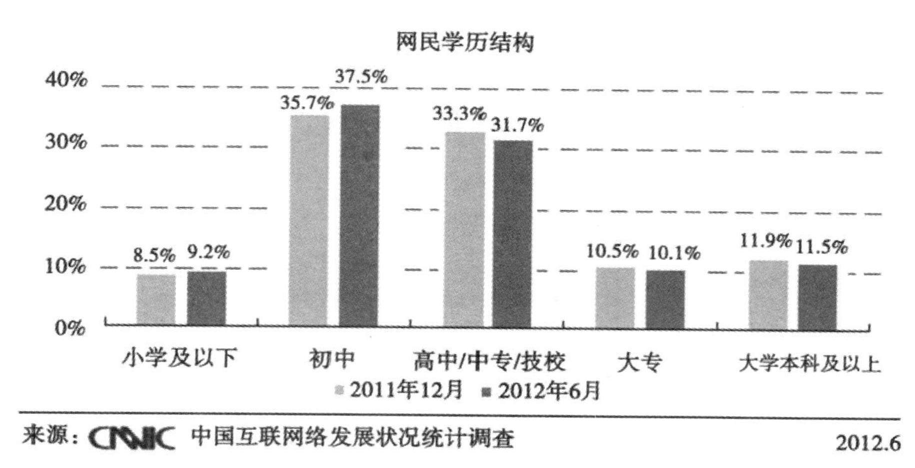

图 5.11 2011.12—2012.6 网民学历结构

（4）职业结构

网民职业中，学生占比为 28.6%，远远高于其他群体。比较历年数据，与网民年龄结构变化相对应，学生群体占比基本呈现出连年下降的趋势。如图 5.12 所示。

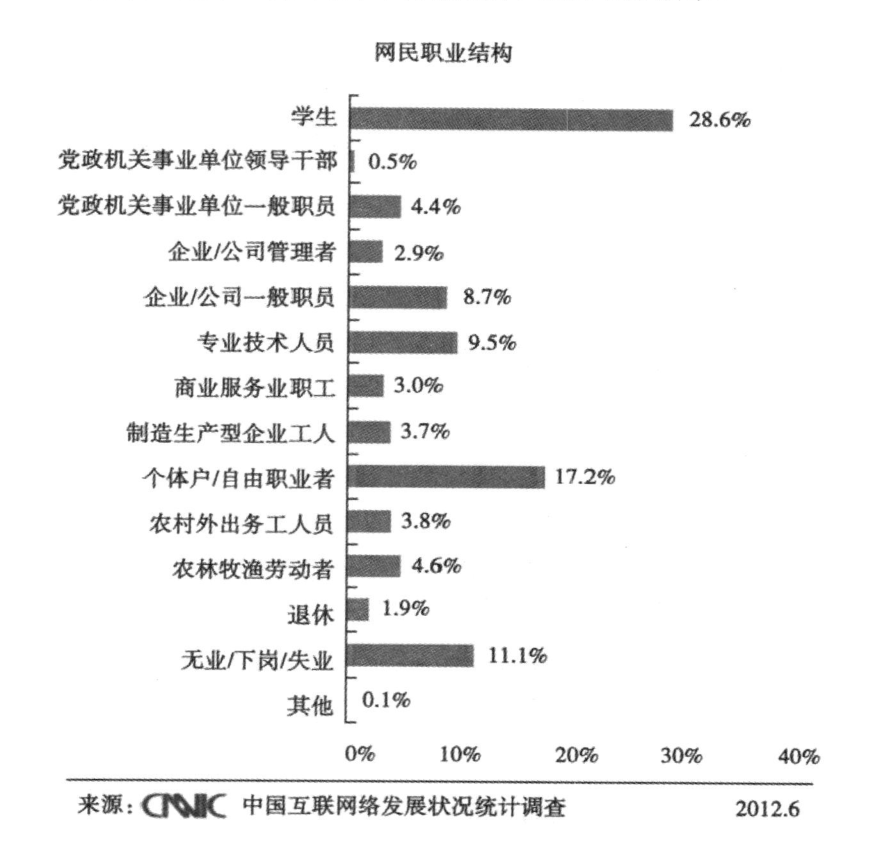

图 5.12 2012.6 网民职业结构

（5）收入结构

网民中月收入在 3000 元以上的人群占比提升明显，达 26.0%， 比 2011 年底提高了 3.7 个百分点。如图 5.13 所示。

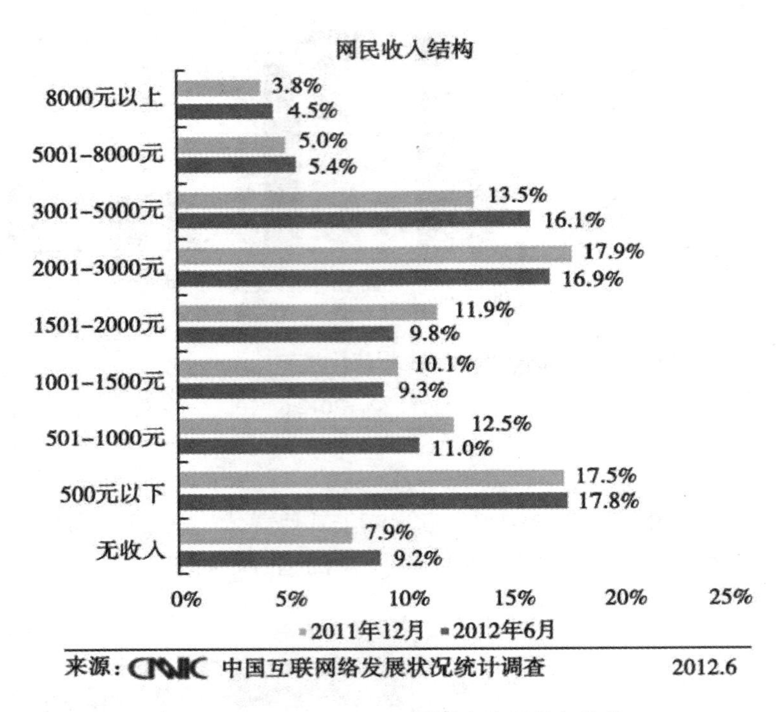

图 5.13　2011.12—2012.6 网民个人月收入结构

（6）城乡结构

截至 2012 年 6 月底，农村网民规模为 1.46 亿，比 2011 年底增加 1464 万，占整体网民比例为 27.1%，相比 2011 年底略有回升。如图 5.14 所示。

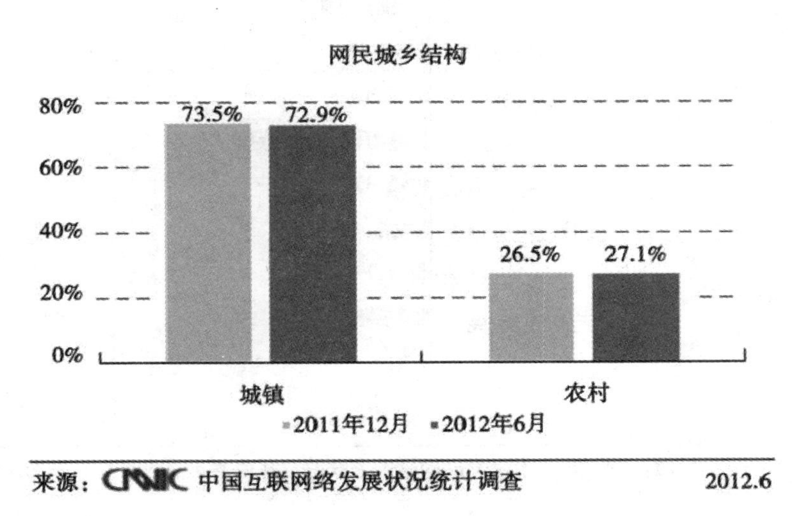

图 5.14　2011.12—2012.6 网民城乡结构

5.2.3　整体互联网应用状况

如表 5.1 所示，2012 年上半年，即时通信用户维持较高的增速，继续保持中国网民第一大应用的领先地位。此外，网络视频以及网络购物、网上支付等电子商务类应用的用户规模增幅明显，这几类应用在手机端的发展也较为迅速。2012 年上半年中国网民互联网应用发展特点总结如下：

1. 即时通信第一大应用的地位更加稳固

即时通信在中国网民中的使用率在 2011 年底超过八成，至 2012 年 6 月底，这一数字继续提升至 82.8%，用户人数达到 4.45 亿，半年增长率达到 7.2%。手机上网的进一步普及，尤其是智能终端的推广，以及手机聊天工具的创新，使得即时通信作为中国网民第一应用的地位更加稳固。

2. 网上银行和网上支付应用增速加快

网上银行和网上支付用户规模在 2012 年上半年的增速分别达到 14.8%和 12.3%，截至 2012 年 6 月底，两者用户规模分别为 1.91 亿和 1.87 亿，较 2011 年底的用户增量均超过 2000 万人。此外，手机在线支付的发展速度也十分突出，截至 2012 年 6 月底，使用手机在线支付的网民规模为 4440 万人，较 2011 年底增长约 1400 万人。

3. 微博进入平稳增长期，手机微博用户增长保持强劲势头

至 2012 年 6 月底，中国网民使用微博的比例已经过半，用户数增速低至 10%以下，增速的回落意味着微博已走过早期数量扩张的阶段。然而微博在手机端的增长幅度仍然明显，手机微博用户数量由 2011 年底的 1.37 亿增至 1.70 亿，增速达到 24.2%。

4. 手机网络视频用户增幅明显

网络视频用户规模继续稳步增长，2012 年上半年通过互联网收看视频的用户增加了约 2500 万人。而手机端视频用户的增长更为强劲，使用手机收看视频的用户超过一亿人，在手机网民中的占比由 2011 年底的 22.5%提升至 27.7%。

表 5.1　　2011.12—2012.6 中国网民对各类网络应用使用率

	2012 年 6 月		2011 年 12 月		
应用	用户规模（万）	网民使用率	用户规模（万）	网民使用率	半年增长率
即时通信	44514.9	82.8%	41509.8	80.9%	7.2%
搜索引擎	42860.5	79.7%	40740.1	79.4%	5.2%
网络音乐	41060.0	76.4%	38585.1	75.2%	6.4%
网络新闻	39231.7	73.0%	36686.7	71.5%	6.9%
博客/个人空间	35331.3	65.7%	31863.5	62.1%	10.9%
网络视频	34999.5	65.1%	32530.5	63.4%	7.6%
网络游戏	33105.3	61.6%	32427.9	63.2%	2.1%
微博	27364.5	50.9%	24988.0	48.7%	9.5%
电子邮件	25842.8	48.1%	24577.5	47.9%	5.1%
社交网站	25051.0	46.6%	24423.6	47.6%	2.6%
网络购物	20989.2	39.0%	19395.2	37.8%	8.2%

续表

	2012年6月		2011年12月		
应用	用户规模（万）	网民使用率	用户规模（万）	网民使用率	半年增长率
网络文学	19457.4	36.2%	20267.5	39.5%	-4.0%
网上银行	19077.2	35.5%	16624.4	32.4%	14.8%
网上支付	18722.2	34.8%	16675.8	32.5%	12.3%
论坛/BBS	15586.0	29.0%	14469.4	28.2%	7.7%
团购	6181.4	11.5%	6465.1	12.6%	-4.4%
旅行预订	4257.5	7.9%	4207.4	8.2%	1.2%
网络炒股	3780.6	7.0%	4002.2	7.8%	-5.5%

5.2.4 互联网安全形势

2011 年，在政府相关部门、互联网服务机构、网络安全企业和网民的共同努力下，我国互联网网络安全状况继续保持平稳状态，未发生造成大范围影响的重大网络安全事件，基础信息网络防护水平明显提升，政府网站安全事件显著减少，网络安全事件处置速度明显加快，但以用户信息泄露为代表的与网民利益密切相关的事件，引起了公众对网络安全的广泛关注。2011 年互联网安全威胁的一些新特点和趋势进行了分析和总结。

1. 我国互联网网络安全形势

①基础网络防护能力明显提升，但安全隐患不容忽视。根据工信部组织开展的 2011 年通信网络安全防护检查情况，基础电信运营企业的网络安全防护意识和水平较 2010 年均有所提高，对网络安全防护工作的重视程度进一步加大，网络安全防护管理水平明显提升，对非传统安全的防护能力显著增强，网络安全防护达标率稳步提高，各企业网络安全防护措施总体达标率为 98.78%，较 2010 年的 92.25%、2009 年的 78.61%呈逐年稳步上升趋势。但是，基础电信运营企业的部分网络单元仍存在比较高的风险。据抽查结果显示，域名解析系统（DNS）、移动通信网和 IP 承载网的网络单元存在风险的百分比分别为 6.8%、17.3%和 0.6%。涉及基础电信运营企业的信息安全漏洞数量较多。据国家信息安全漏洞共享平台（CNVD）收录的漏洞统计，2011 年发现涉及电信运营企业网络设备（如路由器、交换机等）的漏洞 203 个，其中高危漏洞 73 个；发现直接面向公众服务的零日 DNS 漏洞 23 个，应用广泛的域名解析服务器软件 Bind9 漏洞 7 个。涉及基础电信运营企业的攻击形势严峻。据国家计算机网络应急技术处理协调中心（CNCERT）监测，2011 年每天发生的分布式拒绝服务攻击(DDoS)事件中平均约有 7%的事件涉及基础电信运营企业的域名系统或服务。2011 年 7 月 15 日域名注册服务机构三五互联 DNS 服务器遭受 DDoS 攻击，导致其负责解析的大运会官网域名在部分地区无法解析。8 月 18 日晚和 19 日晚，新疆某运营商 DNS 服务器也连续两次遭到拒绝服务攻击，造成局部用户无法正常使用互联网。

②政府网站篡改类安全事件显著减少，网站用户信息泄露引发社会高度关注。据 CNCERT 监测，2011 年中国大陆被篡改的政府网站为 2807 个，比 2010 年大幅下降 39.4%；从 CNCERT 专门面向国务院部门门户网站的安全监测结果来看，国务院部门门户网站存在低级别安全风险的比例从 2010 年的 60%进一步降低为 50%。但从整体来看，2011 年网站

安全情况有一定恶化趋势。在 CNCERT 接收的网络安全事件(不含漏洞)中，网站安全类事件占到 61.7%；境内被篡改网站数量为 36612 个，较 2010 年增加 5.1%；4~12 月被植入网站后门的境内网站为 12513 个。CNVD 接收的漏洞中，涉及网站相关的漏洞占 22.7%，较 2010 年大幅上升，排名由第三位上升至第二位。网站安全问题进一步引发网站用户信息和数据的安全问题。2011 年底，CSDN、天涯等网站发生用户信息泄露事件引起社会广泛关注，被公开的疑似泄露数据库 26 个，涉及账号、密码信息 2.78 亿条，严重威胁了互联网用户的合法权益和互联网安全。根据调查和研判发现，我国部分网站的用户信息仍采用明文的方式存储，相关漏洞修补不及时，安全防护水平较低。

③我国遭受境外的网络攻击持续增多。2011 年，CNCERT 抽样监测发现，境外有近 4.7 万个 IP 地址作为木马或僵尸网络控制服务器参与控制我国境内主机，虽然其数量较 2010 年的 22.1 万大幅降低，但其控制的境内主机数量却由 2010 年的近 500 万增加至近 890 万，呈现大规模化趋势。其中位于日本（22.8%）、美国（20.4%）和韩国（7.1%）的控制服务器 IP 数量居前三位，美国继 2009 年和 2010 年两度位居榜首后，2011 年其控制服务器 IP 数量下降至第二，以 9528 个 IP 控制着我国境内近 885 万台主机，控制我国境内主机数仍然高居榜首。在网站安全方面，境外黑客对境内 1116 个网站实施了网页篡改；境外 11851 个 IP 通过植入后门对境内 10593 个网站实施远程控制，其中美国有 3328 个 IP（占 28.1%）控制着境内 3437 个网站，位居第一，源于韩国（占 8.0%）和尼日利亚（占 5.8%）的 IP 位居第二、三位；仿冒境内银行网站的服务器 IP 有 95.8%位于境外，其中美国仍然排名首位——共有 481 个 IP（占 72.1%）仿冒了境内 2943 个银行网站的站点，中国香港（占 17.8%）和韩国（占 2.7%）分列二、三位。总体来看，2011 年位于美国、日本和韩国的恶意 IP 地址对我国的威胁最为严重。另据工业和信息化部互联网网络安全信息通报成员单位报送的数据，2011 年在我国实施网页挂马、网络钓鱼等不法行为所利用的恶意域名约有 65%在境外注册。此外，CNCERT 在 2011 年还监测并处理多起境外 IP 对我国网站和系统的拒绝服务攻击事件。这些情况表明我国面临的境外网络攻击和安全威胁越来越严重。

④网上银行面临的钓鱼威胁愈演愈烈。随着我国网上银行的蓬勃发展，广大网银用户成为黑客实施网络攻击的主要目标。2011 年初，全国范围大面积爆发了假冒中国银行网银口令卡升级的骗局，据报道此次事件中有客户损失超过百万元。据 CNCERT 监测，2011 年针对网银用户名和密码、网银口令卡的网银大盗、Zeus 等恶意程序较往年更加活跃，3~12 月发现针对我国网银的钓鱼网站域名 3841 个。CNCERT 全年共接收网络钓鱼事件举报 5459 件，较 2010 年增长近 2.5 倍，占总接收事件的 35.5%；重点处理网页钓鱼事件 1833 件，较 2010 年增长近两倍。

⑤工业控制系统安全事件呈现增长态势。继 2010 年伊朗布舍尔核电站遭到 Stuxnet 病毒攻击后，2011 年美国伊利诺伊州一家水厂的工业控制系统遭受黑客入侵导致其水泵被烧毁并停止运作，11 月 Stuxnet 病毒转变为专门窃取工业控制系统信息的 Duqu 木马。2011 年 CNVD 收录了 100 余个对我国影响广泛的工业控制系统软件安全漏洞，较 2010 年大幅增长近 10 倍，涉及西门子、北京亚控和北京三维力控等国内外知名工业控制系统制造商的产品。相关企业虽然能够积极配合 CNCERT 处置安全漏洞，但在处置过程中部分企业也表现出产品安全开发能力不足的问题。

⑥手机恶意程序现多发态势。随着移动互联网生机勃勃的发展，黑客也将其视为攫取经

济利益的重要目标。2011 年 CNCERT 捕获移动互联网恶意程序 6249 个，较 2010 年增加超过两倍。其中，恶意扣费类恶意程序数量最多，为 1317 个，占 21.08%，其次是恶意传播类、信息窃取类、流氓行为类和远程控制类。从手机平台来看，约有 60.7%的恶意程序针对 Symbian 平台，该比例较 2010 年有所下降，针对 Android 平台的恶意程序较 2010 年大幅增加，有望迅速超过 Symbian 平台。2011 年境内约 712 万个上网的智能手机曾感染手机恶意程序，严重威胁和损害手机用户的权益。

⑦木马和僵尸网络活动越发猖獗。2011 年，CNCERT 全年共发现近 890 万余个境内主机 IP 地址感染了木马或僵尸程序，较 2010 年大幅增加 78.5%。其中，感染窃密类木马的境内主机 IP 地址为 5.6 万余个，国家、企业以及网民的信息安全面临严重威胁。根据工业和信息化部互联网网络安全信息通报成员单位报告，2011 年截获的恶意程序样本数量较 2010 年增加 26.1%，位于较高水平。黑客在疯狂制造新的恶意程序的同时，也在想方设法逃避监测和打击，例如，越来越多的黑客采用在境外注册域名、频繁更换域名指向 IP 等手段规避安全机构的监测和处理。

⑧应用软件漏洞呈现迅猛增长趋势。2011 年，CNVD 共收集整理并公开发布信息安全漏洞 5547 个，较 2010 年大幅增加 60.9%。其中，高危漏洞有 2164 个，较 2010 年增加约 2.3 倍。在所有漏洞中，涉及各种应用程序的最多，占 62.6%，涉及各类网站系统的漏洞位居第二，占 22.7%，而涉及各种操作系统的漏洞则排到第三位，占 8.8%。除发布预警外，CNVD 还重点协调处置了大量威胁严重的漏洞，涵盖网站内容管理系统、电子邮件系统、工业控制系统、网络设备、网页浏览器、手机应用软件等类型以及政务、电信、银行、民航等重要部门。上述事件暴露了厂商在产品研发阶段对安全问题重视不够，质量控制不严格，发生安全事件后应急处置能力薄弱等问题。由于相关产品用户群体较大，因此一旦某个产品被黑客发现存在漏洞，将导致大量用户和单位的信息系统面临威胁。这种规模效应也吸引黑客加强了对软件和网站漏洞的挖掘和攻击活动。

⑨DDoS 攻击仍然呈现频率高、规模大和转嫁攻击的特点。2011 年，DDoS 仍然是影响互联网安全的主要因素之一，表现出以下三个特点：一是 DDoS 攻击事件发生频率高，且多采用虚假源 IP 地址。据 CNCERT 抽样监测发现，我国境内日均发生攻击总流量超过 1G 的较大规模的 DDoS 攻击事件 365 起。其中，TCP SYN FLOOD 和 UDP FLOOD 等常见虚假源 IP 地址攻击事件约占 70%，对其溯源和处置难度较大。二是在经济利益驱使下的有组织的 DDoS 攻击规模十分巨大，难以防范。例如 2011 年针对浙江某游戏网站的攻击持续了数月，综合采用了 DNS 请求攻击、UDP FLOOD、TCP SYN FLOOD、HTTP 请求攻击等多种方式，攻击峰值流量达数十个 Gbps。三是受攻击方恶意将流量转嫁给无辜者的情况屡见不鲜。2011 年多家省部级政府网站都遭受过流量转嫁攻击，且这些流量转嫁事件多数是由游戏私服网站争斗引起。

2. 国内网络安全应对措施

（1）相关互联网主管部门加大网络安全行政监管力度，坚决打击境内网络攻击行为。针对工业控制系统安全事件愈发频繁的情况，工信部在 2011 年 9 月专门印发了《关于加强工业控制系统信息安全管理的通知》，对重点领域工业控制系统信息安全管理提出了明确要求。2011 年底，工信部印发了《移动互联网恶意程序监测与处置机制》，开展治理试点，加强能力建设。6 月起，工信部组织开展 2011 年网络安全防护检查工作，积极将防护工作向域名服务和增值电信领域延伸。另外还组织通信行业开展网络安全实战演练，指导相关单位妥善处置网络安全应急事件等。公安部门积极开展网络犯罪打击行动，破获了 2011 年 12 月底 CSDN、

天涯社区等数据泄露案等大量网络攻击案件；国家网络与信息安全信息通报中心积极发挥网络安全信息共享平台作用，有力支撑各部门做好网络安全工作。

（2）通信行业积极行动，采取技术措施净化公共网络环境。面对木马和僵尸程序在网上的横行和肆虐，在工信部的指导下，2011 年 CNCERT 会同基础电信运营企业、域名从业机构开展 14 次木马和僵尸网络专项打击行动，次数比去年增加近一倍。成功处置境内外 5078 个规模较大的木马和僵尸网络控制端和恶意程序传播源。此外，CNCERT 全国各分中心在当地通信管理局的指导下，协调当地基础电信运营企业分公司合计处置木马和僵尸网络控制端 6.5 万个、受控端 93.9 万个。根据监测，在中国网民数和主机数量大幅增加的背景下，控制端数量相对 2010 年下降 4.6%，专项治理工作取得初步成效。

（3）互联网企业和安全厂商联合行动，有效开展网络安全行业自律。2011 年 CNVD 收集整理并发布漏洞信息，重点协调国内外知名软件商处置了 53 起影响我国政府和重要信息系统部门的高危漏洞。中国反网络病毒联盟（ANVA）启动联盟内恶意代码共享和分析平台试点工作，联合 20 余家网络安全企业、互联网企业签订遵守《移动互联网恶意程序描述规范》，规范了移动互联网恶意代码样本的认定命名，促进了对其的分析和处置工作。中国互联网协会于 2011 年 8 月组织包括奇虎 360 和腾讯公司在内的 38 个单位签署了《互联网终端软件服务行业自律公约》，该公约提倡公平竞争和禁止软件排斥，一定程度上规范了终端软件市场的秩序；在部分网站发生用户信息泄露事件后，中国互联网协会立即召开了“网站用户信息保护研讨会”，提出安全防范措施建议。

（4）深化网络安全国际合作，切实推动跨境网络安全事件有效处理。作为我国互联网网络安全应急体系对外合作窗口，2011 年 CNCERT 积极推动“国际合作伙伴计划”，已与 40 个国家、799 个组织建立了联系机制，全年共协调国外安全组织处理境内网络安全事件 1033 起，协助境外机构处理跨境事件 568 起。其中包括针对境内的 DDoS 攻击、网络钓鱼等网络安全事件，也包括针对境外苏格兰皇家银行网站、德国邮政银行网站、美国金融机构 Wells Fargo 网站、希腊国家银行网站和韩国农协银行网站等金融机构，加拿大税务总局网站、韩国政府网站等政府机构的事件。另外 CNCERT 再次与微软公司联手，继 2010 年打击 Waledac 僵尸网络后， 2011 年又成功清除了 Rustock 僵尸网络，积极推动跨境网络安全事件的处理。2011 年，CNCERT 圆满完成了与美国东西方研究所（EWI）开展的为期两年的中美网络安全对话机制反垃圾邮件专题研讨，并在英国伦敦和我国大连举办的国际会议上正式发布了中文版和英文版的成果报告“抵御垃圾邮件，建立互信机制”，增进了中美双方在网络安全问题上的相互了解，为进一步合作打下基础。

5.3　情报

情报是指被传递的知识或事实，是知识的激活，是运用一定的媒体（载体），越过 空间和时间传递给特定用户，解决科研，生产中的具体问题所需要的特定知识和信息。

5.3.1　情报的基本 属性

1．知识性

知识是人的主观世界对于 客观世界的概括和反映。随着 人类社会的发展，每日每时都有新的知识产生，人们通过读书、看报、听广播、看电视、参加会议、参观访问等活动，都可以吸收到有用知识。这些经过传递的有用知识，按广义的说法，就是人们所需要的情报。因此，情报的本质是知识。没有一定的知识内容，就不能成为情报。知识性是情报最主要的属性。

2. 传递性

知识成为情报，还必须经过传递，知识若不进行传递交流、供人们利用，就不能构成情报。情报的传递性是情报的第二基本属性。

3. 效用性

第三是情报的效用性，人们创造情报、交流传递情报的目的在于充分利用，不断提高效用性。情报的效用性表现为启迪思想、开阔眼界、增进知识、改变人们的知识结构、提高人们的认识能力、帮助人们去认识和改造世界。情报为用户服务，用户需要情报，效用性是衡量情报服务工作好坏的重要标志。

此外，情报还具有社会性、积累性、与载体的不可分割性以及老化等特性。情报属性是情报理论研究的重要课题之一，其研究成果正丰富着情报学的内容。

按应用范围分类的话，可分为科学情报、经济情报、技术情报、军事情报、政治情报等。

5.3.2 公安情报信息

公安情报信息是指在公安工作过程中接受和发出的反映公安活动规律及其变化情况的各种消息、情报、数字、报表、图像以及各种与公安工作有关的政治、经济形势，有关的方针政策、法律、规章制度、计划、措施等所包含的内容的总称。公安信息除了一般信息的客观性、可识别性等共同特点外，还具有广泛性、复杂性、随机性、时效性和保密性等显著特征。公安情报信息是指在公安工作过程中接受和发出的反映公安活动规律及其变化情况的各种消息、情报、数字、报表、图像以及各种与公安工作有关的政治、经济形势，有关的方针政策、法律、规章制度、计划、措施等所包含的内容的总称。公安信息除了一般信息的客观性、可识别性等共同特点外，还具有广泛性、复杂性、随机性、时效性和保密性等显著特征。

一说到情报战，人们就会联想到“潜伏”、“深入虎穴”、“邦德 007”等字眼。网络情报作战似乎没有这么“惊心动魄”，它较量于无声无形，“网络战士”使用病毒、木马、黑客软件等手段，足不出户就能获取极为有价值的各类情报，这是隐藏在计算机屏幕后边的战斗，也是和平时期网络战的重要内容。

由于互联网上获取情报信息量大、机密等级高、时效性快、成本低等原因，依托互联网开展的情报侦察活动已经无孔不入，而且防不胜防。当你浏览网页或与朋友网上聊天时，可能不知不觉就被“对方”牢牢“锁定”，成了“网谍”的猎取目标。

世界头号军火供应商洛克希德·马丁公司及其他数家美国军工企业遭黑客袭击，而这些企业均采取了先进的信息安全防范技术和严格的管理措施。其中，洛克希德·马丁公司遭到不明身份人员通过复制内部使用认证令牌，侵入其网络，该公司网络内存储有大量涉及未来武器研发的敏感信息，以及美国如今在阿富汗和伊拉克等地使用的军事技术信息等秘密情报。

又据报道，2010 年，超过 10 万名美国海军官兵和海军陆战队飞行员与机组人员的社会保险号码以及个人信息在互联网上遭到泄露，数月内被浏览和下载上万次，这引起部队极大恐慌，直到同年 6 月底才被美海军部门发现并制止。

据美国情报机构统计，在其获得的情报中，有 80%左右来源于公开信息，而其中又有近

一半来自互联网。在美国的示范下，世界各国情报机构纷纷采取多种互联网技术，对目标对象的网站进行破译和攻击等，以获取重要情报信息。

随着人类社会信息化程度的推进，互联网在人类社会的普及，网络愈来愈成为人们工作、生活、休闲的重要方式，与之相伴而生的是利用网络进行犯罪活动也越来越普遍。从一定意义上说加强网络情报的搜集．既是一项高屋建瓴、未雨绸缪的战略性工作，又是打击网络犯罪的现实需要。

5.3.3　网络公安情报搜集的必要性

1. 加强公安情报的搜集是打击网络犯罪的迫切需要

任何一个事物的发展都有其内在的规律，网络犯罪亦然。近年来网络犯罪急剧增加，并且可以预见的是，在未来网络犯罪将还会持续增加，并逐渐会成为我国一种主要的刑事犯罪形式，尤其是随着网络技术进一步向社会深层次渗透，网络犯罪所造成的严重后果将大大超过传统领域的刑事犯罪。打击网络犯罪将成为公安机关的重要任务之一，因而公安机关迫切需要搜集和储存大量的网络情报，为打击网络犯罪提供坚实的基础。

2. 加强网络情报搜集是准确预测网络犯罪的需要。

网络犯罪本身具有形式多样，智能化、隐蔽化程度高，危害大的特点。这就更需要公安机关逐渐搜集、存储大量的网络犯罪情报，并以其为对象，进行深入的综合研究，找出网络犯罪的规律与特点，提高公安机关的发现能力，准确预测网络犯罪的发展趋势，及时为广大互联网用户提供预警和解决故障的技术（例如黑客的入侵、网络病毒的散布），确保互联网的安全，而要完成这一项工作，没有丰富的网络情报是办不到的。

5.3.4　网络公安情报搜集的对象

网络公安情报搜集的对象是什么？回答这个问题之前首先要解决什么是网络犯罪这一概念。由于我们网络公安情报工作只是涉及情报的搜集，并不涉及司法罚则和确定罪刑，因此我们不必对网络犯罪概念进行过多过细的研究，从搜集网络公安情报这一层面出发，概而言之，网络犯罪就是与网络相关的所有犯罪。不论其是将网络作为犯罪的手段还是将其作为直接侵害的客体，在此都姑且不论。根据这一概念，网络公安情报搜集的对象也就容易理解了。简而言之，网络公安情报搜集的对象就是所有与网络相关的案件。既包括传统的刑事案件向网络渗透的案件，也包括现在学界讨论较多的计算机犯罪案件和信息犯罪案件。

在此要强调的一点是，部分的网络治安案件也应纳入网络公安情报搜集的对象。原因在于网络具有虚拟性和隐蔽性的特点，从目前所破获的实际案件来看，诸如黑客攻击、非法入侵、病毒散布等犯罪行为开始都往往表现为一般的违法行为，违法者在初试成功后，由于冒险心里和侥幸心理的驱使，激发其违法升级，发展成为犯罪，甚至不计后果，这一点在网络犯罪上表现得尤为突出，也是网络犯罪与传统的治安违法和刑事犯罪有着明显区别的特征之一。因此部分网络治安案件也应纳入搜集对象。

依照现有的刑事犯罪情报工作的经验以及对未来网络犯罪趋势的预测，我们认为从打击和预防网络犯罪这一目的出发，对网络公安情报搜集对象应该包括以下几个方面：

1. 网络犯罪线索型情报

按照一般理解，线索型情报就是指可供侦查或调查的有关刑事犯罪活动的可疑迹象和特定的刑事案件的侦查线索。针对网络犯罪的特点，网络犯罪线索型情报搜集对象就是指以互联网络为目标或手段的违法犯罪线索，侧重指在使用互联网中具有违法犯罪嫌疑的人、事、物、时间与空间的嫌疑线索。既包括传统刑事案件在互联网络中的渗透，例如犯罪分子或是犯罪团伙经常在网络公共空间利用网络语言或是犯罪暗号(包括犯罪隐语)，进行联络、布置、策划、逃跑、销赃、物色对象等具体犯罪行为实施的线索，也包括现在法学界讨论较多的新型的计算机犯罪或是信息犯罪案件的具体线索：由于互联网络自身具有的开放性、空间与时间的无限性、隐蔽性、网络语言的随意性等特点，使得搜集与网络犯罪相关预谋案件、未破案件线索极为艰难。

2. 网络违法犯罪人员情报

与传统的刑事犯罪情报一样，网络公安情报中的人员情报是指有过网络犯罪行为的犯罪分子及犯罪嫌疑人。虽然就目前而言对于网络犯罪的犯罪分子受过公安机关打击处理后的重新犯罪率，并没有一个准确的权威性的调查与统计，但可以预见，由于网络本身具有的特点，给犯罪分子实施犯罪指挥、策划、协调、联络、逃跑、销赃甚至进行恐吓、敲诈等带了与传统犯罪不可同日而语的便利，犯罪分子，尤其是精通互联网的传统刑事犯罪中的犯罪分子会继续使用互联网这一便捷的条件继续进行犯罪。因而开展对网络犯罪人员情报的搜集不仅是必要的，也是将来打击犯罪所必然依赖的重要资料。这类搜集对象应该包括已经受过公安机关打击的有过网络犯罪行为的违法犯罪分子和犯罪嫌疑人员，并且应该包括部分因网络违法受过治安处罚的违法人员。具体应该包括现行的网络违法犯罪人员资料、网络犯罪在逃人员资料、通缉犯资料、重点人口资料等对象。

3. 网络犯罪案件情报

案件情报搜集的对象，是以破获和未破的各类网络案件为对象而建立的案件情报资料，也即凡是与互联网络相关的案件都是网络犯罪情报案件资料搜集的对象，在此我们不论其是将互联网络作为犯罪手段还是直接将互联网络秩序作为侵害客体。同时网络案件情报搜集的对象，也不以案件的性质和所造成的损失大小为标准，而是以违法与犯罪行为是否与网络有关，案件是否含有网络犯罪信息为标准，从而将网络犯罪情报系统建立成为一个高标准的覆盖能力广、搜集能力强的网络犯罪信息搜集体系，全面、广泛、及时地搜集各类网络犯罪情报，为侦破各类与互联网络相关的案件提供扎实的基础和强有力的支持。

总之，网络犯罪情报系统就是以与互联网相关的案件为主要对象，同时包括一部分与互联网相关的治安案件为搜集对象的犯罪情报系统。

5.3.5 网络公安情报搜集的内容

网络犯罪情报的搜集，必须从着眼于建立一个高度完善、逻辑体系清晰的系统来构建其搜集体系与内容。参照已有的刑事犯罪情报工作的经验，网络犯罪情报的搜集应该包括以下五个系统及其相关的内容。

1. 网络犯罪分子及其网络犯罪嫌疑人员资料库

这部分搜集内容我们也可以简称人员资料库。主要是搜集受过公安机关打击的网络违法犯罪分子和犯罪嫌疑人员的有关资料。搜集的具体内容与传统的刑事犯罪情报资料一样主要包括登记对象的自然状况、体貌特征和违法犯罪事实或嫌疑依据三个方面。这里特别要强调的是，大多情况下，犯罪分子进入互联网从事违法犯罪活动都是通过注册网名来确认其在网上的身份。从而其注册的身份在互联网上从事违法犯罪犯活动，因而网名对人员资料而言是至关重要的。有人认为，网名在网上可以随时更改，随意性大，不易搜集。其实不然，从大

多数案件看，犯罪分子策划实施某一具体案件还未完成时，一般是不会随意更改网名的。因此相对于传统的犯罪情报而言，要重点登记姓名、性别、家庭住址、职业、受教育情况（尤其是所学专业）、网名、绰号、主要关系人或共同犯罪人等基本情况。

2. 网络犯罪案件资料库

案件资料应翔实记载构成案件各个要素的要件，或者说详细登记案件所包含的信息点的具体情况。重点放在构成网络犯罪案件的基本情况、犯罪的类型(性质)、作案手段(含入侵方式)、作案特点、痕迹物证、犯罪嫌疑人基本情况、被害人(含被害单位)基本情况、损失情况等信息点。

网络犯罪不同于普通刑事犯罪，在作案手段、作案特点及犯罪类型、痕迹物证、侵害对象上都有着显著的不同于普通刑事犯罪的特点。例如在犯罪手段与犯罪特点上，网络犯罪案件主要记载其上网的规律、上网的方式、网上主要活动、选择对象、具体侵入方式、口令(密码)破解技术、作案目的等。网络犯罪案件的痕迹物证与普通的刑事案件的区别就更大了，既有可能如普通刑事犯罪案件那样存在着指纹、足迹、工具痕迹、细小物质等，更多的是“磁盘为主要介质所储存、保留或是遗留的信息。

3. 网络犯罪组织资料库

犯罪分子结成团伙，共同实施诸如系统入侵、黑客攻击、盗窃商业秘密等形式的计算机犯罪，目前从实际来看还不多，但不能据此否认其在将来发展的可能性。从现实而言，网络犯罪中，大多数组织犯罪仍然是传统刑事犯罪中的组织犯罪在网络上的渗透或延伸。有的是先在网上聊天而后结成团伙进行犯罪，有的是先结成团伙，后在互联网上实施犯罪的策划、密谋和传递犯罪信息，因而在互联网上一般都有固定的联系方法和联络地点(网站)，相互之间有自己的隐语或者特有的网络暗语。因此加强对犯罪组织情报资料的搜集，也是很必要的。网络犯罪组织资料库搜集的主要内容包括团伙或主要关系人的姓名、住址、团伙性质、主要活动事实、联络方式、网名等进行翔实记载。

4. 网络犯罪线索资料库

网络犯罪较之普通的刑事犯罪隐蔽性更强，技术含量更高，其犯罪线索不易发现，因而对网络犯罪线索的登记和积累显得尤为必要。同时任何案件的查证都是首先从线索开始的，没有线索来源，就没有侦查的开始。要打击和防范网络犯罪就必须加强对网络犯罪线索的搜集与标记。网络犯罪线索资料要通过对网络的实时监控和各种调查措施获取。搜集的内容应侧重于记载犯罪线索涉及的时间、地点（网站、网吧）、主要嫌疑事实、作案手段、案件性质、联络方式、侵入方式等。

5. 网络犯罪情报样品资料库

搜集网络犯罪情报样品资料，特别是对非法侵入计算机系统方式、黑客攻击技术、网络病毒等样品的原理、技术进行搜集与分析，对提高发现网络犯罪的能力、加强对公安网络秩序的监控有着良好的借鉴和指导意义。因此，对于网络犯罪中的典型案件，尤其是典型的证据，应用照相、录像等手段进行记录，对显示器屏幕上的图像、文字也可以照相、录像进行储存，对磁盘里的隐藏信息进行恢复复制以保存研究，对非法程序进行拷贝进行储存，以备分析研究，不断提高发现能力和攻击能力。

5.3.6　网络公安情报搜集体系建设

由于网络具有自身的特点，且是近年来才出现的新型犯罪类型，世界各国在打击网络犯罪的斗争中都还处于摸索起步阶段，我国要在借鉴其他国家打击网络犯罪的先进经验的基础上，建立起我国打击和预防网络犯罪的有效机制，其中必然包括建立我国网络犯罪情报的有效搜集体系。

1. 加强立法，为网络犯罪情报搜集提供合法依据

犯罪情报工作是刑事侦查工作的重要组成部分，犯罪情报工作本身就是一种侦查手段，因而犯罪情报工作必须要依照有关法律而开展。但是相对网络犯罪这种新型的犯罪形式，目前我国立法并不完善，这是一个急需解决的问题。例如在情报搜集中如何解决公民的隐私权问题，情报搜集的程序、搜集的手段问题等，也需要不断地完善或制定新的法律法规予以规范，使之更适应打击网络犯罪的需要。在立法方面，要借鉴国外立法的经验，可以在加人有关国际公约的基础上，把国际公约的精神转化并补充到我国的立法中，加强执法和司法的功能，使网络犯罪情报的搜集与打击网络犯罪都在法定的范围内进行。

2. 加强网络犯罪情报搜集的专业队伍建设，使网络犯罪情报的搜集走向专业化

目前为打击网络犯罪，国外一些国家成立了专门的职业队伍，也即网络警察队伍。我国公安机关为适应打击网络犯罪的需要也已成立了网络警察队伍，为加强对网络犯罪情报的搜集，我们可以考虑在网络警察队伍中，培养专门的负责搜集网络犯罪情报的网络警察，加强网络犯罪情报工作的专业化、职业化建设，这也是由网络犯罪的特殊性决定的。网络技术发展日新月异，网络犯罪也会随着网络技术变化而不断翻新，搜集网络犯罪情报又需要特别的技术和程序，同时网络犯罪的数量同步大量增加。客观上需要一个专门的专业力量来从事此方面的工作，以期保证对网络犯罪情报发现、搜集的及时性和准确性。

3. 加强网络犯罪情报的登记工作

犯罪情报的日常登记，是犯罪情报搜集的基本手段之一。有关部门应及时建立一套行之有效的网络犯罪情报的登记工作制度，侦查机关在日常工作中在获的网络犯罪线索、网络犯罪案件、网络犯罪嫌疑人和网络犯罪分子要及时进行登记。网络犯罪情报登记工作制度，首先要明确工作职责和责任制. 保证登记工作的质量与效率，及时搞好网络犯罪情报的整理与录入犯罪信息系统等工作，其次，要建立专门的情报机构和配备专门的情报人员，网络犯罪情报的搜集是一项专业性很强的工作，唯有如此，才能保证网络犯罪情报研判工作有条不紊切实开展，才能给网络犯罪情报系统的建立提供坚实的基础。

4. 加强网络犯罪情报的基础建设，广辟情报来源

网络犯罪具有很强的智能性和隐蔽性，因而网络犯罪情报大量隐藏于社会的各个层面，公安机关要加强情报的基础建设，建立起情报网络覆盖面广、各种情报来源渠道畅通、能对复杂场所、重点行业进行有效控制的情报搜集体系尤其是要加强对公众网吧的管理和监督，加强对金融、证券、电信、大型公司等重要经济部门和单位的计算机网络的重点监控，使网络犯罪情报能源源不断的搜集上来，有效地获取动态型的线索情报，打击和预防网络犯罪行为。

5. 加强与民间组织、商业公司的合作，加强秘密力量建设

在美国，有一些很著名的专门从事电子数据恢复、网络安全生产的商业组织，他们与侦查机关都有很密切的联系。这些商业公司常被称为“电子证据发现公司”，他们的任务就是协作或是帮助侦查机关还原在侦查中获得的遭到了破坏的电子证据。其实电子证据与网络犯罪情报有着很密切的联系，还原的电子证据所寓含的信息正是犯罪情报所需要的信息。因此借鉴他们的做法，网络犯罪情报的搜集必须加强与民间组织、商业公司的合作。特别是这些民间组织、商业公司，由于他们拥有技术上的优势，因而也更善于发现新型的网络犯罪及其犯罪手段与形式。此外，还要加强同重要单位和各个网站管理人员的协作与联系，建立畅通联系协作制度，以保持畅通的情报来源渠道。

为加强对互联网重点部位和重点行业的控制，必须加强网络秘密力量的建设。这是打击隐蔽性强、智能化程度高的网络犯罪必不可少的秘密侦查手段。但如何根据必须与可能的原则，在互联网上或者互联的重点单位、重点部位、重点行业建设和布置一支素质高，分布合理的精干的秘密力量队伍，对于侦查机关而言是一项全新的工作。要有目的的在重点人员（如各个网站的网络管理人员）、重点单位、重点行业物色布建秘密力量，加强对网络犯罪案件多发部位例如公众网吧、金融、证券等重点单位的监控工作，要对秘密力量进行适当的教育与培训，提高秘密力量发现和获取网络犯罪情报的能力，有目的的获取深层次的内幕情报。

6. 加强对网络公安情报人员的业务培训

由于网络公安情报工作尚处于建设初期，网络公安情报人员的培训就显得十分必要和迫切。网络犯罪的犯罪手段、作案工具的技术含量都会随着网络技术和信息技术的发展而不断提高，情报人员要获得相关情报，就必须跟上技术的发展潮流，寻找犯罪手段的弱点，以便有效搜集情报。因此要对网络警察和网络公安情报人员及时进行技术培训，或者为他们及时进行知识的自我更新创造条件。同时也要给予他们以犯罪学、侦查学，尤其是情报学方面的培训，提高他们发现情报、分析情报、整理情报的能力，使之具备情报人员对情报的搜集、整理、存储、检索等专门的情报技能。

7. 加强对网络公安情报应用系统的开发，研发高效应用系统

公安情报只有在一定的应用系统下才能发挥其应有的价值，为打击网络犯罪，公安机关应组织专家尽早开发专门的网络犯罪情报应用系统，建立网络犯罪案件信息库、网络犯罪人员信息库等，满足网络犯罪侦查机关多方面不同层次的需求，也满足社会公众对防范网络犯罪的技术咨询与指导的需求，尤其是要保证信息查询的快捷性与准确性。要使网络犯罪情报迅速地转化为破案力，公安机关就必须抓紧开发更有效的情报应用系统，通过实际应用，进一步激发侦查人员的情报意识，促进网络犯罪情报的搜集工作。

8. 抓紧对网络犯罪信息标准的研究和制定

网络犯罪案件种类繁多，数量也在不断攀升，网络语言繁杂随意，公安机关尤其是网络监管部门要加大力度，必须尽快组织专业人员，对网络语言和网络犯罪特征进行搜集、概括和研究，制定出网络犯罪信息标准，才能使网络犯罪情报得以规范地表述和整理，否则将直接影响到网络犯罪情报的使用，尤其影响信息共享功能的发挥，也影响网络犯罪情报应用系统的开发。

9. 建立全国性的网络公安情报协调机构

网络犯罪突破了地域的限制，行为地与行为结果相分离，物理空间与虚拟空间相分离。网络犯罪情报的搜集往往需要跨地区进行。如果侦查机关各自为政，单独侦查，就可能造成情报的流失和资源的浪费，给社会和用户造成更大的危害。因此需要一个机构能统一调度，统一指挥，并及时提供给各地侦查机关和网络监管部门以网络犯罪信息；同时这个协调机构还要负责搜集全国各地甚至其他国家的网络犯罪资料，建立内容详尽、及时更新的动态数据库，一方面有利于侦查机关查询和串并案件，另一方面有助于研究网络犯罪的发展过程，总结案件规律，预测未来的发展趋势，给实际工作提供方向性指导。

10. 加强网络公安情报工作的国际合作

网络犯罪是没有国界的犯罪，需要国际间的合作。在打击网络犯罪方面有着成功经验的国家都注重国际间的合作。例如西班牙与欧洲其他国家网络警察的合作、特别是与美国联邦调查局保持着密切的联系。法国、德国、英国、日本、加拿大和美国等网络警察组织相互都保持着十分密切的接触。从近年来看，国外网络犯罪有不断向我国渗透的倾向，我国面临着同其他国家协同作战的形势。因此，作为打击网络犯罪的重要手段之一的网络犯罪情报工作，必须要有意识地加强同国际刑警组织以及其他国家司法机关的合作，互通犯罪情报和信息，共同打击网络犯罪活动。

5.3.7 互联网环境下公安情报搜集方法

在互联网环境下搜集公开情报一般采用两种方法：直接搜集法与迂回搜集法（又叫间接搜集法）。而我们使用直接搜集法在互联网环境下搜集情报过程中，还会使用到一些技术手段如搜索引擎技术、信息过滤技术等。

1. 直接搜集法

直接搜集法是指情报人员通过浏览网页搜集已经存在于网络中的情报信息。情报人员可以运用正确的检索策略和检索工具，将目标指向网络中所需信息集中的地方，就会有所收获。美国公开信息中心在搜集情报时，使用了十分先进的网络技术，用于对信息资料进行过滤。其使用设置“关键词”技术，例如本·拉登、伊朗、核武器等，大量搜索相关信息，然后加以对比和分析。该中心还使用了十分复杂的软件来对比信息的来源和历史，以确定情报的可靠性。可见在互联网环境下搜集公开军事情报，可以采用一些信息检索技术手段如搜索引擎技术、信息过滤技术等。

（1）搜索引擎技术

军事情报部门可以根据自身需要，采用主流的搜索引擎或者自己开发，通过从互联网上提取的各个网站的公开军事信息建立数据库，检索与军事情报新相匹配的相关记录，然后按一定的排列顺序将结果返回给情报用户；也可以自己开发一个元搜索引擎，元搜索引擎在接受用户查询请求时，同时在其他多个引擎上进行搜索，并将结果返回给用户，通过它快速获取大量关于用户需求的网页资料，从而及时发现网络上存在的公开军事情报信息。

（2）信息过滤技术

信息过滤是一种从动态的信息流中抽取出符合用户个性化需求的信息的技术，是一种智能化，通过持续学习掌握用户需求的信息获取技术。军事情报人员在互联网上收集情报，论文发表网从长期来看需求和偏好是相对比较稳定的、长期的、变化较慢的。信息过滤技术通过一种学习机制不断增进对情报人员需求了解，并以用户文件的形式表达出来，就可以在情报人员和海量的互联网信息中建立一种过滤机制：来自于信源的动态信息流在到达情报人员，也就是用户之前，必须通过过滤器，过滤器根据用户文件有选择地递送信息，情报人员可以自己决定是否向过滤器发反馈信息以指明哪些信息符合他们的需求，使过滤器通过学习、调整可以更好地提供符合个性化需求的信息。借助于信息过滤技术，军事情报人员可以在互联网纷繁复杂且不断飞速增加的信息中较为准确地获取所需的情报，大大提高工作效率。

（3）使用另类搜索工具获取“看不见的网站”信息

有的敌对网站，为了防止被我情报机关发现，故意在网站上不设链接。缺乏链接的导引，普通搜索引擎是不会收集到该网站的信息的。通过如Completeplanet (www.completeplanet.com)、DirectSearch 、The InvisibleWeb Catalog(www.invisibleweb.com)等提供查询“看不见的网站”的搜索工具，可以较好解决这个问题，及时发现搜索引擎数据库中没有的网站和网页，为情报工作赢得主动。

2. 迂回搜集法

迂回搜集法是指情报人员通过与各方上网人员的实时异地或异时异地的相互交流搜集情报。迂回搜集法主要是利用网络中的论坛、社区等交流平台，通过引导发问引诱各方回答问题，从中获得我所需要的信息。该方法的主要因素就是人，即情报人员。此时的情报人员必须要具备情报学、心理学、社会学、行为学以及语言学等多领域的知识，制定隐蔽性的发问策略和灵活的变通机制，通过初步发问摸清对方的身份和心理，积极调动其参与讨论的欲望，激发其发言的动机，最终使其将大脑中的隐性知识显性化，激活并转化成我们所需要的情报。譬如在一些关于军事方面的网络社区、论坛、聊天室中想要收集有关某国陆军的情况，通常我们先贴个帖子，说某国的陆军如何不堪一击等，马上就会有人跟帖反驳，说他们如何厉害。或者以“有谁知道某国空军现状”为主题，也会有人回应。以这些回帖为参考，再对已有情报加以研究，就可得出大致的情形，继而得出完整的情报产品。

互联网时代，情报信息搜集越来越便利，也面临越来越多的挑战。只有那些能够随时了解互联网技术变化，了解互联网传播特点及变化趋势的信息搜集者，才能在网络信息海洋中如鱼得水。

第6章 网控天下

舆情是“舆论情况”的简称，是指在一定的社会空间内，围绕中介性社会事件的发生、发展和变化，作为主体的民众对作为客体的社会管理者及其政治取向产生和持有的社会 政治态度。它是较多群众关于社会中各种现象、问题所表达的信念、态度、意见和情绪等表现的总和。任何一种技术的出现及发展， 或多或少会对社会生活造成一定的冲击和影响。

网络从诞生的那一天起， 就开始深刻地影响人们的生活、学习、思考、交流和娱乐的方式。与此同时， 现实生活与虚拟世界交互影响，呈现出一种你中有我、我中有你的局面。现实生活中民众的观点和情绪在网络上反映而形成的网络舆情，已经成为相关部门了解民情民意的重要渠道。本节重点对网络舆情的概念、特点、监控、疏导等进行讲述。

6.1 网络舆情概述

从传统的社会学理论上讲，舆情本身是民意理论中的一个概念，它是民意的一种综合反映。但是，从现代舆情理论的严格意义上讲，舆情本身并不是对民意规律的简单概括，而是对“民意及其作用于执政者及其政治取向规律”的一种描述。

6.1.1 舆情的具体含义

舆情是民意集合的反映。民意是形成舆情的始源，没有民意，就没有舆情；舆情所要反映的民意，是那些对执政者决策行为能够产生影响的“民意”，而非民意的全部；舆情因变事项是舆情产生的基础，研究、分析舆情，首先要深入研究、分析舆情因变事项的发生、发展和变化的规律；舆情空间对舆情传播及其对执政者决策行为的影响有重要作用。

1. 舆情和舆论的区别

舆情是人们的认知、态度、情感和行为倾向的原初表露，可以是一种零散的，非体系化的东西，也不需要得到多数人认同，是多种不同意见的简单集合。舆论是人们的认知、态度、情感和行为倾向的集聚表现，是多数人形成的一致的共同意见，是单种意见的集合，即需要持有某种认知、态度、情感和行为倾向的人数达到一定的量，否则不能认为是一种舆论。当舆情产生聚集时就可以向舆论转化，因而对舆情的管控就是要使舆情不转化为舆论或转化为良性舆论。

2. 网络舆情的特点

网络舆情由于传播媒介的特殊性，表现出一些不同于传统舆情的特点。

①广泛性和隐蔽性。互联网拓展了所有人的公共空间，每个人都有选择网络信息的自由机会成为网络信息的发布者，每个人都有，通过 BBS，新闻点评和博客网站，网民可以立即发表意见，下情直接上达，民意表达更加畅通。由于互联网的匿名特点，多数网民会自然地

表达自己的真实观点，或者反映出自己的真实情绪。因此，网络舆情比较客观地反映了现实社会的矛盾，比较真实地体现了不同群体的价值。

②交互性。在互联网上，网民普遍表现出强烈的参与意识。在对某一问题或事件发表意见、进行评论的过程中，常常有许多网民参与讨论，网民之间经常形成互动场面，赞成方的观点和反对方的观点同时出现，相互探讨、争论，相互交汇、碰撞，甚至出现意见交锋。这种网民之间的互动性实时交流，使各种观点和意见能够快速地表达出来，讨论更广泛更深入，网络舆情能够得到更加集中的反映。观念和情绪心态。

③多元性。网上舆情的主题极为宽泛，话题的确定往往是自发、随意的。从舆情主体的范围来看，网民分布于社会各阶层和各个领域；从舆情的话题来看，涉及政治、经济、文化、军事、外交以及社会生活的各个方面；从舆情来源上看，网民可以在不受任何干扰的情况下预先写好言论，随时在网上发布，发表后的言论可以被任意评论和转载。

④偏差性。由于受各种主客观因素的影响，一些网络言论缺乏理性，比较感性化和情绪化，甚至有些人把互联网作为发泄情绪的场所，通过相互感染，这些情绪化言论很可能在众人的响应下，发展成为有害的舆论。

⑤突发性。网络舆情的形成往往非常迅速，一个热点事件的存在加上一种情绪化的意见，就可以成为点燃一片舆论的导火索。当某一事件发生时，网民可以立即在网络中发表意见，网民个体意见可以迅速地汇聚起来形成公共意见。同时，各种渠道的意见又可以迅速地进行互动，从而迅速形成强大意见声势。

从网络舆情的特点决定了网络舆情已经成为影响社会持续有序发展、维护社会和谐与稳定的重要因素。如何因势利导，提高新形势下舆情信息的分析能力，及时准确地掌握社会舆情动态，积极引导社会舆论，是网络这一新兴媒体所面临的严肃课题与严峻挑战。

6.1.2　网络舆情主要生成载体

网络舆情的形成、传播和爆发离不开网络服务的不断丰富。目前比较主要的网络舆情载体[①]包括网络论坛、即时通信软件、手机终端等。

1. 电子公告板（BBS）

BBS是“Bulletin Board System”的缩写，是“电子布告栏系统”或者“电子公告牌系统”。BBS是一种电子信息服务系统，向用户提供了一块电子白板，每个用户都可以在上面发布信息或者提出看法，早期的BBS由教育机构或者研究机构管理，现在大多数网站都建立了自己的BBS系统，现在BBS系统主要分为校园BBS、商业BBS、专业BBS站、情感BBS、个人BBS。BBS上的公共信息版面和各类专题讨论版面是评论类信息内容的传播途径。由于BBS具有使用方便、信息传播快捷、用户群数量大、人际交流互动性强等特点，多数用户愿意使用BBS来获取社会热点事件的新闻信息及相关评论，了解他人的看法和观点并进行讨论和交流。这就使得BBS在网民获取评论类信息上的地位和作用更加重要。

2. 博客（Blog）

博客又译为网络日志、部落格或部落阁等。是一种由个人管理、不定期张贴新的文章的网站。有些博客用来撰写个人日记，有些博客专注于在特定的话题上提供评论或者新闻。大多数博客结合了文字、图像、其他博客或者网站的链接，读者可以通过留言的方式进行互动，

①张彦，赵靓：高校网络舆情的传播途径及传播特点分析，教育时空，2010。

是网络媒体的一种重要形式。博客的魅力源于在浩瀚世界里构筑了供个人表达心理诉求的广泛空间，博客在大学生群体中颇受欢迎，它被认为是一种时尚标志的同时，更是人们可以自由地表达自己、展现自己、经营自己的平台，同时潜在的重构了人们的话语权。

3. 电子邮件（E-mail）

电子邮件是互联网上应用最广泛、运营最成功的信息传播手段之一。通过电子邮件不仅可以实现个人间的联络，利用群发软件还可以同时向多名用户传递信息，其影响力不容忽视。

4. 播客

“播客”即自助广播，是一种全新的广播形式，它颠覆了被动收听广播的方式，使听众成为主动参与者。“诞生不过年余，捧红多名草根歌星，影响力令广播巨头侧目”，因其使用群体具有年轻化的特点，因而播客也将成为网络舆情传播的重要工具之一。

5. 即时通信

即时通信工具是当前被广泛使用的聊天工具，种类很多，在大学生中颇受欢迎的有ICQ、QQ、MSN、飞信等。这类软件的特点在于其互动性极强，具有网上实时交流的优势，这类即时通信软件也成为网络舆情传播的不可忽视的途径。

6. 微信

微信是一款通过网络发送语音短信、视频、图片和文字，支持多人群聊的手机聊天软件，用户可以通过微信与好友进行形式上更加丰富的短信、彩信等方式的联系。由于微信只收取上网流量费，软件本身全免费、其中的功能也免费，因此，微信很快就受到广大青年人的追捧。

7. 微博

微博是一个基于用户关系的信息分享、传播以及获取平台，用户可以通过WEB、WAP以及各类客户端组建个人社区，随时更新信息，并实现即时分享。微博具有五大方面的特点：一是同时支持单向双向两种交流机制；二是内容简短，通常为140字；三是信息更新实时；四是信息是广播式信息，任何人都可以关注浏览；五是微博具有社交网络的特点。

6.1.3 网络舆情的积极意义

网络舆情作为当今社会民情民意的集中反映，引起了社会各界的高度重视，成为构建和谐社会的一支不可忽视的重要力量[①]，网络舆情也有其积极的一面，主要表现在以下几个方面：

1. 网络舆情有助于党和政府了解民情、体察民意

网络的公共空间向广大网络受众提供了一个可以自由讨论社会公共事务、参与政治活动的场所，网络舆情常常和现实的社会舆情相呼应，因此，网络舆情是党和政府了解民情、体察民意的非常重要的途径之一，也是一条捷径。

2. 网络舆情有助于党和政府制定正确的路线、方针和政策

随着网民数量的急剧增长和网络服务形式的不断丰富，网络舆情中对政府决策和官员的批评之声不断加强，网络已经成为了党和政府制定正确的方针、路线和政策的“公开内参”。

3. 网络舆情有利于民众表达真实意愿

由于网络媒体的便捷、隐匿、快速等优势，造成了广大网民敢于真实地表达自己的想法

①秦璐：网络舆情引导方法研究，广西师范学院硕士学位论文，2010 年 6 月。

和意见，因此在某种程度上防治了不正之风的蔓延和扩大。

4. 网络舆情有助于促进和谐网络文化的发展

网络舆情的出现，在某种意义上可以反映一个社会的道德水准，广大网民从中可以感悟到是非荣辱、善恶美丑，从而自觉自愿地遵纪守法、规范自己的行为。

6.1.4　网络舆情的负面影响

网络舆情预警是指从危机事件的征兆出现到危机开始造成可感知的损失这段时间内，化解和应对危机所采取的必要、有效行动。

互联网所具有的传播性，使得网络舆情在表达和传播过程中会出现一些区别于现实舆情的特点。由于管理机制不够完善，网络信息的发布具有泛滥的自由，从而造成网络谣言的出现，其中也包含敌对势力利用网络传播影响国家发展，破坏社会安定等负面影响。具体来说，网络舆情的负面影响包括以下几个方面：

1. 网络信息的失真失衡造成网络舆情失控

网络作为一个传播工具，不仅有利于正面信息的快速传播，同时也有利于虚假信息和网络谣言的传播。虚假信息和网络谣言容易误导公众、混淆视听，而基于这些失真失衡网络信息而产生的网络舆情会在更广泛的范围内导致信息误导，这不仅降低了网络信息的可信度，还严重损害了网民的利益，导致信息危机的出现，严重的还可能导致网路舆情失控。

2. 网络舆情自身的难控性引发负面网络舆情

负面的网络舆情是指内容以偏见为主，以谣言诽谤为手段，以流言为形式，以扭曲客观事物的真相为基础，以实现自主欲望为目的，以网络为空间的舆情。网络媒体的自由性和开放性，消解了传统媒体所具有的"把关人"的功能，使得一些未经加工过滤的舆论大规模的传播后形成了具有多元性和分散性的网络舆情，网络上的负面新闻包括网络流言和谩骂攻击性舆情。

（1）网络流言。网络流言是指在网络中传播的没有确切来源的消息。网络流言的形成主要来自两个方面，一是网络媒体，在网络媒体取代传统媒体成为信息传播的主要工具后，为了吸引网络受众，发布道听途说的新闻或者虚假、有害信息以愚昧网民，或者由于自身素质的原因，在报道过程中出现不准确的情况，造成信息与事实的差距，引发网民的理解错误，二是来自网民自身，"无从证实的传闻、流言、诽谤、误解、错误信息、假情报、天花乱坠的谎言。因特网的用户有能力在几分钟内传播上万条错误信息，并在同一过程中不断增加一些虚构的情结"。这种现象在网络时代并不少见，而且很多网民对于一些道听途说的信息不求考证，不辨真伪，不负责任地进行加工和改编，并且作为一种新的流言传播，这样会使信息的发展距离事实真相越来越远，从而使网络流言肆意泛滥。

（2）攻击谩骂型。攻击谩骂型舆情是指网民不负责任地对某事件的当事人进行肆意的谩骂、甚至人身攻击。由于网络世界的隐秘性，可以隐匿网民的真实身份，使得网民的社会约束力降低，容易造成网民丧失责任心和自控力，发布偏激、带有情绪化的言论，甚至谩骂和攻击他人。这种非理性的情绪化表现是网络社会发展建设的必然产物，也是网络舆情发展过程中不可避免的问题。

3. 网络舆情可能被敌对势力利用

国外敌对势力一直把互联网作为渗透、煽动和破坏我国国民思想的重要工具，他们试图借助网络论坛、聊天室、虚拟社区、新闻跟帖等多种形式，散布资产阶级自由化言论，攻击

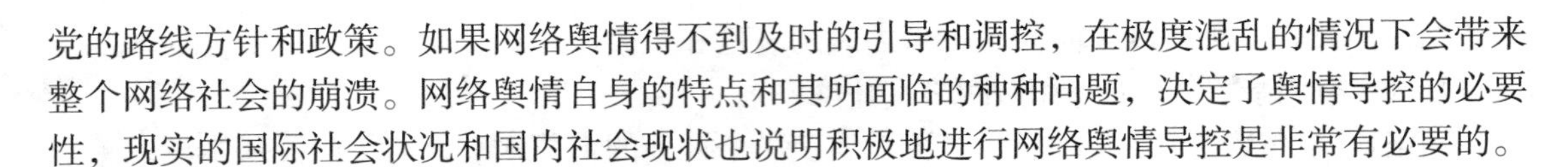

党的路线方针和政策。如果网络舆情得不到及时的引导和调控，在极度混乱的情况下会带来整个网络社会的崩溃。网络舆情自身的特点和其所面临的种种问题，决定了舆情导控的必要性，现实的国际社会状况和国内社会现状也说明积极地进行网络舆情导控是非常有必要的。

6.1.5 网络舆情应急处理误区

以往的网络舆情应急处理，由于信息的过度控制、应急准备不足、舆情监控手段落后、主流媒体引导缺位等原因，造成了网络舆情的泛滥，并因此而引发了一系列的社会问题[①]，这些问题主要包括：

1. 信息的过度控制导致舆情泛滥

在过去的一些社会热点问题处理中，常常采用回避、封堵的办法。淡化处理突发事件报道，避免信息扩散后增添工作的难度，引发社会的震荡，影响政府的形象。由于正常信息的过度控制直接导致了信息短缺，进而产生神秘感和各种小道消息，更由于正常信息流通渠道的过度控制使真实信息在十分有限的流动中不断遗漏，容易使虚假信息通过其他渠道的广泛传播不断增加，在网络传播的放大作用下，信息的混乱、错误、拖延会在公众中造成非常不利的影响，引起公众的恐慌，并对政府形象和新闻媒体公信力形成巨大的破坏。事实证明，过分强调社会稳定而先封锁消息或进行冷处理的办法往往会取得适得其反的后果。这样的处理手法，不仅漠视了公众的知情权，而且更严重的是在突发事件发生后，由于政府的声音缺失或滞后，给流言甚至谣言的传播留下足够的空间。

2. 应急准备不足，对突发事件响应速度慢

网络舆情突发事件考验着政府信息管理能力。由于我国现有的舆情监测体系所采用的还是传统的自上而下垂直管理方式，信息的传递仍然是单一渠道进行的。这种管理方式在处理非紧急事件时可以发挥一定作用，但是网络舆情事件常常是在毫无准备的情况下发生的，什么时候、在什么地方以及危害程度，具有不确定性。在网络舆论爆发时，公众迫切需要得到权威的信息，传统的管理方式不能形成一致行动的协调机制，在处理跨地区、跨部门的舆情事件时显得反应迟钝，行动缓慢。另外，由于网络本身是分散在各个部门进行管理的，加上我国网络传播方面的人才、技术、法规都存在诸多不足，也使得处理网络舆情突发事件经验水平比较低。当前许多事件的处理过程都是一种非流程化的决策过程， 头痛医头， 脚痛医脚，事件的处理具有一定的盲目性和偶然性。

3. 舆情监测分析手段落后

网络舆论已经成为观察民意焦点指向、确定政府事务重点的一个风向标。对突发事件的网络舆情信息监测与分析必须要浏览和查找海量的互联网信息， 其中包括网络新闻报道、相关评论、网络论坛等，从这些信息中提取与突发事件相关的舆情信息，分析突发事件舆情信息的时间与空间分布情况，再通过多种手段和渠道做正确的舆论方向引导。由于网络上的信息大部分都是经过加工的二手资料，这就需要有专门从事信息分析的机构以及信息分析筛选技术。比较科学和权威的数据分析方法应该是采用信息管理及数据挖掘技术对信息进行舆情分析，但是，当前我国舆情监测的手段比较落后，很多舆情信息是依靠网络管理员或者信息安全人员人工监测的，这种方式显然不适应网络舆情监测的需要。

① 徐晓日：网络舆情事件的应急处理研究，华北电力大学学报（社会科学版），2007 年第 1 期。

4. 主流媒体在网络空间的引导缺位

当前一些重大的事件发生时， 主流媒体由于受到新闻传播管理方面的一些限制， 总是不能在第一时间抢先报道。特别是当前许多所谓的网络热点，集中于社会一些负面效应，大多数主流媒体对这些已经在网络上讨论的热点问题常常采取回避的态度。这种保守、被动的运作方式在网络时代信息传播渠道多元化的传媒环境下，往往造成和我们的愿望背道而驰的宣传效果。由于信息过度控制造成的主流媒体网络话语权的丧失， 不仅会影响地区形象和投资环境，更会影响到党和政府的形象。

6.1.6　网络舆情预警措施

网络舆情的消极影响，需要思想政治工作者对其进行引导和控制，只有充分发挥网络舆情的正面积极的社会影响，抑制其负面消极的社会影响，才能够使网络舆情符合大多数网民的利益，从而推动整个社会的和谐稳定发展。

及早发现危机的苗头，及早对可能产生的现实危机的走向、规模进行判断，及早通知各有关职能部门共同做好应对危机的准备。危机预警能力的高低，主要体现在能否从每天海量的网络言论中敏锐地发现潜在危机的苗头，以及准确判断这种发现与危机可能爆发之间的时间差。这个时间差越大，相关职能部门越有充裕的时间来准备，为下一阶段危机的有效应对赢得了宝贵的时间。

1. 建立网络舆情监测预警机制，及时掌握舆情动态

网上出现的舆情突发事件，原因是复杂的，在某种程度上是不可避免的。但如果事先制定有效的舆情监测预警机制，就能够及时地对舆情的发展进行监测分析和正确引导，避免事件向消极的方向发展。为及时有效地实现舆情反馈，应建立全国性的舆情监测网络，使舆情突发事件的处理从即时处置型向事前预警型转变。

2. 建立舆情响应机制，确保公众的知情权

确保公众的知情权，进行正确的舆论导向，是建立公众与政府相互信任的重要基础。当发生重大事件时，如果主流信息不畅，将会导致谣言四起，引起更大的混乱。因此面对网络舆情突发事件，不仅不能采取封堵的办法， 相反应该建立舆情响应机制。政府权威部门或主管部门要及时主动地发布信息， 主导舆论，创造有利于事件妥善处置、有利于宣传组织群众、有利于尽快恢复正常的生活生产秩序的舆论氛围。只有政府主动澄清事实，通过主流信息的发布以推动正面声音，引导中间声音，化解负面声音，形成正面宣传的强势，加强与公众的互动，才能体现政府的责任感，赢得公众的信任。

3. 建立整体协调机制， 提高应急指挥能力

通过设立综合性决策协调机构和常设的办事机构， 加强政府部门间的协调以提高应对重大突发事件能力， 是许多发达国家的共同做法。针对网络舆情问题，可以建立由宣传部门直接领导，各部门参加的舆情监管机构，在平时负责网络舆情的监测工作，当突发事件到来时，迅速转成网络舆情突发事件指挥中心。这样， 可以将舆情突发事件的处理从一种非流程化的决策过程， 转变为一种程序化的决策过程，可以提高有关部门的响应时间， 采取有计划的步骤， 沉稳地面对事件， 消除影响， 减轻危害， 保障网络的安全运行和信息安全， 同时形成网上正面舆论的强势。

4. 完善相关司法制度， 规范网络空间

随着网络参政的日趋发展，利用网络破坏政治稳定、政治安全的事不可避免。一些敌对的政治力量会利用网络的隐蔽环境，传播不真实的政治信息，制造背离政府主流政治文化的网络舆论，对国家政治安全造成压力和干扰，破坏政治稳定和社会和谐。针对境内敌对势力、敌对分子利用互联网进行宣传、煽动和和破坏以及网络空间传播的虚假信息。对此，应加强网络立法， 通过完善的司法制度规范和引导网络空间的各种行为， 包括与网络媒体监督相关的传播行为、讨论行为等。立法是政府控制的重要手段和国际合作的发展方向。

5. 加强网络伦理道德建设

增强网站发布新闻的责任感，提倡网民文明上网， 加强网站和网民的自律。网络伦理道德规范的维系不能单纯依赖“网络人”的自主性和自觉性，还要由政府积极引导和推动，进而有效地管制网络公共空间，使网上舆论真正反映民众呼声，解决现实存在的问题。

6. 发挥政府网络媒体的作用， 掌握舆情引导的主动权

公众舆论具有可控制性和可引导性。尽管理论上讲， 网络传播的特点使任何人在网络上都有传播信息的可能，但实践证明并不是所有的人都会无条件接受网上的全部信息，人们更倾向于接受的信息来源是内容丰富、具有一定权威性的网站。因此，政府网络媒体应充分发挥网络舆论导向作用，围绕网上热点问题，及时披露信息，组织有深度、有说服力的文章在网上刊发，解疑释惑，维护网上正确舆论导向，逐步形成健康的网风。政府在接受公众舆论监督，改进公共管理与服务的同时， 还应加强与公众的互动， 主动充当意见领袖，正面引导网民的讨论， 及时批驳敌对势力的造谣、攻击和污蔑， 为改革发展稳定创造良好的网上舆论环境。

6.1.7 网络舆情预警流程

在浩如烟海的互联网信息中及时发现并准确提炼出网络舆情，制定出有针对性的舆情控制方案，对于平稳事态、维护社会安定具有非常重要的意义。

网络舆情预警流程如图 6.1 所示[①]。

1. 网络信息收集

网络信息收集阶段的主要任务是发现和收集网络舆情。网络舆情融汇于互联网中，要从互联网上浩如烟海的信息中获取有价值的舆情信息，必须依托于技术手段，以自动收集的方式为主。对于已经知晓的集中反映舆情的网站、重点人物的博客或最新的网络热点进行重点收集。 重点收集可以在自动收集的基础上配合人工收集的方式。

通过对收集信息的分析，可以从众多的互联网信息以及网民关注的议题中发现近期的网络舆情。同一时期的网络舆情往往有一定数量，每一个舆情都处于持续的发展变化中。当发现了存在与网络的舆情之后，除了直接做出预警，还应该对某一个具体舆情的发展变化进行跟踪，需要时要关注其中的重点人物。

2. 收集信息的结构化

互联网上多数是非结构化或半结构化的信息，这样的信息难以进行自动的整理和分析。因此，对于收集来的互联网信息，必须经过结构化。经过结构化的数据有确定的数据定义，可以存到数据库中等待分析和处理。

①吴绍忠，李淑华：互联网络舆情预警机制研究。中国人民公安大学学报(自然科学版)，2008 年第 3 期。

3. 收集挖掘和分析

信息经过结构化后，就可以进行数据挖掘。

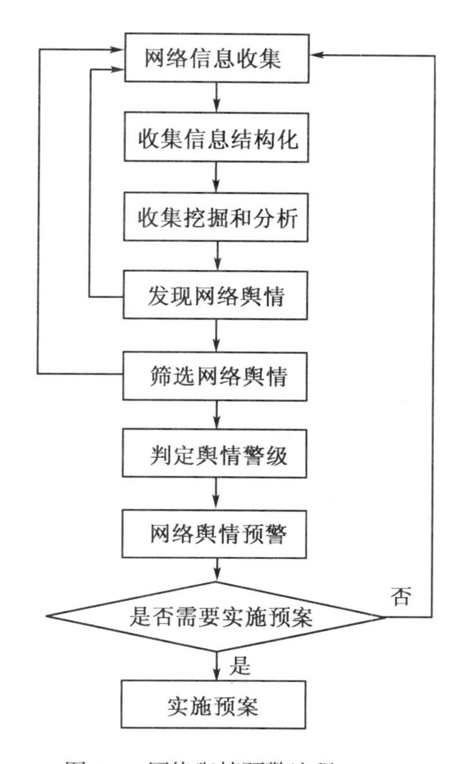

图 6.1　网络舆情预警流程

4. 发现网络舆情

通过对收集信息的分析，可以从众多的互联网信息以及网民关注的议题中发现近期的网络舆情。同一时期的网络舆情往往有一定数量，每一个舆情都处于持续的发展变化中。当发现了存在与网络的舆情之后，除了直接做出预警，还应该对某一个具体舆情的发展变化进行跟踪，需要时要关注其中的重点人物。

5. 筛选网络舆情

经过舆情的发现工作，网络上一些网民关注的热点也必然被提炼出来，但是网络热点并不都是网民的社会政治态度，有的仅仅是网民感兴趣的话题而已。所以，需要从中找到反映网民社会政治态度的热点，进行分析和跟踪。有的舆情具有对社会安全与稳定潜在的破坏性，这种舆情要重点关注。有的舆情不涉及敏感话题，但是由于关注者众多，存在被某些别有用心的人通过刻意的引导，把民众的情绪转到对党和国家领导人以及领导制度的不满上来，有的舆情不涉及敏感话题，与社会问题或国家管理者无关，仅仅反映了民众的一种情绪。

6. 判定舆情级别

根据舆情的特点以及网络舆情预警指标体系，　评判目前舆情的所属的警情等级。

7. 网络舆情预警

得出舆情警级之后，根据相应的工作机制，向领导汇报舆情动向，为领导实施决策提供参考。同时，判断舆情的影响力和发展趋势，决定是否需要采取预控措施对舆情的发展进行引导和控制。

8. 制定危机预警方案

针对各种类型的危机事件，制定比较详尽的判断标准和预警方案，以做到有所准备，一旦危机出现便有章可循、对症下药。

9. 实施方案

针对网络舆情反映的有可能出现的影响社会安全与稳定的状况，相关部门应当事先根据经验及研究成果编写预案。当警情达到某个级别之后，启动相应预案实施预控。

10. 密切关注事态发展

保持对事态的第一时间获知权，加强监测力度。这个可以通过例如乐思舆情监控系统之类的技术，在第一时间大量来采集、汇总各种互联网上的信息。

11. 及时传递和沟通信息

即与舆论危机涉及的政府相关部门保持紧密沟通，建立和运用这种信息沟通机制，已经成为网络舆情管理部门的重要经验。在涉日舆情、地铁调价，等一系列“网络热点舆情”处理上，各部门协同作战、相互配合、共同商议，判断危机走向，对预案进行适当修正和调整，以符合实际所需是危机应对的重要措施。

6.1.8 网络舆情预警体系

网络舆情的预警要达到良好效果， 必须构建成熟合理的预警体系。所谓预警体系， 是指构成完整预警活动的全部要素的集合群。

1. 预警指标构建原则[①]

为构建一个科学、合理和实效的评价指标体系，选取指标时必须遵循以下原则。

（1）科学性原则。选取的指标能够反映突发事件网络舆情的特点，并能够正确评价其影响。

（2）可操作性原则。选取指标时，尽可能选择可以测量的指标，对于不能直接测量的定性指标，也要用科学的方法进行量化。

（3）全面性原则。每项指标均反映突发事件网络舆情的某一方面情况，整个指标体系能够反映突发事件网络舆情的方方面面，切勿遗漏重要指标。

（4）层次性原则。选取的指标要具有层次性，指标之间相对独立且不能相互隶属，下级指标与上级指标应具有隶属关系。

2. 预警指标及其含义[②]

能够作为预警等级预警指标的，必须是对网络舆情影响较大、便于测度的要素。预警指标可以分为舆情、舆情传播、舆情受众三大类，共11个指标，如图6.2所示。

（1）舆情的触发源

舆情的触发源决定了舆情的性质。不同性质的舆情，民众的关注度、民众的共鸣度、民众表达情绪的意愿有很大差别。舆情触发源包括：①政治。国内外重大的政治事件，国内外

①兰月新：突发事件网络舆情安全评估指标体系构建，情报杂志，2011 年 7 月。

②吴绍忠，李淑华：互联网络舆情预警机制研究。中国人民公安大学学报(自然科学版)，2008 年第 3 期。

敌对势力的策划，政治谣言；②行政。公共管理部门决策失误，滥用权力或不作为；③社会不公。医疗、住房、就业、教育、社会保障等方面存在的严重的贪污或腐败；④突发事件。突发公共卫生事件、突发自然灾害、突发经济安全事件、突发事故；⑤ 社会矛盾。社会贫富差距过大、特殊群体利益受损；⑥公共安全事件。重特大刑事案件、恐怖威胁、社会治安状况差。

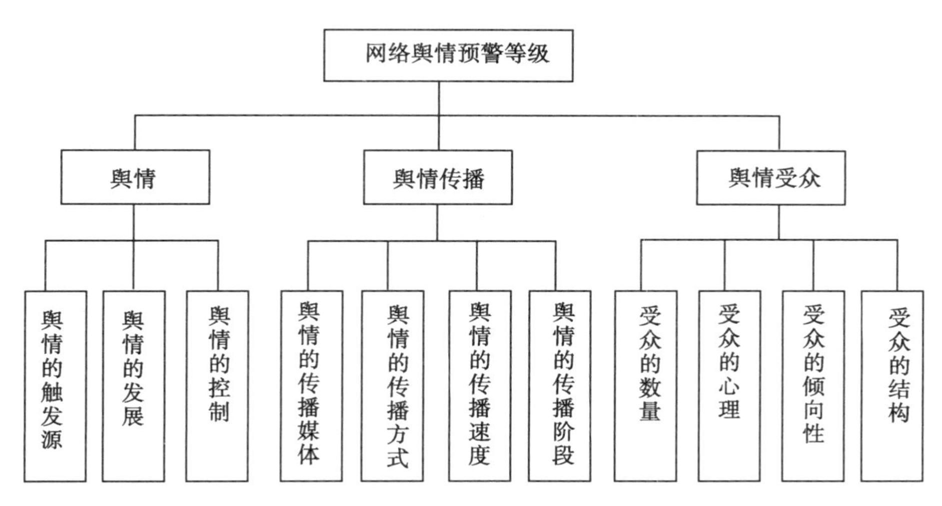

图6.2　网络舆情预警指标

（2）舆情的发展

舆情的发展需要考虑的因素包括：激发舆情的是一个单独的事件还是一系列事件？在舆情出现之后，是否还有相关的后续事件出现？后续事件的出现对舆情的影响是加强还是减弱？激发舆情的事件已经发生完了，还是继续在发生？

（3）舆情的控制

舆情控制指标包括：舆情出现之后，相关部门是否采取了适当的措施来引导或影响舆情？突发事件造成民众普遍的恐慌之后，是否及时披露了信息制止谣言传播？是否启动了舆情导控机制？

（4）舆情的传播媒体

传播舆情的媒体影响力越大，网络舆情的影响面就越大，反之则越小。诸多因素都会影响某条消息或帖子对于舆情的影响力，比如安置于头条的消息比处于角落的消息具有较大的影响力。带有倾向性标题的消息比中性标题的消息更具有蛊惑性。

（5）舆情的传播方式

网络舆情的传播可以分为人际传播、论坛社区传播和门户网站新闻传播。这些传播方式的可信度方面，显然是门户网站新闻高于论坛社区，论坛社区高于人际传播。

（6）舆情的传播速度

舆情的传播速度越快，其影响人群就越迅速，影响力就越大。

（7）舆情传播阶段

舆情传播阶段包括：①扩散阶段，该阶段的标志为受众数量不断增加。此阶段舆情传播平台（门户网站、论坛社区、个人主页、其他网站）的数量快速增加，人们关注度上升，受众增加，可能导致的结果是预警等级上升，此时需要重点关注；②稳定阶段。该阶段的标志为受众数量基本稳定。此阶段舆情传播平台数量较为稳定，人们的关注度保持在一定范围内，受众数量也较稳定，导致的预警等级不会上升，此时要给予一定关注。关注重点在于监控是否有进一步刺激、激发舆情的事件出现；③消退阶段。该阶段的标志为受众数量逐步减少。此阶段舆情逐步让出版面上重要位置，人们的关注度开始降低，受众数量减少，此阶段的预警等级会逐步下降。

（8）受众的数量

受众的数量是评估舆情预警等级的重要指标。受众的数量越多，舆情的影响力就越大。对于受众数量，可以通过点击率来了解。对于设置了点击率的新闻，可以通过点击率来统计受众的数量，对于没有设置点击率的新闻，可以通过聊天室等渠道来掌握热点。

（9）受众的心理状况

相比较而言，一个心理稳定、健康的人，对于各种社会不公或突发事件的承受力要更强，判断也更客观。受众良好的心理状况，是网络舆情冲击力的缓冲剂。

（10）受众的倾向性

通过观察对于某个舆情主题的回帖就可以发现每一个回帖者的倾向性，是强烈支持、支持、中立、反对、强烈反对还是无所谓，可以据此评估民众对舆情的态度。

（11）受众的结构

面对同样的舆情，背景的差异会使受众做出不同的反应。这些背景包括受众的年龄、性别、教育程度、从事职业等。对于这些信息， 可以通过问卷调查得到。

2. 预警等级

在综合考虑国际惯例、我国相关机构管理规定及网络舆情发展趋势的前提下，网络舆情的预警等级被划分为：蓝色、黄色、橙色和红色四个等级加以表示。

（1）蓝色级（IV级）。蓝色即代表出现舆情，国内网民对该舆情关注度低，传播速度慢，舆情影响局限在较小范围内，没有转化为行为舆论的可能。

（2）黄色级（III级）。黄色级代表出现舆情，国内网民对该舆情关注度较高，传播速度中等，舆情影响局限在一定范围内，没有转化为行为舆论的可能。

（3）橙色级（II级）。橙色级代表出现舆情，国内网民对该舆情关注度高，境外媒体开始关注，传播速度快，影响扩散到了很大范围，舆情有转化为行为舆论的可能。

（4）红色级（I级）。红色级代表出现舆情，国内网民对该舆情关注度极高，境外媒体高度关注，传播速度非常快，影响扩大到了整个社会，舆情即将化为行为舆论。

3. 预警活动

预警活动包括以下几个方面：

①明确警义，即监测预警对象；

②确定警源，即引发问题发生的根源；

③建立指标阀，即明确警情级差；

④权重配比，即指标权重赋值；

⑤分析警兆，即警情出现的先兆预测和判断；

⑥预报警度，即警情危险度预报。

6.1.9　网络舆情监控

网络舆情监控是指通过对网络各类信息汇集、分类、整合、筛选等技术处理，再形成对网络热点、动态、网民意见等实时统计报表的一个过程。随着互联网技术的发展，互联网已成为思想文化信息的集散地和社会舆论的放大器。网络媒体作为一种新的信息传播形式，已深入人们的日常生活。网友言论活跃已达到前所未有的程度，不论是国内还是国际重大事件，都能马上形成网上舆论，通过这种网络来表达观点、传播思想，进而产生巨大的舆论压力，达到任何部门、机构都无法忽视的地步。对互联网信息进行有效的监控，及时发现网络舆情，对于避免恶性事件发生，维护社会稳定具有非常重要的意义。

1. 网络舆情监测的前提

舆情监测的目标不是为了监督并控制民意，而是采用技术手段，采集互联网，从而达到了解社会民情，挖掘民意，从而辅助国家决策，为科学决策和和谐社会建设更好的服务。

①监测的主体必须是有执法权的国家部门；

②被监测对象有危害社会危害国家的重大嫌疑；

③监测的程序必须合理合法，不得侵害个人隐私以及正常的商业利益，必须维护个人和团体的合法权益，监控的目的是维护国家的安全与稳定。

2. 网络舆情监控系统的主要功能

（1）热点识别能力

可以根据转载量、评论数量、回复量、危机程度等参数，识别出给定时间段内的热门话题。包括：①倾向性分析与统计。对信息的阐述的观点、主旨进行倾向性分析。以提供参考分析依据。分析的依据可根据信息的转载量、评论的回言信息时间密集度。来判别信息的发展倾向。②主题跟踪。主题跟踪主要是 指针对热点话题进行信息跟踪，并对其进行倾向性与趋势分析。跟踪的具体内容包括：信息来源、转载量、转载地址、地域分布、信息发布者等相关信息元素。其建立在倾向性与趋势分析的基础上。

（2）信息自动摘要功能

能够根据文档内容自动抽取文档摘要信息，这些摘要能够准确代表文章内容主题和中心思想。用户无需查看全部文章内容，通过该智能摘要即可快速了解文章大意与核心内容，提高用户信息利用效率。而且该智能摘要可以根据用户需求调整不同长度，满足不同的需求。主要包括文本信息摘要与网页信息摘要两个方面。

（3）趋势分析

通过图表展示监控词汇和时间的分布关系以及趋势分析。以提供阶段性的分析。

（4）突发事件分析

突发事件包括自然灾害、社会灾难、战争、动乱和偶发事件等。互联网信息监控分析系统主要是针对互联网信息进行突发事件监听与分析。对热点信息的倾向分析与趋势分析，以监听信息的突发性。

（5）报警系统

报警系统主要是针对舆情分析引擎系统的热点信息与突发事件进行监听分析，然后根据信息的语料库与报警监控 信息库进行分析。以确保信息的舆论健康发展。

（6）统计报告

根据舆情分析引擎处理后的结果库生成报告，用户可通过 浏览器浏览，提供信息检索功能，根据指定条件对热点话题、倾向性进行查询，并浏览信息的具体内容，提供决策支持。

3. 网络舆情监控系统工作流程

①网络信息采集系统从互联网上采集新闻、论坛、博客、评论等舆情信息，存储到采集信息数据库中。

②舆情分析引擎负责对采集信息进行清洗、智能研判和加工，分析结果保存在舆情成果库中。舆情分析引擎 依赖于智能分析技术和舆情知识库。

③舆情服务平台把舆情成果库中经过加工处理的舆情数据发布到 Web 界面上并展示。

④通过舆情服务平台浏览舆情信息，通过简报生成等功能完成对舆情的深度加工和日常监管工作。

4. 网络舆情监控系统的关键技术

舆情监控的信息来源由于信息的高度发展，信息大部分的来源已经转向网络。网络媒体已被公认为是继报纸、广播、电视之后的“第四媒体”，网络成为反映社会舆情的主要载体之一。网络环境下的舆情信息的主要来源有：新闻评论、BBS、博客、聚合新闻(RSS)。网络舆情表达快捷、信息多元，方式互动，具备传统媒体无法比拟的优势。

网络舆情监控系统是利用搜索引擎技术和 网络信息挖掘技术，通过网页内容的自动采集处理、敏感词过滤、智能聚类分类、主题检测、专题聚焦、统计分析，实现各单位对自己相关网络舆情监督管理的需要，最终形成舆情简报、舆情专报、分析报告、移动快报，为决策层全面掌握舆情动态，做出正确舆论引导，提供分析依据。

舆情监控系统通过对热点问题和重点领域比较集中的网站信息，如：网页、论坛、BBS等，进行 24 小时监控，随时下载最新的消息和意见。下载后完成对数据格式的转换及元数据的标引。对下载本地的信息，进行初步的过滤和预处理。对热点问题和重要领域实施监控，前提是必须通过人际交互建立舆情监控的知识库，用来指导智能分析的过程。对热点问题的智能分析，首先基于传统基于向量空间的特征分析技术上，对抓取的内容做分类、聚类和摘要分析，对信息完成初步的再组织。然后在监控知识库的指导下进行基于舆情的 语义分析，使管理者看到的民情民意更有效，更符合现实。最后将监控的结果，分别推送到不同的职能部门，供制定对策使用。 如图 6.3 所示。

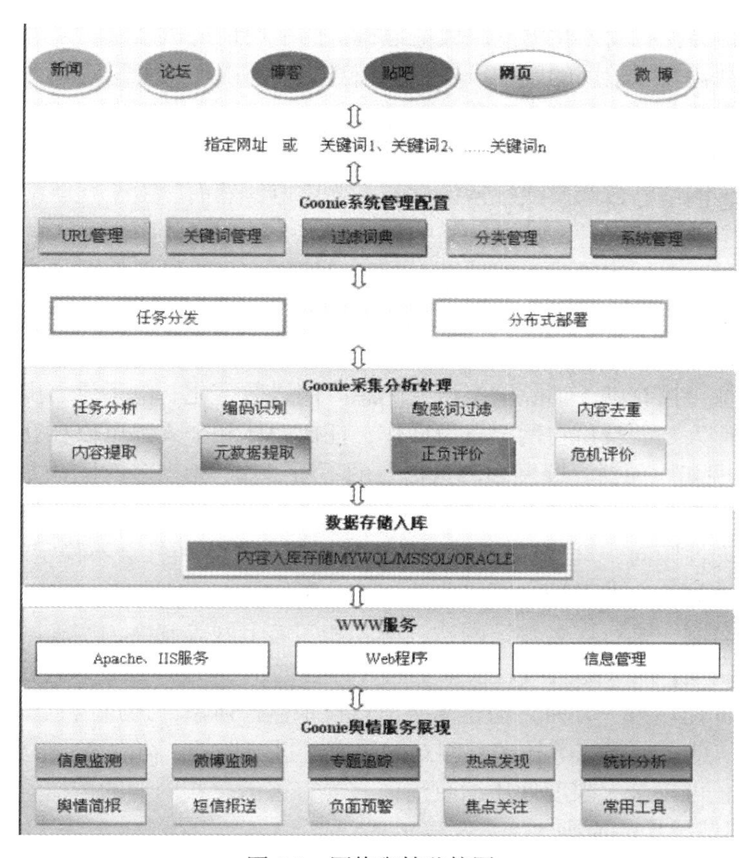

图6.3 网络舆情监控图

6.1.10 网络舆情导控

舆论导向正确，促进社会稳定；舆论导向错误，祸及人民群众。现代信息社会，媒体在塑造公众价值观念、强化公民意识、反映和引导社会舆论等诸多方面发挥着巨大的作用。媒体的社会传播，直接影响着一个社会的政治稳定和经济发展。一些敌对势力和别有用心的人出于政治目的或者其他不可告人的原因，常常利用网络的虚拟性、快捷性和无疆界等特点肆意编造虚假新闻，煽动是非不明的群众制造社会混乱。很多群体性事件的发生和发展，一方面是和干部远离群众，不关心、不了解、不重视普通群众的利益和诉求有关，但使事态扩大的最重要根源还是网络媒体的推动。这些事件的发生，都有一个共同点，即网络舆论泛起，真假难辨。网络媒体已经成为影响社会舆论与社会稳定的重要因素，因此加强网络舆情的引导和控制是非常有必要的。

1. 网络舆情导控的意义

网络是自由的，也是法制的。网络社会需要法律规范，需要科学引导。全国政法工作会议明确提出要把握网上网下两个战场，切实加强舆论引导工作，依法管控互联网和手机短信等信息传播渠道； 公安部党委一再要求，必须把积极应用网络平台，加强与人民群众的信息沟通，正确引导网络舆情，放在更加突出的位置。可以说，加强网络舆情导控是现阶段维护社会政治稳定不可或缺的一项重要工作。

①加强舆情导控有助于化解网络舆情危机。网络舆情危机是针对某一特殊刺激事项所产生的涉及民众利益较深较广的舆情，在一个相对短时间内生成大量信息，这些信息潮的“潮头”直接扑向事项刺激方的刺激事项，并在一个社区或更大范围内的民众中掀起范围更大、强度更强的社会反映，最终，与事项刺激方或事项本身形成激烈的认识或观点对抗。

当今社会，网络已成为反映社情民意的主要渠道，然而，由于互联网的虚拟、开放、隐蔽等特性，一个细小的案件，通过网络的传播和放大，均可能引发巨大的网络舆论效应，进而形成危机事件。密切跟踪网上舆情动态，及时搜集容易引发公众舆论和社会稳定事件的具有前瞻性的信息，并通过“网络写手”、“意见领袖”及时作出反应、适时加以引导，可以最大限度地防止网络舆情负面效应的扩大。

②加强舆情导控有助于消除网络潜在隐患。网络数字化、电子化、虚拟化的特点，使人们得以以“隐形人”的身份在网上自由操作，任何团体和个人都可以在互联网上自由传递信息， 表达各种见解。面对互联网中海量信息的不断轰炸，相当多的民众尤其是青少年缺乏驾驭能力，往往不辨真伪，甚至在人云亦云的盲从中失去理性。如果加强舆情导控，有效遏制公众参与的非理性倾向， 也就能及时有效地排除其可能导致社会不稳定的各种潜在隐患。

③加强舆情导控有助于控制网络非法表达。舆情导控，既包括“导”，也包括“控”。一方面，采取实名制，推行实名登记网站、博客和实名上网等制度，实施网络新闻发布、网络记者资格审批制度，执法部门可以根据上网计算机的IP 地址查找发布违法言论者，并根据有关法律追究其责任。另一方面，构建网络信息技术监控体系，通过信息识别、信息过滤、动态堵截、不良信息自动报警等技术手段对网络言论进行监控，在内容、形式等方面设置栅栏，进行适度管制，可以最大限度地压缩政治谣言等有害信息在网上的传播空间。

2. 网络舆情导控的原则

①责任原则。勇于承担责任，这是政府在面对网络舆论危机时，特别是舆论危机刚爆发时的首要原则。在转型时期，一方面由于政治体制改革相对滞后，政府回应能力存在着一定程度上的不足，公信力也不是很高；另一方面，由于转型时期利益多元化，政府也难以同时满足全部利益诉求。因此，公共服务供给不足难免会引起一些关于政府的负面舆论。这些负面舆论在网络中传播，受网络信息传播机制的影响，容易出现“群体集化”、“信息串联”现象，甚至于泄愤性的言论也能很快成为舆论发展的基本方向。

②信息公开原则。传统社会信息主要由主流媒体发布，普通公众只是信息的受众，其选择自由性极小，网络社会则不一样，它是一个信息超市，公众不仅是信息的受众，而且具有很大的自由性与选择性，可以根据自己的需要与兴趣爱好自我选择并过滤信息。而且网络 社会信息传播是多途径的便捷的，压制信息传播在技术上根本就难以做到。封锁消息的做法不仅是愚蠢的，其结果也往往是事与愿违。封锁消息只会使事情变得更为复杂，人们可能会按照自已有关事件的片面消息对事件 进行解说，这就等于为不同的事件有不同版本的舆论提供了条件。

③真诚对话原则。讲真话既是处理危机的原则，也是最有效的战略。处理危机就是要建立与公众对话的机制与通路。面对一边倒的负面舆论的压力，比较明智的选择就是重构政府与公众、媒体对话的新机制，通过真诚的对话以获取共识，重建媒体与公众的理解与认同。必须对官僚主义独白式话语游戏的危害性保持警惕。在舆论危机之中，官僚主义独白式的话语会将事态进一步扩大而不是缩小。网络信息传播的群体集化效应的解决只有通过真诚的对话，使不同的意见与建议都能得到平等的表达，不同经验之间互相分享，这样才能使事件的

真相被公众所了解，才可能在公众之间达成对事件的共识。

④主动设置舆论议题的原则。网络社会有着与传统社会不一样的权力结构。网络化时代，政府信息垄断的地位已经不复存在，政府话语垄断权力被平等互动的对话解构了。网络社会分散的话语权使得话语权的争夺永不会停息。在网络之中，谁在信息上占据了主动地位，谁便是话语权之争的胜利者，是意见领袖。当政府完全被舆论牵着鼻子走，事情就无法得到解决。化被动为主动的唯一办法就是积极争夺舆论的话语权，重新设置议题。

⑤日常预警原则。舆论危机虽然具有突发性，但这并非与日常预警没有任何意义。政府舆论危机的本质是政府形象的危机。危机爆发与政府公信力、政府形象有着密切的关系。政 府公信力越低，在公众之中形象越差，特殊事件引发舆论危机的可能性就更大。只有未雨绸缪，在危机没有爆发之时，及时全面掌握各种舆论动向，并疏导负面舆论，强化正面舆论对政府形象的作用，即使特殊事件引发出负面舆论，政府也可以通过积极有效的策略，迅速摆脱其危害，防止舆论危机快速而无限制地蔓延。

3. 网络舆情导控的措施①

①建立网络舆情快速反应机制。在网络传播环境下，党政机关已不再拥有信息的优先发布权和控制权。在群体性事件发生、发展过程中，封锁信息或者反应滞后，往往会失去制造舆论的先机， 导致舆论引导中的被动。党政机关应根据群体性事件网络信息传播情况，及时发布客观、公正、翔实的权威信息， 戳穿政治流言、谣言， 控制和引导舆论走向。

②建立平等交互、以疏为主的舆情疏导机制。在网络信息传播渠道多元化的传媒环境下，对信息采取堵的保守、被动方式， 往往会导致虚假信息的传播， 进而产生谣言， 造成背道而驰的宣传效果。网络信息交流是平等互动的， 网络舆情引导应尊重受众意见的自主性， 尽可能获得网民的认同。必须增强疏的理念， 大力加强网络舆情的正面引导， 为群体性事件处置营造有利的网络舆情环境。

③建立信息公开制度。在群体性事件信息已在网络媒体和其他大众传媒广泛传播的情况下，党政部门应当及时公布事态的真相，用统一的、强大的口径把握舆论导向，使民众能够及时全面地了解事实，以减少民众的猜疑和恐慌， 进而减少网络舆情的负面影响。

④建立一支网络舆情导控的专门力量。要增强责任意识、强化忧患意识，始终把维护稳定当做第一责任，立足公安工作实际，建立一个结构合理、覆盖广泛、协调统一、反应机敏的工作网络，全面、及时地收集不同领域、不同层次、不同类别的网络舆情；建立一支政治过硬、业务精通、专兼结合、训练有素的舆情导控队伍和一批舆情收集分析机构，使收集到的舆情能够得到准确、深入地甄别、分析、研判、报送。舆情导控队伍由公安机关网安部门牵头，人员由办公、宣传、纪检、督察、国保、经侦、治安、刑警、交警、监管、法制、信访等部门民警组成。

⑤培养意见领袖。意见领袖是在网络传播中经常为他人提供信息，同时对他人施加影响的活跃人员。无论是学生、自由职业者，还是国家公务员或者公司白领，他们都关心各类时事，有自己的独立观点，愿意并善于表达自己，在网络舆情生成发展历程中，多以较高的理论素养，较宽的观察视野和较强烈的社会关怀发挥着启动者、组织者和引导者的作用。要高度重视并充分尊重意见领袖在网络传媒中的作用， 主动加强与各种"意见领袖"的沟通， 并且经常保持互动，尽量以他们的特长来为我所用，让网络多一些建设性意见，少一些破坏性

①彭知辉：论群体性事件与网络舆情，上海公安高等专科学校学报，2008年2月。

意见。

⑥讲究导控艺术。一是主动导帖。舆情导控员要主动设置议题并发表新帖作为引导，组织网民就某一热点话题展开讨论。二是积极跟帖。对一些思想消极、观点错误的言论，由导控员以跟帖方式予以正面引导，防止走向极端。三是善于劝帖。当论坛出现言论过激的帖文或说粗话、脏话、人身攻击等情况时，相关人员要及时出面对发帖者进行规劝或警告。四是适时结帖。对某些热点话题的讨论持续一段时间后，选择适当的时机结束讨论，以避免炒作，或影响社会整体舆论环境。

⑦加大执法力度。用足用活现有政策法规，明确网络运营企业和网民的责任，逐步实行网络实名制，构筑一张网络防控网，把QQ群、微博客、手机短信等，全部纳入警方监管范围。要落实封堵删除有害信息、清查网上泄密、查处网上违法犯罪行为的行政管理责任，严格依照国家法律法规，保护公民网上言论自由，保护网上知识产权，保护未成年人健康成长，严厉禁止利用互联网颠覆国家政权、破坏国家统一，煽动民族仇恨和民族分裂、宣扬邪教以及散布淫秽、色情、暴力和恐怖等信息，依法净化网络传媒环境。

⑧要建立长效机制。一是学习培训机制。通过定期组织培训，培养一批"网络写手"、"意见领袖"。对于成为各大论坛重点版块版主或"意见领袖"的民警，要给予奖励。二是快速反应机制。按照"引导正确、及时准确、公开透明、有序开放、有效管理"的原则，制定突发事件舆论引导应急预案，迅速落实快速反应机制。指定专人负责有关信息发布的工作；主动配合新闻宣传部门的工作，及时提供事件的有关信息；参与新闻发布并回答记者提问；视情况接受新闻媒体的采访。做到有的放矢，时刻掌握社会舆情和群众的思想动向，把准群众脉搏。三是经费保障机制。要在经费、装备等方面向网安工作倾斜，加强软硬件建设，为迅速提高网上发现、侦查、控制、处置能力提供支撑。

4. 学会跟媒体打交道

网络舆情引导的基本方针是导向正确，及时准确，公开透明，有序开放，有效管理。其中与新闻媒体打交道是不可避免的重要环节。

（1）与媒体打交道的基本原则

①善待媒体。就是要正确对待媒体，正确认识的地位、职能和作用，积极支持媒体全面履行宣传党的主张、弘扬社会正气、通达社情民意、引导社会热点、疏导公众情绪、搞好舆论监督的职责，尊重媒体的创造性劳动，为媒体采访报道营造宽松环境、创造良好条件。要善待媒体，关键是摆正政媒关系、支持媒体舆论监督，其中最根本的是根本是善待记者、善待网民。

②善用媒体。善于运用媒体宣传党的路线方针政策、国家的法律法规和政府的重大决策部署，统一思想、增进共识、凝聚力量。要善于运用媒体加强对热点难点问题的引导，加强与媒体的沟通联系，重大事项及时让媒体知情，重大事件及时通过媒体发布权威信息，澄清事实真相，消除误解，以正视听，为党和政府工作营造良好社会舆论环境。关键是懂得尊重新闻规律。如时效性、新闻性等，照顾不同媒体记者发稿要求。

③善解媒体。要理解体谅媒体和记者，不要动辄指责记者。要懂得记者的职业要求，懂得媒体的基本规律、基本特征，懂得新闻的基本规律、基本要求，关键是要理解网民、理解网络媒体。

（2）与媒体打交道的七个不应该

一是"捂"，即掩盖事实，封锁和封杀消息，拒绝媒体记者采访，结果是欲盖弥彰；二是“躲”，就是不敢直面媒体和记者，遇事闪烁其词或无可奉告，结果是躲得了今天躲不了明天； 三是“堵”，就是层层设防、处处设卡，试图堵住所有媒体和渠道，拒媒体于千里之外，结果是漏洞百出；四是“瞒”，千方百计掩盖真相，想方设法蒙混过关，存在侥幸心理，试图欺骗媒体，欺骗公众，结果是瞒得了官员瞒不了记者，瞒得了记者瞒不了线人，瞒得了线人瞒不了网民；善意的谎言也不行；五是“推”，就是推卸责任，推脱干系，归咎他人，结果是搬石头砸自己脚； 六是“压”，就是打压媒体，一律不准报道，试图大事化小、小事化了；七是“顶”，就是死顶硬抗，蛮横狡辩，甚至对媒体动粗，耍手段，打击报复，软硬兼施，结果既影响了形象，又激化了矛盾，反而不利于问题的解决。

（3）接受媒体采访的基本原则

客观性原则。实事求是，绝不撒谎；信息权威可信，援引法律政策条文专家论断；主导性原则。大方自信，善于把焦点引向自己的预设话题；友好型原则。理解媒体，善待记者，热情服务，不得罪记者，既不敌视记者也不惧怕记者，不要给记者上课，训斥记者，不随意拒绝记者提问；技巧性原则。简洁准确，该打住时就打住。先说核心内容，说话留有余地，学会诙谐幽默，不要过于随意；政治性原则。理直气壮，把握政治底线、严守政治纪律，统一口径，与上级一致。对外国媒体，还要注意内外宣有别，符合国际惯例。

（4）与记者打交道的基本原则。

一是转换角色。和记者之间既不是上级关系也不是朋友关系，而是权威信息提供者、新闻合作者、是被采访者、被监督者，必须平等对待记者。二是以诚相待，做到：①“三有”，即有信用、有礼貌、有人情味。②三多三少，多讲现实少讲规划，多讲措施少讲原因，多讲主观少讲客观。③三要三不要，要思路清晰，善于概括，注重方法，不要说谎，不要居高临下，不要说套话。三是及时回应，对记者采访请求尽可能满足。 四是控制自己。不要试图控制记者，而要控制好自己的言行。五是不当众拒绝。面对记者采访提问，要积极介绍情况，主动推介新闻线索，耐心说明事情真相，尽量不使用无可奉告。当众拒绝容易导致传闻成真相、报道情绪化。一般不接受陌生人电话采访。六是不公开表达自己的偏见。忌说“我个人认为”，要代表组织的意志。

5. 政法机关舆情应对能力

①常规应对评价。一是应对是否及时，即政法机关响应速度。二是信息是否透明，即政法机关是否接受媒体采访，召开新闻发布会、主要领导是否出场、回应舆论质疑。三是信息是否得当，即政法机关信息公开口径是否一致，披露的内容是否均衡等。四是应对是否有效：即地方政府应对促使舆情得以有效疏导，还是激化矛盾。五是反应是否灵活，即在舆情传播过程中，地方政法机关是否实时调整应对策略，灵活处理公共危机。六是应对是否守法。地方政法机关的应对是否坚守了法治原则，是否迫于上级压力，是否对民意曲意逢迎，是否“花钱买平安”等。七是问责是否到位，地方各级政法机关对舆情事件中的问题官员是否问责、问责的轻重是否合法。

②应对技巧评价。一是与媒体关系，地方政法机关是否妥善处理与网络、纸媒、广播电视等舆论载体的关系。二是与网民关系，地方政法机关是否平等、谦卑、真诚、务实地与普通网民进行良性沟通。三是与当事人关系，地方政法机关是否人性执法、遵守法律程序、有无安抚当事人情绪、减少从当事人作为事件信息源的作用等。四是内部关系及与相关部门关系，地方政法不同部门间的协调能力，与宣传部门的协调能力。

6. 涉警网络舆论危机规律的探索

①树立新观念。舆情就是政情，舆情就是警情，舆情就是形象力，舆情就是支持率。

②坚持发现在早、处置在小、预防在先、控制有力的原则。

③建立健全舆情信息收集、汇总、研判、分析、报送、会商、转办、预警、反馈工作机制。

④形成“群众关注（超前预警）—媒体报道—信息反馈—警媒互动—解决问题”的良性循环体系。

⑤危机事件发生后，遵照“疏—导—控—泄—宣”的基本方法开展舆情控制工作。“疏”就是排疏公众“视听”；“导”就是引导、转移舆论“焦点”；“控”就是适时运用新闻管制（含网上监管）；“泄”就是化解群众“积愤”；“宣”就是坚持公安工作正面宣传。

6.2 特殊网络机构和特殊网民的管控

近几年网络舆情中一个值得注意的动向是一些特殊网络服务公司和特殊网民的出现，比如“网络公关公司”、“意见领袖”、“网络推手”、“网络水军”等，这些特殊网络服务公司和特殊网民由于其较为明确的意图性，客观上造成了网络舆情的严重性和复杂性，了解和掌握这些特殊网民的特点、运作方式等，对于维护互联网的稳定，维护社会和谐具有非常重要的意义。

6.2.1 网络公关公司的管控

企业上网互动、宣传自己的行为，简称“网络公关”。企业借助各种社会化媒体平台如论坛、博客、视频、电子商务、SNS等，将企业文化、服务理念、产品信息告知公众，以此获得公众的反馈，及收获潜在的客户与合作伙伴。网络 公关又叫 线上公关或E公关，它集个人即时通讯、组织沟通和大众沟通于一体，利用互联网的高科技表达手段营造企业形象，网络公关为现代 公共关系提供了新的思维方式、策划 思路和传播媒介。

1. 网络公关的特点

网络传播与传统传播相比，非常突出的特征在于其个性化、互动性、信息共享化和资源无限性。网络信息传播的方式是全新的，该方式集个人传播（如电子邮件）、组织传播（如电子论坛）和大众传播为一体，网络公关也正是对这些传播方式重新进行的整合公关方式。

2. 网络公关公司的主要业务

网络公关公司主要从事以下业务：

①事件营销。网民俗称“炒作”，通过借势和造势进行有效和创新的策划，提高企业或产品的知名度、美誉度，树立良好的品牌形象，最终达到促进销售的目的。自网络公关诞生以来，最吸引眼球的莫过于网络炒作，而越来越多的网络炒作背后往往隐藏商业目的。事件营销需要符合企业品牌整体策略，不能为了炒作而炒作，更不能夸大事件事实或造假。

②口碑营销。网络口碑营销是近年来全球营销业增长最快的领域，与其他网络公关营销最重要的区别是口碑源于第三者。不管是化妆品还是电子产品，都可以通过网络塑造口口相传的口碑。网络传播不会像报纸、电视那样报道后就被遗忘，相反，会不断地被网民搜索、重新回帖顶起，这种 网络口碑传播的存留性，行业内称“长尾效应”，网民称“挖坟”。以网民做对象的口碑营销，往往以在线活动形式发生，产品类推广评测是最常见的口碑公关形

态。

③网络新闻发布。传统公关领域企业发布一条新的信息，必然租场子，广邀记者，花费巨大。而网络发布新闻的模式则具有费用低廉，但效果却因网络的可转载性而无限放大的特点，即使政府的网络公关也同样用此模式，只是名为“网络代言人”。

④危机公关。人们不会阅读三天前的报纸、不会去看昨天的电视，却可能无数次去浏览上周、上个月诞生的网页。也因此，网络危机都会使深陷其中的企业投巨资于网络公关传播。

3. 网络公关公司的工作模式

网络公关公司一般工作模式包括：

①分析心理。为企业 炒作时，会事先分析网民的心理，按照愤青、仇富、同情弱者等因素制作网帖。

②制作帖子。“每个帖子，一定要有错别字，一定要有一句语句不通。”才能让人相信是发帖人在网上敲出来、未经修饰的真实说法。

③雇佣“水军”。雇佣的发帖手多是大学生、残疾人、闲散人员等，100 人为 1 组；公司中 1 人负责 10 组，通常掌握五六十个水军小组。

④密集发帖。有的公司掌握着 50 多万个网络 论坛地址，很容易让一张帖子出现在数千个论坛中，形成集中效应。

4. 网络公关公司的负面效应及其表现[①]

网络公关是把双刃剑。网络公关基于互联网，为现代公共关系提供了一种新的发展平台，它在促进企业发展、加强企业与消费者与社会的沟通方面，有着显著的作用，企业运用得当，则能够有效地实现传播企业信息、品牌、增加企业用户黏性等目标，反之，则会自戕。网络公关改变了媒介与受众之间的传播关系，同时也改变了整个传播的话语环境。“网络删帖公司”、“网络黑社会”等都是不正当的企业竞争导致的网络公关公司的违法行为。

5. 网络公关公司的网络诋毁形式

①利用网络传播产品附属资料中的商业诋毁；

②网络产品交易中的商业诋毁；

③网络新闻、网络广告中的商业诋毁；

④在网站、论坛、博客等网络中散布谣言的商业诋毁；

⑤组织、唆使他人利用网络进行商业诋毁。

6. 网络公关公司的监管

对于网络公关公司的不当行为，应该发动全社会的力量加以抵制和管理。具体包括：

①完善相关法律条款。对于网络公关公司的监管，一方面是疏导，通过宣传教育，提高网络公关公司自身的素质。二是监管，通过完善法律法规，规范网络公关公司的行为。目前在民事责任方面，我国在《反不正当竞争法》第 20 条第 1 款规定：“经营者违反本法规定，给被侵害的经营者造成损害的，应当承担赔偿责任，被侵害的经营者的损失难以计算的，赔偿额为侵害人在侵权期间所获得的利润；并应承担被侵害的经营者因调查该经营者侵害其合法权益的不正当竞争行为所支付的合理费用”。该法第 14 条称：“经营者不得捏造，散布虚伪事实，损害竞争对手的商业商誉，商业声誉”。刑事责任方面，在《刑法》第 221、231 条中规定：“捏造并散布虚伪事实，损害他人的商业商誉、商品声誉，给他人造成重大损失或有其

① 孙俊：论网络公关不正当竞争行为的监管，江西财经大学硕士学位论文，2010 年 12 月。

他严重情节的，处 2 年以下有期徒刑或者拘役，并处或单处罚金。”全国人民代表大会常务委员会指定的《关于维护互联网安全的决定》第 4 条第 1 款，对不正当竞争做出了相应规定。另外，信息安全相关的法律法规也都适用于对网络公关公司的监管。

②各类监管部门将传统的监管职能扩展到网络领域。网络业务除了传统的网上交易、网上教育、网上银行等，还发展到了网上音频点播、视频点播等，目前，有些网上服务已经有了相应的规范，例如，《关于电子邮件的使用网上信息规范行为的通告》、《网络对消费者权益保护活动的通知》、《关于规范信息网站公布的销售行为的通知》、《网络对消费者权益活动保护活动的通知》等，这些法律法规有效地将各类监管部门将传统的监管职能扩展到了网络领域。

③网络公关公司的行业自律和专业知识。网络公关公司为客户发布虚假信息、诋毁竞争对手等不法行为，都反映了职业道德的缺失。因此，要改变这一现状，首先要建立一整套行业伦理规范，使网络公关公司的行为有据可依。要求网络公关公司掌握网络技术、搜索引擎、营销技巧、网络舆论等知识，而不是把论坛作为唯一的操作平台。

④培养既懂市场营销、公关，又懂网络技术的人才，规范网络公关市场。

⑤加强对广大网民客户的专业知识培训，使他们能够辨别正常的网络公关和非法的网络公关。

6.2.2 “意见领袖”的识别和管理

“意见领袖”是指在人际传播网络中经常为他人提供信息，同时对他人施加影响的 活跃分子，他们在大众传播效果的形成过程中起着重要的中介或过滤的作用，由他们将信息扩散给受众，形成信息传递的两级传播。

1. “意见领袖”的基本素质

①“意见领袖”常常是追随者心目中价值的化身。换句话说，这个有影响力的人是他的追随者所愿意追随和模仿的，他的一言一行、所作所为受到追随者们的格外重视，并希望自己也能像他那样生活和工作。

②“意见领袖”的信息来源较广，获取的信息也更早、更多。一般来说，“意见领袖”较之被他影响的人，有更多的兴趣与机会接触传播媒介的内容，他们往往花更多的时间看报，看更多的书。

③“意见领袖”要有较强的读码、释码(如解释与理解)能力。在某些专门的问题上要有较多的研究和较广阔的知识。那些对自己所谈问题一无所知或知之甚少、毫无研究的人，其意见是很难受到人们的注意的，更不要说去影响他人了。

④“意见领袖”常常是利益集团的代言人或小群体中的头头。他们讲义气，敢于打抱不平，富有同情心和责任感，能带头为群体和成员个人利益讲话，因而容易获得集团内或小群体内成员的好感与信赖。

⑤“意见领袖”有较强的人际交往和社会活动能力以及关系协调能力。这些人活跃好动，能言善辩，幽默风趣，人缘好，交际广，有向心力和吸引力，周围常有一批追随者。

2. 网络“意见领袖”的特征

网络“意见领袖”的角色很多，传统媒体，某行业专业，公司白领、政府公务员等都可能成为“意见领袖”。网络“意见领袖”大多具备以下特征：

①草根身份。网络中的“意见领袖”在现实社会中的真实身份往往只是“草根一族”，

他们与被影响者一般处于平等关系而非上下级关系。就社会地位来说，他们不属于权力、财富和知识的金字塔的顶端，但是在网络上表达的意愿赢得了广大网民的称赞，代表了网民的意愿，因此，这些“意见领袖”更容易赢得广大网民的认可。

②对事物有自己独立的见解。网络“意见领袖”不但具有事实性的资讯优势，还具有对事实性资讯的基本判断力，可以透过繁杂的表象信息，看到多数人看不到的内涵信息。

③在网络上具有一定的影响力。网络“意见领袖”在网络上应该具有一定的影响力，衡量指标之一是网络言论的数量，另一个是言论的质量，质量包括议题是否是网民所关注的，质量还包括话语表达方式。意见领袖常常关注那些身边的事件和新闻，并适时发表自己的观点。

④能够代表主流价值观。网络“意见领袖”对于事务具有敏锐的观察力和独到的分析能力，善于就国家、世界的重大事项发表意见、解析深刻、表达明确，并且在人格力量方面维系其话语的权威性，具有一呼百应的人格魅力。

3. “意见领袖”对于信息传播的功能和作用

“意见领袖”具有事实性资讯优势，而且还具有对事实性资讯的价值判断力，可以从繁杂的表象信息中抽丝剥茧，透析到深层的价值内涵和象征意义。

（1）对信息的加工和解释的功能

“意见领袖”不仅发出信息和影响，而且自己也积极摄入信息和影响。但是，“意见领袖”的首要任务是对先行接收到的大量的信息进行加工与解释，而后以微型传播（如面对面的交谈）的方式传达给其他受众或追随者。他们经常运用的加工与解释的方法有：①生发引申；②添枝加叶；③客观复述；④裁减回避；⑤歪曲攻击。对信息如何解释、加工到什么程度、选用何种方法、这取决于外在信息与意见领袖的认知结构、价值观念，个人利益和文化模式相贴近或相背离的程度，取决于意见领袖的选择性注意、选择性理解、选择性记忆这三道防卫圈的严密程度。

（2）扩散与传播的作用

“意见领袖”常常对信息加工后予以再传播和再扩散。他们不仅对传播中的有意义的信息予以再传播，对小道消息和流言蜚语往往也有兴趣给予再扩散。意见领袖对信息的再扩散和再传播是乐此不疲并且不计报酬的。

（3）支配与引导的功能

“意见领袖”对自己先期接收到的信息进行加工与阐释、扩散与 传播，正是为了释放其对追随者或被影响者的态度和行为起支配、引导的功能。意见领袖的意见不仅影响其追随者说什么、看什么、做什么和想什么，而且还支配他们怎么说、怎么看、怎么做和怎么想。意见领袖的追随者或被影响者的社会地位愈低、面临的信息愈多、处理信息的能力愈差，就愈加没有主见和自信心，也就愈容易接受意见领袖的咨询和参谋，他们甚至希望凡遇事都能有人主动上门来帮他们出谋划策，权衡利害，拿定主意。

（4）协调与干扰的作用

“意见领袖”的中介功能是多方面、多层次、复杂的。如果传播者传递的是符合“意见领袖”及其团体成员需要的或者是可以为其接受的观点和主张，那么意见领袖就会俯首听命，协调操作，成为大众传播中引起良好效果的动力。相反，如果传播者输出的信息违背或损害了“意见领袖”及其团体的利益，观点不能为其所接受，那么他就可能设障阻滞或施加干扰。“意见领袖”的作用可能是积极的进步的，也可能是消极的破坏性的。

4. 网络“意见领袖”的识别①

以微博为例，“意见领袖”可以从用户影响力和用户活跃度两个方面的指标进行衡量。

（1）用户影响力。微博中有三种交互行为可以作为影响力考虑因素：一是转发行为，用户可以对自己感兴趣的信息进行转发，通过转发行为信息会以一种级联方式传播给更多的用户，一个用户的信息被转发的次数越多，产生的影响越大；二是评论行为。用户可以对信息进行评论，信息得到的评论越多，意味着信息影响的范围越广，一个用户的信息被评论的次数越多，意味着用户信息产生的影响越大；三是提及行为。就像论文写作中引用权威作者一样，在微博中也存在提及用户的行为，一个用户被提及的次数越多，意味着这个用户对其他用户的吸引力越大，间接的说明用户具有更大的影响力。

（2）用户活跃度。仅仅考虑用户影响力，可能并不能发现真正的意见领袖，也许用户只是转载了媒体的新闻，其实际发言频率很低，在影响其他人观点方面并不一定发挥作用。意见领袖要对其他人施加影响，仅仅发布信息而不参与互动交流是无法影响到人们的观点和意见以至于改变人们的态度的，因此识别意见领袖还需要考察用户参与主题的活跃性。在微博平台下，从下面四个因素进行考虑：一是原创微博数量，一个意见领袖对事件应该有自己的观点，原创微博越多，说明用户更多的表达了自己的思想；二是自回帖行为，用户发表信息后，通过自回帖行为可以与用户进行交流，自回帖数越多，说明用户之间的交流越活跃；三是回复他人帖子数，与自回帖行为有所区别，回复他人帖子是围绕其他人的言论进行交流，回复的帖子越多，说明用户对其他用户的言论关注度越高，用户在主题讨论上更加活跃；四是活跃天数，一个活跃的用户不仅应该在事件爆发的时候给予足够的关注，而且应该对事件给予持久的关注，活跃天数越多意味着用户对事件的关注越持久。

5. 发挥“意见领袖”的作用②

在发生重大公共事件时，如何引导既有的网络“意见领袖”，发挥主流媒体的导向作用，及时让网民看到权威评论，对于帮助广大网民明辨是非，迅速平息由于别有用心的人煽风点火而造成的网络舆情具有非常重要的意义。

（1）建立双向对话机制

网络舆情中一个重要的特点就是网络民意的非理性。由于网络的虚拟性和网络对话的隐蔽性的特征，使得网民对自己承担言论的风险性降低，因此，网络对话的非理性程度会加剧。当一些过激的言论出现时，简单的删帖行为并不能从根本上解决问题，甚至会激怒网民，使得问题更加复杂。正确的做法是：①要建立权威、准确的信息发布制度，及时全面地将网络舆论引导到健康积极的方向。②及时跟进和分析舆论走势，及时将有见地、有代表性的发言放在网页醒目的位置，强化主流言论。

（2）建立“意见领袖”与网民的对话机制

当某种网络舆情发生时，“意见领袖”具有真知灼见的发言，往往会引起广大网民的广泛响应，对于议题设置和言论的走向起到重要的导向作用。在必要时邀请“意见领袖”与网民就某件大家关注的话题进行讨论，让“意见领袖”在线解答网民疑惑，解读事件真相，这样的做法可以有效化解网络舆情。

---

① 刘志明，刘鲁：微博网络舆情中的意见领袖识别及分析，系统工程，2011年6月。

② 谢光辉：网络意见领袖作用机制研究，华中师范大学硕士学位论文，2011年4月。

6.2.3 “网络推手”的识别和管理

“网络推手”又名 网络推客，其实就是“网络策划师”，就是那些懂得网络推广并能应用的人。其推广的对象包括企业，产品和人。网络红人离不开“网络推手”，他们让现实中的普通人以极快的速度红遍网络。把普通人在网络上炒红，只是“网络推手”工作的一部分。其中最主要的是对企业和产品的推广。

1. “网络推手”的基本要求 ①

①通晓网络操作规则。掌握了网络传播规律，并且熟练利用这些规律掌控达到自己炒作、包装、推广的目的。

②熟谙网络话语。网络环境下，话语表达更加自由、开放和多元化，可以利用网言网语，幽默风趣地表达意愿，从而被大多数的网民所接受。

③了解网民心理。“网络推手”成功地将网民引入自己所设置的议题，最重要的一点是他们掌握了网民的心理，知道什么样的话题可以吊起网民的胃口，引起他们的兴趣。

④掌握大量可用 资源。“网络推手”需要掌握网络写手、网络水军、网络版主、甚至传统媒体等大量的资源。

2. “网络推手”的发展

①井喷式增长。2008 年以前的网络推手行业主要是由熟悉互联网、缺乏专业背景的草根网民组成，而 2008 年以后大型传统广告公司纷纷进入该行业或者开通该业务。

②专业化发展。软件代替人工、公司化、集团化、合作方式透明化、行业相关法律完善化、从业人员素质要求更高。

③产业链雏形初步形成。2009 年以前的网络推手绝大部分集中在北上广三地，而 2009 年以后网络推手公司在二三线城市也渐成气候，2009 年末央视曝光“网络黑社会”后，反而使大批的网络推手学习爱好者涌进这个行业，让网络推手行业迅速洗牌，整个行业朝规范化的道路发展。

3. “网络推手”行业准则

“网络推手”作为一种特殊的行业，也具有这明确的行业准则，可以简称为“不作恶”原则。具体表现在：

①不做有损国家及人民利益的行为；

②不采取非正当手段替客户打击竞争者；

③不做行业内负面消息。简单地说，接活有三个规定：维权类的不接，牵扯到政府、国企、大型企业之间矛盾的不接。

4. “网络推手”的分类

根据“网络推手”的自身特长以及行为目的，可以将“网络推手”分为以下几种类型：

①推手派。又称为草根派，是最初的网络推手。其特点是对网络环境非常熟悉，深谙网民心理。自身往往是互联网资深的意见领袖，善于左右网络舆论，靠创意取胜。

②广告派。传统广告和公关出身，相对草根派能更多的整合线下媒体资源，并有专业的推广人才。缺点是在对互联网的熟悉和推动网络舆论的得心应手方面大大弱于草根派。

③技术派。此派多为此前的互联网推广公司出身，半路进入网络推手行业。善于利用软

---

① 涂怡俊：网络推手法律规制，华南理工大学专业学位硕士论文，2011 年 11 月。

件进行推广，推崇技术和经验在推广中的作用。此派目前数量众多，但是在业内少有出类拔萃者。

5. "网络推手"的炒作过程

"网络推手"进行炒作的过程大体可以分为以下几个阶段：

①发现有争议的人物，联系对方，达成合作意愿，展开形象推广。

②找知名写手发表有争议性 话题的文章，吸引更多网友参战。

③把话题"养"到差不多成熟时，就联络网站编辑、论坛版主制作专题，在数家大型网站上推广。

④吸引众多传统媒体纷纷跟进，为他们推波助澜。

⑤保持适度的正反观点互驳。对批判言论较多的负面人物，组织一些写手写些正面的文章，挺一挺她，转换一下话题，同时删除一些攻击性言论，而对于受追捧较多的，则往往会找点人来骂骂她。让双方形成一种相持局面，然后在你来我往中持续制造热点话题，延续人物的曝光率。

⑥网络编辑们通过首页推荐、制作专题，网络版主加精、置顶、将标题飘色，就可以帮助网站社区以炒作"提升流量、提升排名"；然后，传统媒体的接棒又将被炒者的网络关注转移到现实生活当中，成为普通老百姓在街头巷尾的谈资。紧随而来的就是现实的经济效益——广告代言费和 出场费。

一个完整的炒作过程由被炒者、策划者、发布者（写手、网络编辑或社区版主）、传统媒体和网友组成。其中，唯有普通网民被蒙在鼓里。网络编辑和版主们则是左右被炒作者曝光率的关键力量。

6. "网络推手"的工作特点[①]

①"网络推手"对目标事件进行转移式放大。面对拥有海量信息的互联网， 作为接收端的网民很多情况下无法直接从信息的首发媒体上看到某则新闻、资料或评论， 而是通过其他网民的转帖和推荐获得信息。"网络推手"借此可以大肆从事"目标事件"信息的转帖和扩散，使得网络的声音被无限放大，网络言论空间迅速扩张，从BBS转帖、博客转载到E-mail传输， 从时事政治、社会文化到文学情感，目标事件的信息得到了充分广泛的传播，网络点击率骤然提升， 极易形成焦点事件。

②"网络推手"对目标事件进行加工式引导。由于互联网上每种信息源的权威性和可辨性极其复杂， 网民甄别的辨识的难度加大，"网络推手"则加以利用进行恶意炒作。这种纯粹的商业目的使互联网变得更加复杂， 而通过传统媒体的二次报道加以渲染， 使更多不明真相的网民普遍参与进来， 话题或事件极易被炒作， 甚至变成打击企业、诋毁个人的网络杀手。这种无序加剧了网络的混乱， 热点事件变成了网络暴力后的人为操纵。同时，一些毫无主见的网民则会受群体压力的影响而表现出跟风从众的特征。群体压力会对群体成员产生心理压迫， 以使其成员对规范自动的复制执行， 即个体成员从知觉、判断、认识上表现出和符合公众舆论或多数人的行为方式。在缺乏主体性的情况下，网民对信息的判断以及跟帖、回复等行为也趋向大众化或普遍化。这也从侧面助长了"网络推手"的煽动性。

③"网络推手"对网民情绪进行非理性刺激。通常情况下，能够引起网民关注的热点正是社会矛盾的焦点，它的形成具有深刻的社会发展逻辑和价值诉求。"网络推手"将目标事件

① 王子文，马静：网络舆情中的"网络推手"问题研究，政治学研究，2011 年第 2 期。

与热点议题相关联，以激起公众和网民心中的非理性情绪。

7.“网络推手”的管理[①]

目前，“网络推手”活跃的领域包括娱乐、经济和政治领域。“网络推手”虽然直接作用于互联网而非真实世界，但其炒作的话题往往具有情绪感染性，容易引起从众心理，且由于网络传播的迅捷性，使得某种情绪极易得到快速传染。就目前形势来看，政治领域很可能成为“网络推手”作为的重点领域。“网络推手”很可能发展到以策划政治运动、政治改革甚至谋求政治权力为目的。因此，在市场利益主体多元化和利益博弈规则不够健全的情况下，警惕“网络推手”并采取相应对策措施，对于净化网络环境、引导网络舆论方向有着重要的现实意义。对于“网络推手”的管理主要从以下两个方面着手：

①利用网络的技术可控性。采用内容分析法、网络计量法相结合的网络信息分析方法等进行“网络推手”的识别。由于“网络推手”需要将网络民意引导至自己预设的观点，他们发布的信息带有明确的目的性和强烈的感情色彩。可以利用自然语言语义处理技术和观点挖掘技术，分析舆情参与者的意见倾向性。同时，可以对舆情参与者在网络中的各类信息传播行为进行计量分析，重点监测和跟踪与网络热点话题和敏感话题有关的信息传播行为，以确定舆情参与者在网络舆情中的活跃度和影响力。另外，“网络推手”往往参与网络群体性事件衍生和演化的过程，确定目标事件的生成节点及加速演化节点，快速识别目标事件的在互联网上传播的轨迹和分布的范围，有助于全面掌握“网络推手”的作用范围，提高“网络推手”识别的精度。网络技术的发展为网络舆情的监控和分析提供了可能，通过这些技术，可以有效减少不良网络舆情，达到管控目的。

②管理层面的引导。提倡网民文明理性的网络政治参与。我国的大多数网民是比较理性的，但目前我国网民在网络论坛政治参与过程中的素养还有待提高。成熟的网络公共领域建构有赖于网民自身的成熟和自律，需要“网络公德”的提高。因此，互联网的文明意识与理性观念要从每一位公民开始学习上网的那一刻起，就成为内心的一种主体自觉。同时，各大网站与论坛要开展多种形式的网络道德教育活动，营造文明上网的网络道德教育氛围。对于利用“网络推手”引爆网络话题，引发政治矛盾的组织进行法律规范，是有必要而且非常重要的。

6.2.4 “网络水军”的识别和管理

“网络水军”是指受雇于网络公关公司，为他人发帖回帖造势的网络人员，他们往往以注水发帖来获取报酬。

1.“网络水军”工作模式

“网络水军”是网络推手行业的底层，只要会上网、会打字，普通的网民都可以成为“网络水军”中的一员，“网络水军”一般受雇于网络公关公司，其工作是根据雇主的指令在网上发帖造势，每成功发帖或者回帖，都会得到一定的报酬，发帖的内容一般有专手负责，之后的评论、跟帖造势则是水军的任务，通过大量发帖、回帖，把负面信息“沉”下去，把自己想要推广的内容“顶”起来，引起网民关注。

2.“网络水军”的组织特点

①灵活性。可以根据任务的不同选择不同的水军进行操作，没有局限性。

---

① 王子文，马静：网络舆情中的“网络推手”问题研究，政治学研究，2011年2月。

②不可控性。水军大多是不识身份的网民，大多穿马甲和雇佣者交易，无法掌控。

③零散性。水军分散在全国各地，有活时才聚在一起，完成项目后又分散开。

3. 网络水军的工作内容

①论坛传播。基于论坛和社区的日常传播服务。根据传播需求制定传播策略以及执行方案，分析论坛人群特征，进行分众精准传播，并按计划进行维护。

②话题炒作。依据客户需求，进行一系列的分析和策划，通过与各种热门话题或网民关注的话题相结合，制造出热点内容，并对整个过程进行引导和控制。

③事件营销。利用或引发一热点事件，全程进行包装炒作，引发关注，并吸引各路媒体进行报道转载，扩大影响，最终达成宣传目标。

④博客营销。基于博客进行的营销服务。主要有名博营销、自建博客以及群建博客几种形式，亦可结合使用。

⑤清除负面：使用搜索引擎、人工与水军网专业监测软件相结合的方法，随时掌握网络中与己相关的信息并进行相关的维护，对预防和及早平息负面信息尤其有效。

4. “网络水军”工作原则

①从速原则。任务如无特别强调时限，则默认为 8 小时内完成。逾期将不能汇报。其他特殊任务如：发帖，维护，投票等长时间任务。

②保密原则。为客户保密。包括：不在公共场合讨论客户相关的话题；进行任务时，所使用的账号昵称不得与水军相关；除网络水军自身的宣传外，主题内容或回复内容不得与水军相关；不能将任务要求中的任务描述字样复制粘贴到其他地方。

③认真原则。回帖不得抄袭其他楼层的内容；不得从主帖文中摘取一段进行回复；同一任务在不同网站也不能使用相同回复；同一任务的同一话题在同一版块只允许出现一次，重复发表同一话题视为无效。

④其他情况。 如果完成任务过程中，帖子被锁定，或被删除，造成任务无法完成，请及时放弃任务；帖子应发表在公开的版块，无权限设置，不需要登录就能查看。

5. “网络水军”分类

传统水军仅仅是论坛大量灌水，现代水军已经具有了系统化和规模化的特点，按照其工作内容，可以分为以下两类：

①打击竞品的营销水军。打击竞品的营销水军多为北京公司，冒风险也极大，一笔合同谈成有上百万的收入。但是如果事情败露，对雇佣方的口碑影响是很大的。例如：伊利和蒙牛之间的互相暗中攻击，此事件将雇佣水军暴露，担当了风险，吃了官司。

②提供口碑维护的营销水军。提供口碑维护的营销水军多为上海等其他地方公司，冒风险较小，仅仅维护雇佣方的口碑，包括操作人物事件等。

6. “网络水军”的负面影响

网络无限普及，从城市铺向农村各个角落，网络市场的膨胀成就了“网络水军”这样的网络钟点工的兼职工作。但是网络水军是双刃剑，在发挥正面作用的同时，负面影响也显而易见。

① “网络水军”可以帮助幕后的商业企业，迅速地炒作恶意信息并打击竞争对手。

② “网络水军”可以为新开发、新成立的网络产品如网站、论坛、网络游戏等恶意提高人气、吸引网民关注和参与。

③少数“网络水军”被国外别有用心的机构和资本支持，不断在国内各大论坛发布和张贴攻击信息、造谣言论或挑拨语言，制造网民间的矛盾、进行不可告人的网络文化渗透。

7.“网络水军”的治理[①]

“网络水军”以一种失范的信息传播方式来获取经济利益，扰乱了正常的网络秩序，严重危害了社会稳定，必须从多方面着手对其进行有效治理。

①明确治理目标。治理“网络水军”的对象是“水军”而不是网络，即需要治理的是不良信息的传播者而不是信息传播媒介。因此，一个基本的治理思想是要协调处理好网络自由与网络管理之间的关系，“网络水军”的治理不能破坏网络世界的言论自由和不记名开放性。需要强调的一个重点是“水军”是网民，但网民不全是“水军”，打击“水军”必须避免殃及无辜网民。

②“网络水军”的治理要坚持惩防并举，以防为主的方针。其中，“防”是重点，要在遵循媒体规律的前提下，合理运用各种手段，阻断“网络水军”产生的各种条件。“惩”是辅助手段，旨在通过法律法规的威力对“网络水军”产生警戒作用，起到以儆效尤的效果。

③不断加强对“网络水军”的技术防范能力。以网络投票为例，为了防范“网络水军”的侵袭，应该通过技术手段，对同一个IP 在一定时间内注册的身份数量作出限制，并且不断利用技术手段提高系统的安全性，防范被不法分子利用系统漏洞进行破坏。

④加强对网站编辑、论坛版主及吧主等网络从业人员的资格审查和素质培养，防止他们有意或无意地被“水军”利用。网站要制定应对“网络水军”的相关制度，对工作人员的行为规范作出明确的规定，制定相关的惩罚措施。网站编辑对有“水军”炒作痕迹的事件要进行理性引导，防止网民误入歧途，在网络信息传播过程中掌握主动权，牢牢地守住网络舆论阵地。

⑤增设举报渠道、建立举报激励机制。注重媒体间的相互监督，鼓励传统媒体对互联网媒体的监督，也鼓励互联网媒体之间的相互监督，并形成长效机制。对于发现从事“网络水军”行为的人员通过互联网等多种平台进行大范围曝光。

⑥培养受众甄别能力，增强抵抗“网络水军”免疫力。培养受众甄别“网络水军”的能力，化解“网络水军”的威力。

⑦加大执法打击力度。对“网络水军”灰色链条上的各个环节都加强治理。“网络水军”的行为触犯了相关法律，当然要予以严惩，但相关网络工作人员是否纵容他们的行为，也要深入调查。同时，还必须查出其背后的网络公关公司和雇主，他们是非法行为的组织者和发起者，应该受到相应的法律惩罚。

⑧健全相关法律法规。法律法规的不健全纵容了“网络水军”的泛滥。明确网站的编辑、论坛的管理员以及吧主等相关网络工作人员对“网络水军”的监管职责，明确网络管理的相关法律空白点。

⑨建立多个部门协同作战的“网络水军”监管机制。由于“网络水军”都是隐蔽作战，对其取证需要技术支撑。对“网络水军”的治理需要多个部门协作，明确相关职能部门的职责，从多个环节和角度加强对“网络水军”的打击力度。

---

① 张香萍：“网络水军”的传播学分析及其治理，宜宾学院学报，2012年10月。

6.3 网络安全突发事件的控制

随着网络信息系统在政治、军事、金融、商业、文教等方面发挥越来越大的作用，社会对网络信息系统的依赖也日益增强。而不断出现的软硬件故障、病毒发作、网络入侵、天灾人祸等安全事件也随之变得非常突出，如何在最短的时间内平息危机，最大限度地减小网络安全时间对政治、军事、金融、商业以及居民个人带来的危害，摆在了全社会的面前。由于安全事件的突发性、复杂性与专业性，为了有备无患，需要建立应对计算机安全事件的快速反应机制，以应对各种可能的计算机安全事件。

6.3.1 网络安全突发事件概述

突发事件可被广义地理解为突然发生的事情：第一层的含义是事件发生、发展的速度很快，出乎意料；第二层的含义是事件难以应对，必须采取非常规方法来进行处理。

我国 2007 年 11 月 1 日起施行的《中华人民共和国突发事件应对法》中对突发事件的定义是：突发事件是指突然发生，造成或者可能造成严重社会危害，需要采取应急处置措施予以应对的自然灾害、事故灾难、公共卫生事件和社会安全事件。

本书中我们所讲的突发事件主要是指影响一个网络系统正常工作的情况。这里的系统包括主机范畴内的问题， 也包括网络范畴内的问题。这种“情况”包括常见的黑客入侵、信息窃取等， 也包括拒绝服务攻击、网络流量异常等。

1. 网络安全突发事件的特点

根据突发事件的定义，突发事件具有：突发性、难以预料性、可控性、非意愿性、紧迫性等五大特点。

①突发性。突发事件的具体时间、实际规模、具体形态和影响深度都是难以预测的。突发事件是事物内在矛盾由量变到质变的爆发式飞跃过程，是通过一定的契机诱发的，而这个契机又是偶然的。

②难以预料性。突发事件往往在人们完全没有思想准备的情况下发生，由于发生突然，人们很难对事件作出客观准确的判断。

③可控性。突发事件虽然是通过偶然的契机引发的，但是这种偶然性的后面，总是有着深刻的必然性在起作用，从某种程度上说，突发事件是可以把握和控制的。

④非意愿性。不论什么性质和规模的突发事件，都必然不同程度地给国家造成政治、经济、文化等方面的损失和破坏，给人民带来生命、财产或精神上的损失和损害。从这个角度而言，凡是突发事件都是负面事件，人们都不愿意面对、不愿意接受、不愿意它们发生。

⑤紧迫性。突发事件的发生不但突然，突发事件的发展也是非常迅速的。随着突发事件的发展、演变，它所造成的损失可能会越来越大。因此，对突发事件的处置必须迅速准确，将损失降低到最低限。

2. 网络安全应急响应的对象

网络安全应急响应的对象是指针对计算机或网络所存储、传输、处理的信息的安全事件。事件的主体可能来自自然界、系统自身故障、组织内部或外部的人、计算机病毒或蠕虫等。按照计算机信息系统安全的目标，可以把安全事件定义为破坏信息或信息处理系统的行为。

①破坏保密性。破坏保密性的安全事件是指入侵系统并读取信息、搭线窃听、远程探测网络拓扑结构和计算机系统配置等。

②破坏完整性。破坏完整性的安全事件是指入侵系统并篡改数据、劫持网络连接并篡改或插入数据、安装特洛伊木马、计算机病毒(修改文件或引导区)等。

③破坏可用性。破坏可用性的安全事件是指系统故障、拒绝服务攻击、以消耗系统资源或网络带宽为目的的计算机蠕虫等。

④扫描。包括地址扫描和端口扫描等，这是攻击者为了侵入系统而寻找系统漏洞的行为。

⑤抵赖。抵赖是指一个实体否认自己曾经执行过的某种操作。这种情况下往往隐藏了某种不被人知的秘密，很有可能是一种犯罪。

⑥垃圾邮件骚扰。垃圾邮件是指接收者没有订阅却被强行塞入信箱的广告、政治宣传等邮件，这种垃圾邮件不仅耗费大量的网络与存储资源，而且浪费了接收者的时间。

⑦传播色情内容。尽管不同的地区和国家政策不同，但是多数国家对于色情信息的传播是限制的，特别是对于青少年儿童的不良影响是各国都极力反对的。

⑧愚弄和欺诈。愚昧和欺诈是指散发虚假信息造成的事件，比如曾经发生过几个组织发布应急通告，声称出现了某种可怕的病毒，导致大量惊惶失措的用户删除了硬盘中很重要的数据，致使系统无法启动。

3. 网络安全应急响应的必要性

尽管网络安全生命周期的前几个阶段非常重要，但是安全事件发生后的应急响应同样有着必不可少的重要性，这是因为：

①安全事件的严重性。随着人们对网络的关注与投资与日俱增，网络安全事件的数量也越来越多，影响也越来越严重。据统计，网络安全事件实际发生的数量远远超过 CERT/CC 接受到的网络安全事件报告的数量。

②安全漏洞的不可避免性。随着计算机网络和系统规模的不断扩大以及系统体系结构和逻辑结构日益复杂，系统的安全缺陷和漏洞也就不可避免地随之加大。软件生命周期的各个阶段都会留下不同程度和不同形式的安全漏洞，尽管我们在软件设计到软件测试的各个环节中都尽量避免漏洞的发生，但事实上，任何一个系统都难免会产生一定的缺陷和漏洞。应急响应就是在漏洞被攻击时所采取的一个有效降低损失的有效方法。

③“黑客”事件的普及性。在人们的头脑中，“黑客”往往是技术高超的计算机专业人士。然而，现在的情况已经发生了很大的变化，越来越多的“黑客”网站无偿提供各种类型的恶意代码和攻击工具，使用者可以非常方便地利用这些工具对网络进行攻击，而这些攻击所造成的损失往往是非常惨重的。

④入侵检测工具的局限性。入侵检测是对单纯防御性防范的必要补充。目前的入侵检测工具是基于模式匹配的原理，系统漏报率很高，因此，对于真正的恶性攻击，入侵检测的作用还远远不够。而应急响应则可以在一定程度上弥补入侵检测系统的不足。

⑤网络和系统管理的复杂性。从理论上讲，每一个组织都应该根据本单位的具体情况，通过风险分析制定出完备的安全政策，然后根据安全政策制定防御措施和检测措施。并且安全政策以及相关的防御措施和监测措施还应该随着系统环境的变化而及时调整，然而，现实情况却是，目前很少有组织制定完备的安全政策，更不用说对政策和措施的调整了。

⑥计算机取证的重要性。越来越多的个人和组织在遭受了攻击后，希望通过正常的法律渠道追查和惩治肇事者，而提供到法庭上的证据必须具有合法的法律效应，这就要求取证的各个环节必须符合法律的要求，这个过程就是计算机犯罪侦查的取证，也是应急响应中的重要环节。

6.3.2 网络安全应急响应组织

网络安全应急响应通常由一个应急响应组织负责提供，应急响应组织可以是正式的、固定的，也可以因应安全事件的发生而临时组建。应急响应组织的工作涵盖了接收、复查、响应各类安全事件报告和活动，并进行相应的协调、研究、分析、统计和处理工作，甚至还可提供安全、培训、入侵检测、渗透测试或程序开发等服务。

应急响应组织按目标和服务对象可以分为协调中心、国家应急响应组织、内部应急响应组织、商业应急响应组织、厂商应急响应组织。协调中心的任务是协调和便利各个应急响应组织的事件处理。国家应急应组织为整个国家提供事件处理服务，内部应急响应组织为单位内部提供事件处理服务，如各大银行、电信运营商、ISP 内部筹建的应急响应组织，商业应急响应组织提供安全方面的应急服务的安全产品，厂商应急响应组织是 I T 厂商为处理其软硬件产品中的弱点报告而设立的应急小组。这几类应急响应组织之间往往通过交流和协作，构成一个全国性甚至全球性的网络安全应急保障体系。

1. 国际计算机安全应急响应组织的发展

①计算机紧急事件响应组织（CERT/CC）。1988 年 11 月，美国 Cornell 大学学生莫里斯编写了一个“圣诞树”蠕虫程序，该程序可以利用互联网上计算机的 sendmail 的漏洞、fingerD 的缓冲区溢出及 REXE 的漏洞进入系统并自我繁殖，鲸吞互联网的带宽资源，导致当时世界互联网上总数 10%的计算机被侵袭而处于瘫痪状态。

这一事件发生后，美国国防部高级计划研究署（DARPA）紧急在卡耐基-梅隆大学（CMU）软件工程研究所成立了一个计算机紧急事件响应组织（CERT/CC），用于解决这类问题。计算机应急组织协调中心，主要对与计算机安全事件有关的信息作处理，包括收集与计算机安全有关的信息，对被攻击部门提供帮助等。

②计算机事件处理组织 CIAC。1989 年，美国能源部（DoE）成立了计算机事件处理组织，称为 CIAC（computer incidentadvisory capability），专门保证能源部计算机系统的安全。此后，美国先后在国防部、能源部、空军、海军、众议院、国家宇航局、国家标准与技术局、部分重点大学、IT 界知名公司等部门成立了数十个计算机安全事件响应组织。这些计算机网络应急组织主要是进行响应、协调、研究、分析、统计和处理计算机安全事件。随着美国计算机应急组织的出现，许多国家都仿效成立了自己的组织，并且这些组织逐渐趋于国际化。

③计算机事件响应与安全工作组论坛 FIRST。1990 年 11 月，在美国、澳大利亚的发起下，一些国家的计算机应急组织参与成立了“计算机事件响应与安全工作组论坛”(Forum of Incident Response and Security Team)，简称 FIRST。FIRST 组织的宗旨是使各成员能就安全漏洞、技术、管理等方面进行交流与合作，以实现国际间的信息共享和技术共享，最终达到联合防范计算机网络上的攻击行为。FIRST 组织以美国为主，每年都进行交流活动，是目前在国际计算机网络应急方面最权威的组织。FIRST 组织还在组织成员间进行内部交流、通报新发现的安全漏洞，由各成员单位研究解决方案，共同把计算机安全问题处理好。

④计算机安全资源中心 CSRC。NIST（National Institute of Standard and Technology，美国国家标准和技术协会）是隶属美国商务部的技术管理机构。CSRC（Computer Security Resource Center，计算机安全资源中心）是 NIST 的信息技术实验室的八个部门之一。

2. 中国计算机网络安全应急响应组织

①国家公共互联网安全事件应急处理体系。2000 年 10 月，我国成立了“中国计算机网络应急处理协调中心”(National computer network Emergency Response technical Team/Coordinational Center of China，简称国家互联网应急中心 CNCERT/CC)，这是我国国家级的计算机安全事件应急组织。信息产业部作为我国互联网运行业的主管部门，已正式发文要求各大骨干网成立计算机应急组织，并接受信息产业部互联网应急处理小组协调办公室的指导。另外，以清华大学为中心，组建了中国教育科研网的应急组织 CCERT。目前我国国家公共互联网安全事件应急处理体系如图 6.4 所示。

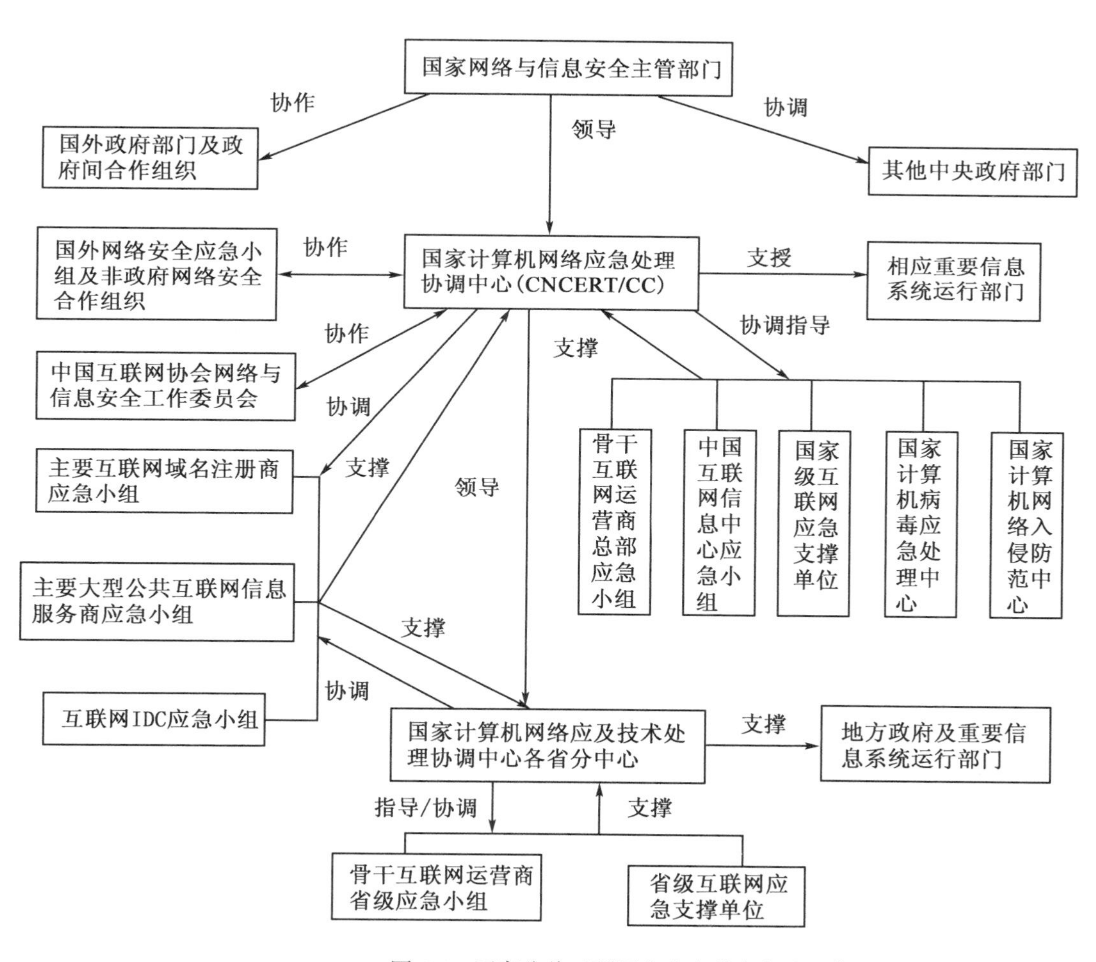

图 6.4　国家公共互联网安全事件应急处理体系

②国家互联网应急中心（CNCERT/CC）。CNCERT/CC 是我国国家级的计算机安全事件应急组织，负责协调我国各计算机网络安全事件应急小组（CERT）共同处理公共互联网上的安全紧急事件，为国家公共互联网、国家主要网络信息应用系统以及关键部门提供计算网络安全的监测、预警、应急、防范等安全服务和技术支持，及时收集、核实、汇总、发布有关互联网安全的权威性信息，组织国内计算机网络安全应急组织进行国际合作和交流。

国家互联网应急中心 2002 年 8 月成为国际权威组织 FIRST 的正式会员。该组织参与发起成立了亚太地区的专业组织 Asia Pacific Computer Emergency Reponse Team(APCERT)，是 APCERT 的指导委员会委员，2005 年 2 月 CNCERT/CC 当选 APCERT 副主席。CNCERT/CC 组织国内外应急小组和其他相关组织进行交流合作，是中国处理网络安全事件的对外窗口。

2003 年，CNCERT/CC 在全国 31 个省成立分中心，形成了互联网的信息共享、技术协同，完成了我国互联网安全技术支撑体系跨网、跨系统、跨地域的建设阶段。目前，CNCERT/CC 作为我国计算机应急体系的核心技术协调机构，在协调我国各计算机网络安全事件应急小组（CERT），共同处理国家公共互联网安全紧急事件方面发挥了重要作用。

CNCERT/CC 的基本工作原则是“积极预防、及时发现、快速响应、力保恢复”。

CNCERT/CC 的主要职能包括信息沟通、事件监测、事件处理、数据分析、资源建设、安全研究、安全培训、技术咨询、国际交流等。

CNCERT/CC 的组织结构包括三层，如图 6.5 所示。

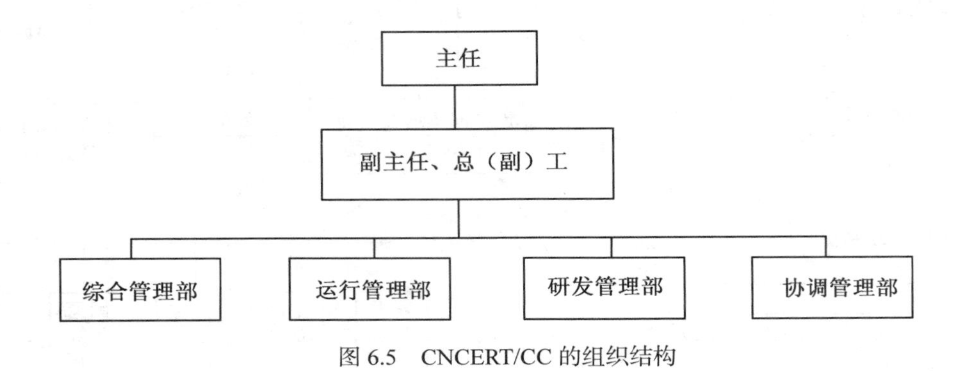

图 6.5　CNCERT/CC 的组织结构

CNCERT/CC 的相关部门包括政府部门、互联网运营单位、CNCERT/CC 分中心、网络安全工作委员会、国家级应急服务支撑单位、省级应急服务支撑单位、中国 CERT 社区、国内合作伙伴、国际合作伙伴等。

CNCERT/CC 成立以来，组织处理了大量计算机安全事件，其中包括 2001 年 4 月国际黑客的活动情况、2001 年 8 月红色代码 II 病毒、2001 年 9 月蓝色代码病毒、2003 年 1 月 SQL 蠕虫病毒等事件，为提供了科学的统计数据，并有效地组织了国家计算机病毒应急处理中心、国家计算机入侵防范中心、部分安全服务企业、部分骨干网运营商的力量协调应对，得到了 FIRST 组织的高度赞扬。

3. 中国教育和科研计算机网紧急响应组（CCERT）

中国教育和科研计算机网紧急响应组（CCERT）是 CERNET 网络安全应急响应体系的总称，是中国教育和科研计算机网 CERNET 专家委员会领导之下的一个公益性的服务和研究组织，从事网络安全技术的研究和非营利性质的网络安全服务。对中国教育和科研计算机网及会员单位的网络安全事件的提供快速的响应或技术支持服务，也对社会其他网络用户提供安全事件响应相关的咨询服务。

目前，CCERT 的应急响应体系已经包括 CERNET 内部各级网络中心的安全事件响应组或安全管理相关部门，已经发展成一个由 30 多个单位组成、覆盖全国的应急响应组织，经过历次安全事件的处理过程中，已经形成了默契的合作精神和有效的通信机制。

CCERT首要的服务对象是中国教育和科研计算机网络本身，确保CERNET网络的安全可靠运行，为教育和科研提供一个安全的网络环境。CCERT其次的服务对象是CERNET内部的会员单位，如接入CERNET的校园网及各级教育机构和科研组织。CCERT对其他用户提供力所能及的安全服务，即Internet的Best Effort原则。

6.3.3　网络安全应急响应处置

为及时有效地应对网络及信息安全突发事件，有效预防、及时控制和最大限度地减轻网络安全突发事件的危害，切实保障信息网络系统的安全运行。建立一套切实可行的网络安全应急响体系结构十分必要。

1. 网络安全突发事件处置原则

网络突发事件的应急治理工作要遵照中办发[2003]27 号文件等重要文件精神，坚持“积极防御、综合防范”的方针，强化组织管理。具体体现在：

①努力提升对网络突发事件的驾驭能力。

②掌握应急治理主动权，加强网上先进文化的有效供给， 形成网上舆论的强势。

③尽快突破网络突发事件治理的高新技术， 形成自主知识产权的关键技术产品。

④加速建设治理网络突发事件的基础设施， 给应急响应提供强大支撑。

⑤尽快配套网络社会相应的法律法规， 对作案者形成强大的威摄力。

⑥在应急治理中， 应坚持“属地原则”与“纵向专业支持”紧密结合的原则。

⑦在应急支援和病毒防治中， 则要落实“小核心、大社会”原则。

2. 网络安全事件应急响应环境建设

仅仅建立网络安全应急组织还不能完全解决应急响应问题，因为，网络安全应急响应是一个社会问题，要实施应急响应的措施，涉及很多社会方面的问题需要协调，其中包括法制建设、管理、标准与资质认证、系统评估、科研投入、人力资源建设、技术装备等环节。

①法制环境。我国网络安全立法体系框架分为法律、行政法规、地方性法规及规章、规范性文件等四个层面。

②管理环境。通过事后打击来维持网络空间中的秩序固然很重要，但是主动做好预防工作，防患于未然更重要。要防患于未然，就需要通过部门管理来规范网络空间的行为，明确网络空间上的行为模式。由于网络安全涉及几乎每一个工作部门，因此，必须建立必要的、系统的管理制度，明确各部门的职责，使他们各司其职，形成一个完备的网络安全管理体系。

目前，我国已经有了各级别的网络安全法律法规及制度，但仍然有一些工作没有纳入到规范化的日程，而且制度的落实和实施也需要加强和监督。另外，还有一些特例需要引起我们的关注，例如计算机安全服务企业的资质认证管理办法。当一个网络需要企业提供安全服务的时候，这个提供服务的企业的可信度如何认定？诸如此类的事例还有一些，这就要求建立一系列的规范化管理体系完善网络安全的管理环境。

③标准与资质认证。对于网络安全技术层面上的问题，仅靠行政法规是不能够解决的，需要建立必要的标准，来指导从事信息安全行业的单位和个人进行系统的开发和维护。同样，对于承担系统维护和研发的单位也需要由权威机构对其进行资质的考核。目前，我国在标准的制定和资质认证方面已经做了一些工作，例如，计算机安全产品测评部门针对产品测试制定了相关的测试标准，公安部制定并宣贯的“计算机信息系统安全保护等级划分准则”，信

息产业部的电信设备入网管理办法等，都是网络安全行业的相关标准。但是，标准并不是一成不变的，标准必须随着行业的发展而不断地制订和修订，资质标准也应该随着技术的发展和进步不断修正。

④系统评估。建立应急体系是为了保护网络资源。任何保护体系都应该以预防为主，防患于未然。所谓防患于未然，必然要首先知道患于何处，要掌握的安全隐患是什么。对于不同的信息系统，存在的隐患会各式各样。系统评估旨在建立一套评估体系和评估准则，建立相关的信息资产评估方法，以便对信息的资产价值进行评估。其中系统资产价值的评估应该考虑系统涉及的用户规模、资金数额等。另外，还要分析系统相应的安全隐患，系统可能受到的破坏手段以及对安全隐患的处置能力等。

⑤科研投入。网络技术的发展突飞猛进，“黑客”技术也日新月异，要保证网络的安全，必须密切跟踪信息安全技术的发展前沿。我国的《高技术研究发展计划（“863”计划）纲要》信息安全主题的规划中，计算机应急系统已列入研究支持规划，并引导着国家各个方面共同参与有序的投入。

⑥人力资源建设。科技要发展，人才是关键，网络安全应急响应也不例外。目前，我国已经成立了中国互联网协会，该协会包括学术界、产业界等行业技术层面、建设层面、管理层面，还有大量用户层面的人员，涉及的学科范围也很广泛，是推进信息安全宣传与教育的重要组织形式。另外，各级单位和组织还应该积极探索人才的不同培养形式，建立在职人员的继续教育、学历教育，上岗人员的系统培训与岗位培训等人才培养机制。

⑦技术装备。技术装备对于网络安全应急响应至关重要。高性能低价格的网络安全技术产品对于维护网络安全非常有必要。目前，市场上各类网络安全产品种类多，性能也是良莠不齐，如何选择适合自己的安全产品，对于用户来说将造成一定的困惑。应该制定合理的竞争机制，引导网络安全产品市场健康发展。

3. 网络安全应急响应的基础性工作

为了保证应急响应的顺利实施，必须在日常工作中进行个方面的积累，具体包括：

①技术储备。加强技术储备对于应急响应至关重要。要建立与通信营运单位、网络安全机构以及相关专家的日常联系和信息沟通机制，定期组织网络安全专家和机构分析当前网络安全形势，对网络应急预案进行评估，开展现场研究。

②培训和演习。定期组织对应急响应技术人员的技术培训和实训演练，保证应急响应预案的有效实施。同时还应该加强对普通人员安全使用计算机的宣传教育工作，全面提高网络使用人员的安全意识。

③应急响应关键资料的备存。应急响应很重要的一个目的就是要进行系统的全面恢复，在恢复过程中，系统中硬件和软件的相关参数以及重要的资料非常重要，因此，必须对一些重要的资料进行备存。

4. 网络安全急响应的流程

网络安全突发事件应急响应流程通常可以分为以下六个工作阶段。

①准备。准备阶段是在事件真正发生前为应急响应做好基础性工作，该阶段以预防为主。准备阶段需要制定用于应急响应工作流程的计划，并建立一组基于威胁的合理的防御/控制措施；制定预警与报警的方法，建立一组尽可能高效的事件处理程序；建立备份的体系和流程；建立安全的系统，按照安全政策配置安全设备和软件；建立一个支持事件响应活动的基础设施，获得处理问题必需的资源和人员，进行相关的安全培训， 可以进行应急反应事件处理的

预演；建立数据汇总分析体系。

②事件检测。识别和发现各种安全的突发事件。在突发事件发生前，产生安全的预警报告，在突发事件发生时，产生安全警报，并报告给应急响应中心。应急响应中心根据事件的级别，采取响应的措施。

③抑制。限制攻击的范围，同时限制潜在的损失和破坏。在第二阶段确认紧急事件发生的情况下，进入应急响应流程。应急响应系统本身将根据预先制定的规则，采取相应的措施，把紧急事件的影响降低到最小。

④根除。在事件被抑制以后，找出事件根源并彻底根除才能真正地解决问题。对于病毒，应该在信息系统内部采用最新的软件清除所有的病毒；对于系统的入侵、非法授权访问等，应查找系统到底存在哪些漏洞，从而避免类似情况的再次发生；改进安全策略；启动网络与应用层的审计功能，为进一步的分析提供了详细的资料。通过对这些事件的分析，可以寻找事件发生的原因，为以后的归纳总结、安全系统的进一步改善提供依据；加强宣传，公布危害性和解决办法，呼吁用户解决终端问题。

⑤恢复。把所有受侵害或被破坏的系统、应用、数据库、网络设备等彻底地还原到它们正常的任务状态。

⑥跟踪。从已经发生的紧急事件出发、对紧急事件的响应过程中吸取教训，回顾并整合发生事件的相关信息。

6.3.4　网络安全应急响应关键技术

网络安全应急相应是指在特定网络和系统面临或已经遭受突然攻击行为时，进行快速应急反应，提出并实施应急方案。作为一项综合性的工作，网络安全应急响应不仅涉及入侵检测、事件诊断、攻击隔离、快速恢复、网络追踪、计算机取证、自动响应等关键技术，对安全管理也提出了更高的要求。

应急事件处理的一般阶段包括准备、检测、封锁、根除、恢复、跟踪六个阶段。 准备阶段以预防为主，检测阶段任务是确定事件性质和处理人，封锁阶段是即时采取的行动，根除阶段是长期的补救措施，恢复阶段是由备份恢复系统，跟踪阶段是关注系统恢复以后的安全状况。这几个阶段涉及多个技术问题，下面对其中一些有代表性的技术问题进行讨论。

1. 网络陷阱及诱骗技术

网络陷阱及诱骗技术是一种网络安全动态防护新技术。该技术通过一个精心设计的、存在明显安全弱点的特殊系统来诱骗攻击者，将黑客的入侵引入一个可以控制的范围，消耗其资源，了解其使用的方法和技术，追踪其来源，记录其犯罪证据。通过这种方法，不但可研究和防止黑客攻击行为，增加攻击者的工作量和攻击复杂度，为真实系统做好防御准备赢得宝贵时间，还可为打击计算机犯罪提供举证。

蜜罐(HoneyPot)、蜜网(HoneyNet)是当前网络陷阱及诱骗技术的主要应用形式。蜜罐和蜜网并不向外界提供真正有价值的服务，所以所有对蜜罐蜜网进行连接的尝试都被视为可疑的。采用的主要技术有：

①网络欺骗。网络欺骗是指在一个严格控制的环境中，利用各种手段，诱骗攻击者对虚构的系统进行攻击，并为攻击者提供其认为可信的对话信息，从而保护实际运行的系统免受攻击，并实现数据收集功能。

②端口重定向。端口重定向的主要应用方式是在工作系统中模拟一个非工作的服务功

能，将恶意的、未经授权的活动重定向到蜜罐系统中，如在 Web 服务器上，模拟并将 FTP 服务重定向到蜜罐系统中去，从而在网络中虚拟出该工作系统对外提供 FTP 服务。当蜜网网关发现非预期流量、已知攻击或发现被监控主机上有未授权的活动时，便将有关流量重定向到对应的蜜罐中。

③数据控制。数据控制技术是指对蜜罐系统的连接控制和路由控制。防火墙实现连接控制，允许所有外部数据包进入蜜罐，但对蜜罐主机的对外连接进行追踪限制；路由器实现路由控制，防止基于蜜罐主机 IP 的跳转攻击。

④数据捕获分析。数据捕获分析是指获取黑客的所有活动，如攻击者键盘操作、屏幕信息以及曾使用过的工具等，并分析攻击者所要进行的下一步活动。难点在于如何获取尽可能多的数据而又不让攻击者发觉。捕获到的数据也不能存放在蜜罐主机上，应进行异地存储。实现这些要求的关键是分层捕获数据。

2. 紧急恢复技术

在发生灾难性网络安全事件后可以通过紧急恢复技术进行系统恢复、数据恢复和功能恢复等工作，保持系统为可用状态或维持最基本服务能力。传统方法是采用磁盘镜像或数据备份技术以提高系统的可靠性。主要包括系统攻击可容忍性、网络结构的冗余容错和动态切换、计算机网络系统恢复、计算机远程恢复、计算机网络自修复等方面的研究。

通过应急恢复可以在遭受攻击后实现网络结构修复和重组、主机和服务器的恢复、数据库数据的安全恢复、网络配置的动态备份和快速恢复、网络受损分析与评估。典型的恢复技术包括漏洞修补、业务连续性保障和灾难恢复等。常用工具有 Networker、ADSM、NetBackup、ARCserver 等。

3. 网络追踪技术

网络追踪技术是指通过收集分析网络中每台主机的有关信息，找到事件发生的源头，确定攻击者的网络地址以及展开攻击的路径。其关键是如何确认网络中的所有主机都是安全可信的，在此基础上对收集到的数据进行处理，将入侵者在整个网络中的活动轨迹连接起来。网络追踪技术可分为主动追踪和被动追踪。

①主动追踪。主动追踪技术主要涉及信息隐形技术， 如在返回的 HTTP 报文中加入不易察觉并有特殊标记的内容，从而在网络中通过检测这些标记来定位网络攻击的路径。国外已有一些实用化工具，如 IDIP、SWT 等，但基本还处于保密阶段。

②被动追踪。在被动式追踪技术方面，已经有了一些产品，主要采用网络纹印（Thumb printing）技术，其理论依据是网络连接不同，描述网络连接特征的数据也会随之发生变化。因此通过记录网络入侵状态下不同节点的网络标识，分析整个网络在同一时刻不同网络节点处的网络纹印，找出攻击轨迹。

4. 计算机取证技术

在应急响应中，收集黑客入侵的证据是一项非常重要的工作。取证技术是对存储在计算机系统或网络设备中潜在的电子证据的识别、收集、保护、检查和分析以及法庭出示的过程，通常是对存储介质、日志的检查和分析。取证技术不但可以为打击计算机、网络犯罪提供重要支撑手段，还可为司法鉴定提供强有力的证据。计算机取证包括物理证据获取和信息发现两个阶段。

（1）物理证据获取

物理取证是指在计算机犯罪现场寻找并发现相关原始记录的技术，是取证工作的基础。

在获取物理证据时最重要的工作是保证获取的原始证据不受破坏。关键技术是无损备份和删除文件的恢复。

①无损备份技术。直接在被攻击机器的磁盘上进行取证操作，可能会损坏原始数据，因此，要用磁盘镜像复制的办法，将被攻击机器的磁盘原样复制一份，然后对复制的磁盘进行取证分析。常用工具有 SafeBack、Ghost 等；

②删除文件的恢复技术。在目前使用的操作系统中，即使将存储在硬盘的数据进行了删除操作，并清空回收站，数据仍然保留在硬盘上，只要该文件的存储位置没有被重新写入数据，原来的数据就可以恢复出来。常用工具有 Easy Recover、Recover My Files 等。

（2）信息发现

信息发现是指对获得的原始数据(文件、日志等)进行分析，从中寻找可以用来证明或者反驳什么的证据。具体手段有：

①日志分析技术。通过日志分析可以获得某时段 CPU 负荷、用户使用习惯、IP 来源、恶意访问提示等重要信息。常用工具有 NetTracker、Logsurfer、Netlog 和 Analog 等。

②数据捕获分析技术。在发现网络攻击行为后，通过截获和分析入侵者终端发出或者被入侵主机发出的网络数据包，可获得攻击源的地址和攻击的类型方法。常用工具有 TcpDump、WinDump、SNORT 等。

③解密技术。越来越多的计算机犯罪者使用加密技术保存关键文件，隐藏自己进行攻击的记录和操作。为了取得最终的攻击证据，取证人员应能将已发现的文件内容进行解密。

6.3.5　网络安全事件应急预案举例

下面给出的一个案例是某市根据网络安全突发事件的特点以及网络安全应急响应机制的基本要素制定的网络安全突发事件应急预案。

1. 网络安全事件分类

根据互联网网络安全事件发生的原因、性质和机理，互联网网络安全事件主要分为以下三类：

①攻击类事件。指互联网网络系统因计算机病毒感染、非法入侵等导致业务中断、系统宕机、网络瘫痪等情况。

②故障类事件。指互联网网络系统因计算机软硬件故障、人为误操作等导致业务中断、系统宕机、网络瘫痪等情况。

③灾害类事件。指因爆炸、火灾、雷击、地震、台风等外力因素导致互联网网络系统损毁，造成业务中断、系统宕机、网络瘫痪等情况。

2. 网络安全事件分级

按照互联网网络安全事件的性质、严重程度、可控性和影响范围，将其分为Ⅰ级/特别重大、Ⅱ级/重大、Ⅲ级/较大和Ⅳ级/一般四级。

①I 级。敌对分子利用信息网络进行有组织的大规模的宣传、煽动和渗透活动，或者直属单位多地点或多地区基础网络、重要信息系统、重点网站瘫痪，导致业务中断，造成或可能造成严重社会影响或巨大经济损失的网络与信息安全事件。

②II 级。直属重要部门或局部地区基础网络、重要信息系统、重点网站瘫痪，导致业务中断，纵向或横向延伸可能造成严重社会影响或较大经济损失。

③III级。直属重要部门网络与信息系统、重点网站或者关系到本地区社会事务或经济运行的其他网络与信息系统受到大面积严重冲击。

④IV 级。域内较大范围出现并可能造成较大损害的其他网络与信息安全事件。

3. 网络安全事件应急响应工作原则

①积极防御，综合防范。立足安全防护，加强预警，抓好预防、监控、应急处理、应急保障和打击犯罪等环节，在法律、管理、技术、人才等方面，采取多种措施，充分发挥各方面的作用，共同构筑网站网络与信息安全保障体系。

②明确责任，分级负责。按照“谁主管谁负责，谁运营谁负责”的原则，建立和完善安全责任制，协调管理机制和联动工作机制。

③以人为本，快速反应。把保障公共利益以及公民、法人和其他组织的合法权益的安全作为首要任务，及时采取措施，最大限度地避免公民财产遭受损失。网站网络与信息安全突发公共事件发生时，要按照快速反应机制，及时获取充分而准确的信息，跟踪研判，果断决策，迅速处置，最大限度地减少危害和影响。

④依靠科学，平战结合。加强技术储备，规范应急处置措施与操作流程，实现网站网络与信息安全突发公共事件应急处置工作的科学化、程序化与规范化。树立常备不懈的观念，定期进行预案演练，确保应急预案切实可行。

⑤重视沟通的畅通性，及时性、准确性。要保证每天的负责人、值班员联系畅通，相关通信网络应急人员的通讯设备（如：手机等）应保持良好在线状态（24 小时开机），保证随时联系。事态严重时，要实行 24 小时值班制度，相关应急工作组人员应坚守工作岗位待命；及时上报警情。

4. 网络安全事件安全响应工作机构

①建立市互联网网络安全协调小组（以下简称市网安协调小组），该小组作为本市市级议事协调机构之一，主要负责综合协调本市互联网网络安全保障工作。

②建立市互联网网络安全协调小组办公室（以下简称市网安办），该办公室设在市人民政府信息化管理办公室，作为市网安协调小组的办事机构。

③建立市应急处置指挥部（以下简称市应急处置指挥部）。一旦发生重大、特别重大互联网网络安全事件，必要时，网安协调小组转为市互联网网络安全事件应急处置指挥部，统一组织指挥本市互联网网络安全事件应急处置行动。负责本市各类互联网网络安全应急资源的管理与调度，提供互联网网络安全事件应急处置技术支持和服务；建设和完善本市互联网网络安全事件监测预警网络，发布本市相应级别的互联网网络安全事件预警信息。

其他有关单位按照“谁主管谁负责，谁运营谁负责”原则，组织实施和指导本系统、行业的互联网网络安全事件的应急处置。

④成立现场指挥部。根据互联网网络安全事件的发展态势和实际控制需要，事发地所在县（市、区）政府负责成立现场指挥部，必要时，也可由市信息办组织有关专业机构负责开设，现场指挥部在市应急处置指挥部的统一领导下，具体负责现场应急处置工作。

⑤组建专家机构。组建互联网网络安全事件专家咨询组，并与其他相关专家机构建立联络机制，为应急处置工作提供决策建议和技术指导，必要时，参与互联网网络安全事件的应急处置。

5. 应急保障准备

①应急预案。各经营性互联单位和 CNCERT/CC 根据本预案的要求制定各自的互联网网

络安全应急预案，并报互联网应急处理工作办公室备案。

②应急队伍。各经营性互联单位应组建由互联网管理、运行维护部门组成的应急队伍，负责本网的安全事件应急处理工作，明确其职责权限，并配备相应的应急处理装备和人员。

③人员培训。应急队伍的人员要不定期进行应急处理的相关培训，熟悉工作原则、工作流程，具备必要的技能，确保应急预案的正常实施。

④经费保障。各经营性互联单位根据需要安排必要的专项应急经费，用于互联网安全应急工作。

⑤应急演练。各有关单位应根据各自的互联网网络安全应急预案，定期或不定期组织应急演练。互联网应急处理工作办公室原则上每年根据本预案组织 CNCERT/CC 和各经营性互联单位进行应急演练。

⑥通信联络制度。各有关单位应明确安全事件应急处理的一般和紧急两级联系人，其中一般联系人用于日常的信息沟通，紧急联系人用于发生三级及以上安全事件情况下的直接沟通；提供包括电话、传真和电子邮件的联系人的详细联系信息；联系人必须 7×24 小时可以联系到。联系人及联系方式发生变化的要提前 1 周上报互联网应急处理工作办公室。使用电子邮件沟通涉及安全事件的具体内容时要加密。

⑦监督检查制度。互联网应急处理工作办公室负责对互联网网络安全应急工作的检查和监督。

⑧技术储备与保障。信息产业部依托各经营性互联单位和 CNCERT/CC 组成互联网网络安全应急的技术支撑体系，开展对互联网网络安全事件的预警、预测、预防和应急处理的技术研究，加强技术储备。

6. 应急响应处置

（1）确定应急响应等级

根据互联网网络安全事件的可控性、严重程度和影响范围，应急响应级别分为四级：Ⅰ级、Ⅱ级、Ⅲ级和Ⅳ级，分别应对特别重大、重大、较大和一般互联网网络安全事件。按照网络安全事件的等级不同，分别按照不同的相应级别分级响应。

①Ⅰ、Ⅱ级应急响应。发生重大或特别重大信息安全事件，市网安办立即报请或由市政府确定应急响应等级和范围，启动相应应急预案，必要时，组建市应急处置指挥部，统一指挥、协调有关单位和部门实施应急处置。

②Ⅲ、Ⅳ级响应。对于一般、较大信息安全事件，市网安办组织协调具有处置互联网网络安全事件职责的职能部门和单位以及事发地区县政府，调度所需应急资源，协助事发单位开展应急处置。

（2）应急响应程序

应急响应包括资源调配、处置方案制定、处置决策与资源调度、实施处置等。

①应急资源调配。应急资源协调包括：应急人员协调，市网安办根据具体的互联网网络安全事件，负责组织协调信息安全专家、网络专家、信息系统专家等各类应急响应技术人员；相关权限。市网安办负责明确和协调处置机构或人员在应急响应过程中所需的权限；其他必要资源。市网安办根据应急数据库中的信息获取处置事件所必需的资源，如网络与通讯资源、计算机设备、网络设备、网络安全设备与软件、处置案例、解决方案等，为处置小组提供参考。

②处置方案制订与检验。处置小组制订具体处置方案，交由市网安办组织相关工作机构、

事发单位和有关职能部门进行检验，检验结果上报市应急处置指挥部。

③处置决策与资源调度。市应急处置指挥部对市网安办上报的检验结果进行评估，经批准后，联络小组及有关部门按处置方案的要求，协调、落实所需的资源。

④实施处置。处置小组根据指挥部下达的指令，按照承担职责和操作权限建立运行机制，执行对互联网网络安全事件的应急处置。

（3）先期处置

网络安全事件发生后，事发单位必须在第一时间实施即时处置，并按职责和规定权限启动相关应急预案处置规程。

①控制事态发展并及时市网安办、市应急联动中心或事发地区县政府报告。

②市网安办应在接报事件信息后，及时掌握事件的发展情况，评估事件的影响和可能波及的范围，研判事件的发展态势，根据需要组织各专业工作机构在各自职责范围内参与互联网网络安全事件的先期应急处置工作。

③市网安办会同市应急联动中心组织事发地区县政府和相关联动单位联动处置较大和一般互联网网络安全事件，对特别重大或重大互联网网络安全事件，负责组织实施先期处置。

（4）应急指挥与协调

①一旦发生先期处置仍不能控制的互联网网络安全事件，市网安办应及时研判事件等级并上报市政府，必要时，成立市应急处置指挥部，下设联络小组和处置小组。

②现场指挥部由事发地区县政府和市网安办视情设立，在市应急处置指挥部的统一指挥下，负责现场应急处置的指挥协调。现场指挥部由市网安办、发生互联网网络安全事件所在的主管机构与责任单位负责人组成，并根据处置需要组织信息安全专家等参与。

（5）应急处理流程

出现灾情后值班人员要及时通过电话、传真、邮件、短信等方式通知单位领导及相关技术负责人。值班人员根据灾情信息，初步判定灾情程度。能够自身解决，要及时加以解决；如果不能自行解决故障，由单位领导现场指挥，协调各部门力量，按照分工负责的原则，组织相关技术人员进入抢险程序。下面介绍几种典型的安全事件应急响应流程。

①病毒爆发处理流程。对外服务信息系统一旦发现感染病毒，应执行以下应急处理流程：

- 立即切断感染病毒计算机与网络的连接；
- 对该计算机的重要数据进行数据备份；
- 启用防病毒软件对该计算机进行杀毒处理，同时通过防病毒软件对其他计算机进行病毒扫描和清除工作；
- 如果满足下列情况之一的，应立即向本单位信息安全负责人通报情况，并向政府办信息科报告：
  - ■ 现行防病毒软件无法清除该病毒的；
  - ■ 网站在 2 小时内无法处理完毕的；
  - ■ 业务系统或办公系统在 4 小时内无法处理完毕的。
  - ■ 恢复系统和相关数据，检查数据的完整性；
  - ■ 病毒爆发事件处理完毕，将计算机重新接入网络；
  - ■ 总结事件处理情况，并提出防范病毒再度爆发的解决方案；
  - ■ 实施必要的安全加固。

②网页非法篡改处理流程。本单位对外服务网站一旦发现网页被非法篡改，应执行以下

应急处理流程：

- 发现网站网页出现非法信息时，值班人员应立即向本单位信息安全负责人通报情况，并立即向县公安局网监处和政府信息科报告。情况紧急的，应先及时采取断网等处理措施，再按程序报告；
- 本单位信息安全负责人应在接到通知后立即赶到现场，做好必要记录，妥善保存有关记录及日志或审计记录；
- 公安局网监处应在接到报告后 2 小时内赶到现场，追查非法信息来源。县信息中心做好各种相关的配合工作，必要时协调相关部门或公司来协助解决；

（6）应急响应结束

对于重大和特别重大的互联网网络安全事件，在应急处置工作结束，或者相关危险因素消除后，市政府根据市应急处置指挥部的建议，决定终止实施应急措施，转入常态管理。

对于一般和较大的互联网网络安全事件，应急结束的判断标准为信息系统和业务恢复正常，由该事件衍生的其他事件已经消失，安全隐患已经消除。由市网安办宣布应急结束，转入常态管理。

7. 应急响应善后处置

（1）责任认定

事件责任单位和其他相关应急管理工作机构要积极稳妥、深入细致地搞好善后处置。对参与处置的工作人员，以及紧急调集、征用有关单位、个人的物资，要按照规定给予补助或补偿。相关部门商请保险监管机构督促有关保险公司及时搞好有关投保单位和个人损失的理赔。

（2）调查与评估

市网安办会同事发单位和相关部门对互联网网络安全事件的起因、性质、影响、责任、经验教训和恢复重建等问题进行调查和评估。

①责任确定。应急处置工作结束后，应当分析产生该次事件的原因，对事件进行调查，确定责任人。如果涉及违法犯罪行为，由司法机关及时追究当事人的刑事责任。

②事件备案与归档。应急处置工作结束后，处置小组实施事件处置的过程和结果须在市网安办备案。

③预案维护。应急处置工作结束后，需根据应急过程中暴露的问题和调查评估的结果，对预案进行相应的修改和维护。

（3）恢复重建

恢复重建工作按照“谁主管谁负责，谁运营谁负责”的原则，由事发单位负责。事发单位和相关职能部门在对可利用的资源进行评估后，制订重建和恢复生产的计划，迅速采取各种有效措施，恢复互联网网络系统的正常运行。

（4）信息发布

对于已经发生的重大和特别重大事件的相关信息，经市网安办审批后通报给重点单位；一般和较大事件的相关信息，采用简报形式，发到全市各有关单位；对于造成社会影响的互联网网络安全事件，信息发布应当及时、准确、客观、全面。事件发生后，要及时向社会发布信息，并根据事件处置情况做好后续发布工作。需要向社会发布的信息，经市网安办核定后，由市政府新闻办具体发布。

（5）情况汇报及总结

安全事件应急处理结束后，各经营性互联网单位和 CNCERT/CC 及时对本次安全事件发生的原因、事件规模进行调查，估算事件损失后果，对应急处理手段效果和后续风险进行评估，总结应急处理的经验教训并提出改进建议，于应急处理结束后一个月内向互联网应急处理工作办公室上报相关的总结评估报告。

互联网应急处理工作办公室在汇总分析各有关单位上报的总结评估报告的基础上，向国家通信保障应急领导小组及时上报本次事件的处理报告。

（6）奖惩评定及表彰

为提高互联网网络安全应急工作的效率和积极性，按照有关规定，对在互联网网络安全应急处理过程中表现突出的单位和个人给予表彰，对于处理不力，给国家和企业造成损失的单位和个人进行惩处。

6.3.6 网络安全应急响应展望

随着网络技术的不断发展，网络安全事件的周期越来越短、危害越来越大。譬如预警，从扩散、发现到大规模蔓延留给我们的时间越来越短，以前一个病毒出现需要几个月到几年时间，有很多病毒注明一年后再发作，因为要留足够的扩散空间，不会一下爆发。后来宏病毒可以通过邮件传染了，它可在数周或数月后爆发，后来这个时间又缩短到数天，现在从发现到蔓延只需 12 小时。因此，研究网络安全应急响应存在的问题，找出对应的解决方案势在必行。

1. 网络安全应急响应存在的问题

（1）缺乏面向地方的跨部门、跨行业的协同应急机制

目前，虽然已经建立了各种应急响应部门，但是，仍然有一些重要部门及互联网 IDC 的应急响应队伍没有纳入应急体系中，面向地方的跨部门、跨行业的协同机制未建立。

（2）网络安全法律不完善

由于国家网络安全法律法规建设滞后，国家网络安全保障整体性不强，使得跨部门、跨行业的协作、协调难度大。

（3）应急响应队伍需要加强

由于网络安全应急响应是一项对技术要求很高的工作，目前，能够胜任这一工作的专职人员还很缺乏。因此，急需建立一支具有较高专业技术水平，熟悉应急响应处理方法和流程的应急队伍。

2. 加强网络安全应急响应的措施

网络安全应急响应是在“积极预防、及时发现、快速响应、力保恢复” 的大原则下有所侧重，其核心要素是发现与响应，这里面包括两个要素，第一个要素是要在第一时间知道风险来临，第二个要素是知道了风险来临后要及时进行响应。要做到这两点，应该从以下几个方面着手：

（1）完善互联网应急体系建设

修订互联网网络安全应急预案，推进面向地方的跨部门、跨行业的协同机制建设，保证整个应急体系的高效运行。

（2）积极开展网络安全事件的应急演练

检验应急处理各个环节的有效性，及时发现和改进存在的问题和不足，使应急响应工作得到不断改进。

（3）探讨建立跨部门、跨行业的应急联动工作机制

如通信行业与公安部门的联动，可以共享在互联网上发现的各种线索，方便公安机关打击网络犯罪的力度。通信行业的优势是网络全程全网，任何一个网络攻击很容易从一点追击另一点，公安部门的优势是有执法权，并且具有大量的基层队伍，可以对每一个终端采取措施进行制裁。如果能有效地联合，就可以优势互补彻底解决很多涉及犯罪的网络安全事件。

（4）建立层次化的应急响应队伍

应急响应是一项“养兵千日，用兵一时”的服务，平常这项工作可能显得可有可无，一旦有紧急事件发生，一个及时、到位的应急响应服务队伍就显得十分必要。因此要建立一个层次化的应急响应队伍，具体包括：

①建立外围技术支撑队伍，如选择一些有资格的信息安全产品和服务供应商作为重要的技术、服务合作伙伴，提供专业化的安全应急技术服务。

②在应急处理体系内联合组建兼职的网络安全专家队伍，不定期开展网络安全新技术研讨及应急培训，提高应急技术处理水平。

③明确各层次应急队伍的职责，比如国家级网络应急平台的主要任务是发现安全问题，这主要是因为所有应急处理都依靠国家平台自动处理是不可能的，而对于应急响应的具体事务则由其他层次的机构完成。

（5）进行系统安全评估

只有彻底了解系统安全状况，才能在安全事件发生时做到及时响应、及时处理。当然还要能够分析相应的安全隐患所面对的破坏手段， 以及目前安全隐患所带来的威胁和处置能力。

第7章 网侦天下

7.1 概述

网络犯罪是一种新型的智能犯罪,是伴随着计算机及网络的发明和应用而产生的一种新的犯罪类型。这种犯罪行为往往具有隐蔽性、智能型和严重的社会危害性。互联网络的发展使犯罪嫌疑人可以不受时间、空间和地域的限制，躲在不易引人注意的角落里操纵计算机，瞬间可以使国家、组织或个人的巨额财产流失，国际秘密泄露，信息系统瘫痪，甚至造成社会动荡，其危害之强，令人难以想象。在侦查网络犯罪中，除了应借鉴侦查传统犯罪的方法外，更应探索新的侦查途径，采用新的侦查方法。首先，应想方设法获取网络犯罪案源；其次，要有针对性地进行初查；第三，在网络犯罪现场勘查过程中，除了采用传统方法取证外，还应重点对与网络犯罪相关的电磁记录、命令记录等网络证据进行搜集；最后，应依托网络采取切实可行的侦查措施。

7.2 网络犯罪

网络犯罪，是指行为人运用计算机技术，借助于网络对其系统或信息进行攻击，破坏或利用网络进行其他犯罪的总称。既包括行为人运用其编程，加密，解码技术或工具在网络上实施的犯罪，也包括行为人利用 软件指令，网络系统或产品加密等技术及法律规定上的漏洞在网络内外交互实施的犯罪，还包括行为人借助于其居于网络服务提供者特定地位或其他方法在网络系统实施的犯罪。简言之，网络犯罪是针对和利用网络进行的犯罪，网络犯罪的本质特征是危害网络及其信息的安全与秩序。

7.2.1 网络犯罪的特点

与传统案件相比，网络违法犯罪案件呈现出许多新特点，一是网络犯罪是无形犯罪，犯罪手段技术含量高，隐蔽性强，犯罪行为不易发现；二是行为时与结果时，行为地和结果地分离，多个时空现场，跨地域调查取证难；三是现场原始状态易破坏，案件线索、证据材料易丢失、易篡改；四是危害后果易扩大和蔓延。

网络犯罪和其他社会犯罪一样，都具有社会危害性、行为违法性与应受刑法处罚的基本特征。但作为一种新的社会犯罪现象，特别是作为高科技领域的犯罪，它又具有传统犯罪不可能有的一些新特点：

1. 犯罪主体的特征

（1）犯罪主体一般化

在网络技术发展初期，由于计算机的复杂性和应用的高难度性，比如，操作语言是非常

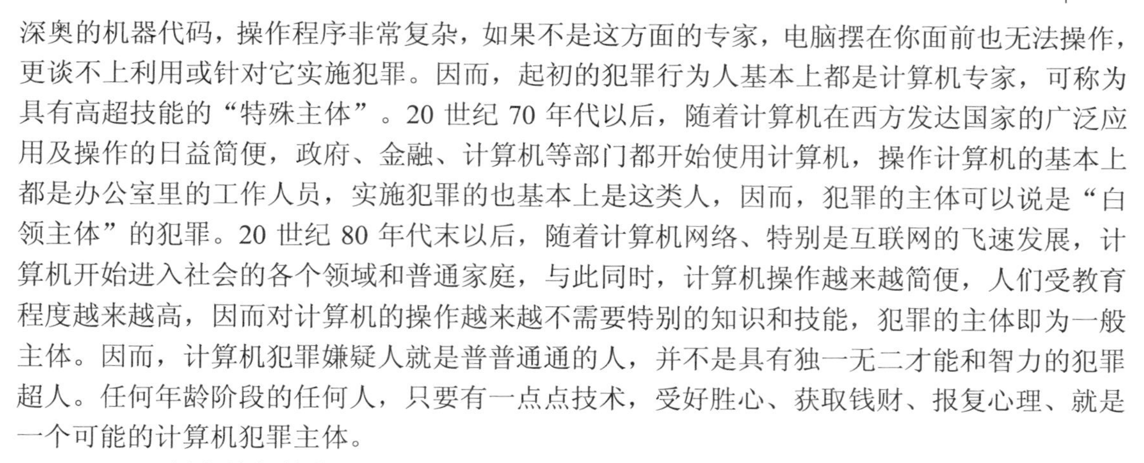

深奥的机器代码，操作程序非常复杂，如果不是这方面的专家，电脑摆在你面前也无法操作，更谈不上利用或针对它实施犯罪。因而，起初的犯罪行为人基本上都是计算机专家，可称为具有高超技能的“特殊主体”。20 世纪 70 年代以后，随着计算机在西方发达国家的广泛应用及操作的日益简便，政府、金融、计算机等部门都开始使用计算机，操作计算机的基本上都是办公室里的工作人员，实施犯罪的也基本上是这类人，因而，犯罪的主体可以说是“白领主体”的犯罪。20 世纪 80 年代末以后，随着计算机网络、特别是互联网的飞速发展，计算机开始进入社会的各个领域和普通家庭，与此同时，计算机操作越来越简便，人们受教育程度越来越高，因而对计算机的操作越来越不需要特别的知识和技能，犯罪的主体即为一般主体。因而，计算机犯罪嫌疑人就是普普通通的人，并不是具有独一无二才能和智力的犯罪超人。任何年龄阶段的任何人，只要有一点点技术，受好胜心、获取钱财、报复心理、就是一个可能的计算机犯罪主体。

（2）犯罪主体低龄化

据统计，计算机犯罪人多数在 35 岁以下，甚至有很多是尚未达到刑事责任年龄的未成年人。如美国有名的计算机网络流氓莫尼柯只是个 15 岁的少年。我国的计算机犯罪嫌疑人一般为 28 岁以下的青少年，这与发达国家的情况大体一致。在收集到的 185 起案件中，知道主犯年龄情况的有 78 起，其中 15 至 28 岁年龄段的有 55 人；知道从犯年龄情况的有 16 起，其中 15 至 28 岁年龄段的有 11 人。此外，在校学生计算机犯罪率呈增长趋势。自我国 1997 年 10 月 1 日新修订的刑法实施以来，大连发生了设置逻辑炸弹破坏寻呼系统案件，上海、贵州、江西等地分别发生了黑客入侵、破坏当地信息系统案件，犯罪嫌疑人都是年轻人，其中有 2 人是学生。

（3）高科技和高智能结合

众所周知，计算机是现代科学技术发展的产物，而高智能与高科技结合则是网络犯罪的最大特点。

①犯罪主体通常具有相当高的计算机知识。行为人无论是利用网络还是针对网络进行犯罪，必须掌握一定的科学技术方能实施。大多数计算机犯罪分子都受过良好教育，具有相当高的计算机专业知识和娴熟的计算机操作技能。他们或为计算机程序设计人员，或作为计算机管理、操作、维修保养人员，有使用计算机的方便条件。局外人若欲钻计算机系统的空子达到其犯罪目的，则必须是具有更高计算机知识的“奇才”。如计算机病毒的制造者几乎都是程序设计的专家，像莫里斯就是这样。而出入于计算机安全系统间的“黑客”们也无不是计算机方面的行家里手，如泰纳尼姆等。

②犯罪手段多是与高科技方法相联系的特殊手段。在计算机犯罪的各种手段中，无论是异步攻击，还是假数据输入，抑或是特洛伊木马术，无一不是凭借高科技手段，有时还是多种手段并用。近些年一些国家的重要计算机系统(如金融系统、军事国防系统)，尽管防范严密，也还是三番五次被侵入，这从反面说明计算机犯罪的手段还在不断升级。

③犯罪分子作案前一般都经过了周密的预谋和精心的准备。犯罪分子会选择适当犯罪时机和地点。作案前，犯罪分子一般要对计算机系统的功能及其工作机制进行全面的考察，以便于顺利实施犯罪，发生于美国洛杉矶市的施奈德诈骗案，施氏在作案前进行了数年的准备。从中学时期开始，他就从某公司的垃圾箱中收集，整理各种文件，从中了解该公司电子计算机的订货发货系统，并骗取了接通电子计算机的电话号码和口令。尔后，他多次利用联机系

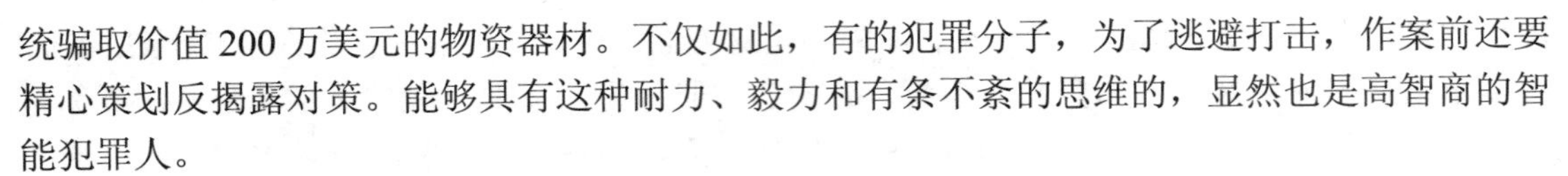

统骗取价值200万美元的物资器材。不仅如此，有的犯罪分子，为了逃避打击，作案前还要精心策划反揭露对策。能够具有这种耐力、毅力和有条不紊的思维的，显然也是高智商的智能犯罪人。

2. 犯罪客体的特征

从犯罪学角度看，网络犯罪所侵害的客体既有国家安全、社会秩序、网络秩序，也有财产所有权、人身权利、民主权利等。就国内已经破获的网络犯罪案件来看，作案人主要是为了非法占有财富和蓄意报复，侵害目标主要集中在金融、证券、电信、大型公司等重要计算机部门和单位，其中以金融、证券等部门尤为突出。网络犯罪中可能受到侵犯的对象包括：

①计算机本身及软件产品是国家、集体或个人的财产，可能是侵犯的对象；

②计算机处理、存储、传输的数据、信息可能是侵犯的对象；

③计算机网络可能是攻击对象。

3. 社会危害性严重

由于计算机系统应用的普遍性和计算机处理信息的重要性，现在整个社会的重点及要害领域皆为网络所控制，社会的正常运转与维系在很大程度上依赖于网络系统的正常运作，因而，网络犯罪的危害性远比传统犯罪要大得多。一旦网络系统遭到毁损与破坏，宛如肌体中的中枢神经失去功能，必然造成整个社会的瘫痪和失控。

国际计算机安全专家们一致认为，网络犯罪社会危害性的大小与计算机信息系统的社会作用成正比。社会资产计算机化的程度和计算机应用普及的广度越高，网络犯罪的几率就越高，社会危害性也就越大。可以预见，随着网络在银行金融系统、交通运输系统、电力通讯系统及政府办公、计算机管理、军事指挥控制等领域的广泛应用，当某个要害环节出现问题时，就可能产生灾难性的连锁反应。这绝非耸人听闻之语。通过对现实中网络犯罪案件的考察，其未来之发展已可见一斑。

衡量计算机危害性的尺度主要有两个：一个是计算机尺度，另一个是社会尺度。

（1）计算机尺度

计算机犯罪所造成的计算机损失之巨是其他类型的犯罪所无法比拟的。用日本计算机犯罪专家乌居壮的话来说："现在几乎没有一种犯罪像电子计算机那样轻而易举地得到巨额财产。"美国斯坦福研究所的研究表明，计算机犯罪案的损失金额平均每起案件为45万美元，是传统犯罪案件的几十倍到几百倍。

从计算机秩序的角度讲，以美国为例，全国的四大电子转账系统，国内日转账4000亿美元，跨国日转账6000亿美元，如果被窃10%，美国计算机就会发生灾变，并将波及其他国家。这并非是一种毫无根据的假设，从电子信息系统的脆弱性来讲，四大转账系统与全国的电话网融为一体，一旦有人骗取或破译了密码与口令，从任一终端机都可以实施计算机盗窃犯罪。至于盗窃数额是大是小，对于网络犯罪来说在技术上并无差别，只是一个数额大小的问题。

（2）社会尺度

如果计算机犯罪的危害仅限于财产的损失，那么这种危害尚不足惧。其更为严重的危害性在于它对整个社会的计算机、文化、政治、军事、行政管理、物质生产的全方位冲击。这种严重的危害性也许只有毒品犯罪可与之相提并论。但是，就其难以预测的突发性和直接的连锁反应及危害后果的即时性而言，计算机犯罪的潜在危害性又远非毒品可比。实际上，计算机犯罪从经济上给社会造成巨大损失，到电脑黄毒给社会意识形态领域带来污染和对青少

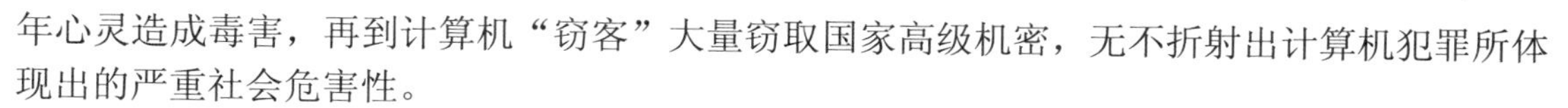

年心灵造成毒害，再到计算机“窃客”大量窃取国家高级机密，无不折射出计算机犯罪所体现出的严重社会危害性。

4. 犯罪隐蔽性强

隐蔽性是刑事犯罪活动的一个共性。为了防止被发现，以逃避打击，多数犯罪分子作案一般都比较隐蔽。在此方面，计算机犯罪表现得更为突出。计算机犯罪无论是犯罪行为本身，还是其犯罪后果都具有极大的隐蔽性。

网络犯罪基本上是一种“无形犯罪”模式。具体表现为：

①网络犯罪方法的无形性。网络犯罪的方法大多是通过程序和数据这些无形信息的操作来实施。

②网络犯罪的直接目标的无形性。网络犯罪的直接目标也往往是无形的电子数据或信息。

③网络犯罪的后果的无形性。由于数据一旦存储进计算机，人的肉眼就难以看到，并且，数据进入计算机后就不存在传统的笔迹异同的差别。因此，对这种犯罪一般很难发现。特别是窃取信息的犯罪，犯罪后对机器硬件和信息载体可不造成任何损坏，甚至未使其发生丝毫的改变，不留痕迹。这就使得此类犯罪不易被发现，即使被发现，也难以侦破。

5. 网络犯罪的无形性与传统犯罪形式具有明显的区别

无论是杀人还是盗窃，其犯罪行为只要实施，必然留下作案现场和其他犯罪行为踪迹；而计算机犯罪，犯罪分子凭借着高科技的作案工具——具有强大功能的计算机信息系统，侵害无形的数据或信息，大多无迹可寻。计算机犯罪的特征之一就是正常操作同犯罪活动在工作形式上很难区分，以致许多计算机罪犯在办公室的终端旁紧张地操作键盘，为犯罪活动忙碌着，同事还以为他在勤奋工作呢!

网络犯罪是一种瞬间即可完成的犯罪。

①作案的“瞬时性”。网络犯罪的准备也许有一个漫长的过程，但计算机发挥犯罪功能却瞬时可成。网络犯罪的作案时间通常都非常短暂，计算机执行一项犯罪指令，短的只需零点零几秒，长的也不过几分钟。因而，犯罪分子只需在微机键盘上敲几个键，便可达到犯罪目的。而传统犯罪则起码要以分、时甚至天等时间单位来计算。

②销毁犯罪证据的“瞬时性”。计算机执行指令时间短，不仅给犯罪提供了便利的条件，而且犯罪证据(如在微机磁盘上存储的数据等)也就瞬间即逝，从而使计算机犯罪的隐蔽性得以进一步增强。

6. 网络犯罪的“不易识别性”

网络犯罪是一种难以判别的犯罪形式。具体表现在以下方面：

①网络犯罪的表现特征。网络犯罪不同于一般的传统犯罪(像杀人、盗窃、抢劫、强奸等)，后者特定的作案情景就可显示出其犯罪的性质，人们不仅即刻就能作出正确的判断，而且可以立刻采取相应的反抗措施；而计算机犯罪则不然，它往往没有特定的和明显的犯罪表现特征，人们无法从“敲击键盘”或其他操作行为本身判别其功用、性质与后果。所以，即便一些犯罪分子在众目睽睽下作案，也很难被识别或被发现。

②网络犯罪黑数高。网络犯罪的特点，决定了网络犯罪的发现和揭露率很低，犯罪黑数高。在发达国家的网络犯罪案件中被发现且能被破获的还不到 1%。在发展中国家中，受技术和手段等方面的限制，其发现和揭露率还要低得多。一些网络犯罪之所以能够被揭露出来，多是由于同伙告发、自我吹嘘、冒富及其他一些偶然因素。正是因为网络犯罪的隐蔽性极强，

使犯罪分子所冒的风险很小而获益巨大，这就更助长了犯罪分子的侥幸心理。作案者认为，借助电脑犯罪不显山，不露水，不留痕迹，难以发现，从而敢于铤而走险。与此同时，如果犯罪分子一次实施犯罪得手，犯罪心理就会得到进一步的强化，每一次犯罪的成功就会刺激其实施新的犯罪，犯罪欲望不断升级。并且这种高科技犯罪是一种“文明”的犯罪，行为人大多无罪恶感。犯罪的成功，不仅给犯罪带来物质上的收益，同时他们也可借以满足其智力上的快感。在这种心理基础上，犯罪分子很少一次作案后就洗手不干，而常常是连续实施犯罪。

7. 犯罪时空跨度大

网络犯罪的犯罪地点具有多变性，这表现在犯罪行为不存在时空条件的限制。

①计算机网络使计算机犯罪的跨时空性成为可能。随着科学技术的突飞猛进，计算机网络化是一个不可逆转的发展趋势。计算机主机、各计算机终端通过搭载通信线路而连接起来，当今世界一半以上的贸易是在跨国公司及其子公司之间进行，几乎所有的跨国公司都建有自己的计算机系统，并联网或加入不同的国际网络，各行业各部门一般都建有自己的计算机系统网络，因此可以说计算机系统由一个纵横交错的网络构成；各交点是大中型计算机处理机，终点一般是计算机终端，由于广泛运用卫星通信和光导纤维通信，使得远距离数据信息传输和处理在瞬间得以实现。计算机犯罪分子正是利用计算机的网络化，可以通过计算机终端或者电话启动终端进行操作，非法访问计算机系统，实施犯罪，使危害结果可以在计算机网络延伸的世界范围任何一个角落发生，因而遥控实施的计算机犯罪又具有时空一体性的特征，即远隔千里实施犯罪与近在咫尺犯罪一样，犯罪跨越省界、国界、洲界都是极其容易做到的。

②各国法律冲突与司法协助的问题使犯罪分子有机可乘。对于国际计算机网络的数据信息的破坏，会牵涉到各国法律冲突与司法协助的问题，因此，有的犯罪分子利用各国法律的差异(如根据荷兰刑法，侵入计算机系统窃取信息和资料的行为并不违法)，以及国家之间有无引渡协议等情况，跨国作案，以逃避打击。

7.2.2 网络犯罪的类型

涉网计算机犯罪案件大致分为三类：

1. 针对网络实施犯罪的案件

是指针对计算机信息系统实施攻击、破坏的案件，主要通过入侵、非法控制等方式造成计算机信息系统功能的破坏、干扰和数据非授权的增加、删除、篡改及获取。主要包括：

①非法侵入计算机信息系统案（《刑法》第 285 条第 1 款)。

②非法获取计算机信息系统数据案（《刑法》第 285 条第 2 款)。

③非法控制计算机信息系统案（《刑法》第 285 条第 2 款)。

④提供侵入、非法控制计算机信息系统的程序、工具案（《刑法》第 285 条第 3 款)。

⑤破坏计算机信息系统案（《刑法》第 286 条)。

2. 利用网络实施犯罪的案件

是指主要犯罪行为在互联网上组织实施的，以网络相关资源及产品为主要犯罪对象并造成现实危害的案件， 主要包括：

①在互联网通过非法获取网络银行、网络证券、网络期货交易等网络金融平台相关认证信息实施的盗窃案（《刑法》第 264 条)。

②在互联网上实施的传播淫秽电子信息案（《刑法》第 364 条第1款)。

③在互联网上实施的制作、传播、出版、贩卖、传播淫秽电子信息牟利案（《刑法》第 363 条第 1 款)。

④在互联网上传输淫秽电子信息的组织淫秽表演案（《刑法》第 365 条)。

⑤在互联网上实施投注的赌博案（《刑法》第 303 条)。

⑥在互联网上实施的侵犯电子信息著作权案（《刑法》第 217 条)。

⑦在互联网上实施的销售侵权电子信息复制品案（《刑法》第 218 条)。

⑧在互联网上以推销虚拟物品、提供网络服务等经营活动为名实施的组织、领导传销活动案（《刑法》第 224 条之一)。

⑨利用计算机实施金融诈骗、盗窃、窃取国家秘密或者其他犯罪的（《刑法》第 287 条）。

⑩在互联网上实施的编造、故意传播虚假恐怖信息案(刑法第 291 条之一)。

⑪主要犯罪行为在互联网上实施的其他案件。

3. 利用互联网发布信息实施犯罪的案件

是指以互联网为平台发布犯罪信息的案件，主要包括：

①利用互联网发布信息销售枪支、毒品、假发票、假证件、假币、假药等违禁品。

②利用互联网发布信息组织卖淫嫖娼、拐卖妇女儿童。

③在互联网上发布信息实施诈骗、敲诈勒索。

④利用互联网传输信息危害国家安全。

⑤利用互联网发布信息实施的其他案件。

7.2.3　网络犯罪的管辖

从普遍意义来说，我国刑事诉讼中的管辖，是指依照刑事诉讼法的规定，公安机关、人民检察院和人民法院直接受理刑事案件，以及人民法院组织系统内部审判第一审案件的权限范围的分工。但就计算机犯罪案件的管辖而言，由于主要与公安机关、人民检察院和人民法院的职能管辖相关联，并且更多地涉及公安机关与人民检察院之间在直接受理计算机犯罪案件的权限范围上的分工，与人民法院系统内部的审判管辖所涉极少，因而我们的研究重点则放在了公安机关、人民检察院和人民法院对计算机犯罪案件的职能管辖(亦即部门管辖或立案管辖)，以及公安机关有关立案侦查的权限分工等问题上。

1. 网络犯罪案件的职能管辖

确定网络犯罪案件的管辖，首先要解决的，就是职能管辖，即公安机关、人民检察院和人民法院在直接受理计算机犯罪案件范围上的分工。一般来说，依据 1996 年修改的《中华人民共和国刑事诉讼法》关于管辖的规定以及相关的司法解释，计算机犯罪案件的职能管辖基本上是明确的，但也不能忽视其中仍然存在着一些值得研究的问题。

（1）公安机关的管辖

公安机关是国家的专门侦查机关，依法具有广泛的刑事侦查权，因而绝大多数计算机犯罪案件由公安机关立案侦查。《中华人民共和国刑事诉讼法》第十八条第 1 款规定：“刑事案件的侦查由公安机关进行，法律另有规定的除外”。据此，由公安机关立案侦查的计算机犯罪案件有两类：

第一类，破坏计算机信息系统安全的犯罪案件，此类案件具体包括：非法侵入计算机信息系统案（《刑法》第二百八十五条)和破坏计算机信息系统案（《刑法》第二百八十六条)。

第二类，利用计算机实施的犯罪案件，此类犯罪案件所涉罪名极为广泛，在我国《刑法》分则规定的各章中，凡可能以计算机作为犯罪工具实施的犯罪，除属于第八章贪污罪、第九章渎职罪和第十章军人违反职责罪的，分别应由人民检察院管辖和军队保卫部门立案侦查，以及极少数刑事案件应由人民法院直接受理外，绝大多数案件在原则上应由公安机关管辖。主要包括以下类型的案件：

①可以利用计算机实施的危害国家案有以下几种：

- 煽动分裂国家案（《刑法》第一百零三条第2款）；
- 煽动颠覆国家政权案(《刑法》第一百零五条第2款)；
- 间谍案（《刑法》第一百一十条）；
- 为境外窃取刺探、收买、非法提供国家秘密；
- 情报案（《刑法》第一百一十一条）。

必须指出，我国国家安全工作的主管机关是国家安全机关。根据1993年2月22日起施行的《中华人民共和国国家安全法》第二条第2款的规定，“国家安全机关和公安机关按照国家规定的职权划分，各司其职，密切配合，维护国家安全”。因而，对于利用计算机实施的危害国家安全的犯罪案件，公安机关和国家安全机关都具有管辖权，但是，这并不意味着对任何一种危害国家安全的犯罪案件，均由公安机关和国家安全机关共同管辖即存在双重管辖的问题。

②危害公共安全案包括以下几种：

- 利用计算机实施的破坏交通工具案（《刑法》第一百一十六条、第一百一十九条第1款）；
- 破坏交通设施案（《刑法》第一百一十七条、第一百一十九条第1款）；
- 破坏电力设备案（《刑法》第一百一十八条、第一百一十九条第1款）；
- 破坏易燃易爆设备案（《刑法》第一百一十八条、第一百一十九条第1款）；
- 破坏广播电视设施、公用电信设施案（《刑法》第一百二十四条第1款）。

③破坏社会主义市场经济秩序案。随着市场经济的迅速发展，利用计算机实施的经济罪必将渗透到整个经济领域，并将成为计算机犯罪的主要类型。可以说，《刑法》第三章的所有罪名都可以利用计算机来实施。

- 关于侵犯知识产权罪。侵犯知识产权的某些犯罪，如侵犯著作权罪（《刑法》第二百一十七条)和侵犯商业秘密罪（《刑法》第二百一十九条)，根据有关司法解释，“侵犯知识产权案件(严重危害社会秩序和国家利益的除外)”，系由人民法院直接受理的“被害人有证据证明的轻微刑事案件”。
- 公安机关应当受理的侵犯知识产权案。对于具有计算机犯罪性质的侵犯知识产权案件，凡属于严重危害社会秩序和国家利益的，应当由公安机关管辖；而危害一般的，则由人民法院直接受理；如果后者中证据不足，可由公安机关受理的，人民法院应当移送公安机关立案侦查；被害人直接向公安机关控告的，公安机关应当受理。

④侵犯公民人身权利、民主权利案。在此类犯罪中，行为人可能利用计算机实施的是侮辱案、诽谤案（《刑法》第二百四十六条)。根据《刑法》第二百四十六条第2款规定，侮辱罪、诽谤罪属于“告诉才处理”的自诉案件，但是，严重危害社会秩序和国家利益的除外。

⑤侵犯财产案主要包括：

- 利用计算机实施的盗窃案（《刑法》第二百六十四条)；

- 诈骗案（《刑法》第二百六十六条）；
- 职务侵占案（《刑法》第二百七十一条第 1 款）；
- 挪用资金案（《刑法》第二百七十一条第 2 款）；
- 挪用特定款物案（《刑法》第二百七十三条）；
- 敲诈勒索案（《刑法》第二百七十四条）。

⑥妨害社会管理秩序案主要包括：

- 利用计算机实施的非法获取国家秘密案（《刑法》第二百八十二条第 1 款）；
- 传播淫秽物品牟利案（《刑法》第三百六十三条第 1 款）；
- 传播淫秽物品案（《刑法》第三百六十四条第 1 款）。

（2）检察机关的管辖

人民检察院是国家法律监督机关，依法具有部分刑事侦查权。《刑事诉讼法》第十八条第 2 款规定："贪污贿赂犯罪，国家工作人员的渎职犯罪，国家机关工作人员利用职权实施的非法拘禁、刑讯逼供、报复陷害、非法搜查的侵犯公民人身权利的犯罪以及侵犯公民民主权利的犯罪，由人民检察院立案侦查。对于国家机关工作人员用职权实施的其他重大的犯罪案件，需要由人民检察院直接受理的时候，经省级以上人民检察院决定，可以由人民检察院立案侦查。"所以，国家机关工作人员利用计算机实施的上述犯罪案件，由人民检察院管辖。在司法实践中，主要包括以下几类案件：

①贪污案（《刑法》第三百八十二条）：

国家工作人员利用职务上的便利，以计算机作为犯罪工具，侵吞、窃取、骗取或者以其他手段非法占有公共财物的犯罪案件。

②挪用公款案（《刑法》第三百八十四条）：

国家工作人员利用职务上的便利，以计算机作为犯罪工具，挪用公款的犯罪案件。

③故意泄露国家秘密案（《刑法》第三百九十八条）：

国家机关工作人员违反保守国家秘密法的规定，以计算机作为犯罪工具，故意泄露国家秘密的犯罪案件。

④对于国家机关工作人员利用职权实施的其他重大的计算机犯罪案件，需要人民检察院直接受理的时候，经省级以上人民检察院决定，也可以由人民检察院立案侦查。公安机关工作人员利用职权实施的重大的计算机犯罪案件，如公安人员利用职权非法侵入计算机信息系统或破坏计算机信息系统的犯罪案件，或者利用计算机作为犯罪工具进行盗窃、诈骗的犯罪案件，等等。由于在此类案件中，行为人系公安人员，如果仍然由公安机关立案侦查，可能受到诸多因素的干扰，极不适宜，因而便需要由承担法律监督职责的人民检察院直接受理。当然，必须经过严格的程序，即经省级以上人民检察院决定之后，人民检察院才有权对此类案件立案侦查。

（3）人民法院的管辖

人民法院是国家审判机关，不具有任何刑事侦查权，因而其直接受理的刑事案件包括计算机犯罪案件是极其有限的。

根据刑事诉讼法、《刑法》以及有关司法解释的规定，人民法院直接受理的案件限于自诉案件，具体来说，即下列三类案件：

①告诉才处理的案件包括：

- 侮辱、诽谤案(严重危害社会秩序和国家利益的除外);
- 暴力干涉婚姻自由案(致使被害人死亡的除外);
- 虐待案(致使被害人重伤、死亡的除外)。

② 被害人有证据证明的轻微刑事案件。

③ 公安机关或人民检察院不予追究被告人刑事责任的案件。

2. 公安机关内部对计算机犯罪案件立案侦查的权限分工

从前面的论述我们可以看出，基于职能管辖的划分，绝大多数计算机犯罪案件应当由公安机关立案侦查，如此，对于计算机犯罪立案侦查的权限如何分工，便成为了公安机关系统内部一个必须重点关注的问题。尽管我国的刑事诉讼法对此没有明确的规定，但根据刑事诉讼法在管辖规定中所体现的基本精神，公安部制定了《公安机关办理刑事案件的程序规定》(以下简称《规定》)，它无疑为我们解决上述问题提供了一个重要依据。依照《规定》，公安机关对计算机犯罪案件立案侦查的权限分工即管辖主要有以下几种情形：

（1）地域管辖

这里所说的地域管辖，特指同级公安机关之间对计算机犯罪案件立案侦查的权限分工，主要包括以下两类情形：

①地域管辖的一般情形：

《规定》第 15 条：“刑事案件由犯罪地的公安机关管辖，如果由犯罪嫌疑人居住地的公安机关管辖更为适宜的，可以由犯罪嫌疑人居住地的公安机关管辖。”

所谓犯罪地，是指犯罪事实发生的地区（或场所），通常包括犯罪行为实行地（又称行为地）和犯罪结果发生地（又称结果地）。

根据《规定》，处理同级公安机关之间对计算机犯罪案件立案侦查的权限分工，在一般情形下，应当坚持以犯罪地的公安机关立案侦查为主，以犯罪嫌疑人居住地的公安机关立案侦查为辅的原则。对于计算机犯罪案件的立案侦查，主要由犯罪地的公安机关进行，这不仅可以使侦查迅速展开，而且也有利于及时搜集证据，查明案情。

当然，以犯罪地的公安机关为主立案侦查并非绝对的。在某些具体情形下，如主要线索都指向犯罪嫌疑人的居住地，主要证据、主要证人也都在犯罪嫌疑人的居住地，主要的侦查工作必须在犯罪嫌疑人的居住地展开；或者犯罪地的公安机关对于计算机犯罪案件的侦查缺乏必要的侦查力量和技术手段，而犯罪嫌疑人居住地的公安机关则具有较强的侦查力量和技术手段，等等，认为由犯罪嫌疑人居住地的公安机关立案侦查更为适宜，则可以由犯罪嫌疑人居住地的公安机关立案侦查。

②地域管辖的特殊情形：

由于计算机犯罪案件的复杂性，有时会发生对同一起案件数个公安机关都具有管辖权的特殊情形，对此，就应当对进行变通处理，以解决地域管辖的问题。这主要有以下情形：

- 对于隔地犯立案侦查的权限分工。所谓隔地犯，是指犯罪的行为与犯罪的结果发生于不同地区(或不同场所)的犯罪情形。在一般情形下，当计算机犯罪案件只存在一个犯罪，而该犯罪的行为地和结果地属同一地区时，由该地区公安机关立案侦查即可，并不会发生数个公安机关共同具有管辖权的问题。譬如，行为人在甲地非法侵入甲地金融机构的计算机信息系统实施盗窃，其行为地和结果地均为甲地，则该案件由甲地公安机关立案侦查是无可争议的。然而，如果同一个犯罪的行为地和结果地完全分离，即出现隔地犯时，便会产生两个或两个以上的公安机关对案件共同具

有管辖权的问题。如，行为人在甲地非法侵入甲地金融系统与乙地金融系统联网的计算机信息系统，盗窃乙地金融系统的资金，其行为地为甲地，而结果地则为乙地，因此，甲地和乙地的公安机关都属于犯罪地的公安机关，都有权管辖。根据《公安机关办理刑事案件程序规定》第 16 条之规定，“几个公安机关都有权管辖的刑事案件，由最初受理的公安机关管辖。”因而，在此种情形下，为了保证能够及时迅速地层开侦查，应当由最初受理案件的公安机关立案侦查。

- 对涉及不同地区的数罪立案侦查的权限分工。如果所受理的同一个计算机犯罪案件中存在着数罪，且数罪的犯罪地均为同一地区，则该地区的公安机关对案件立案侦查应当是无疑的。但是，在案件中存在数罪的情形下，数罪的发生往往不在一个地区，而是在两个或两个以上的地区，尤其对于由行为人流窜作案的计算机犯罪案件来说，此种现象更为突出。如同一个行为人在甲、乙、丙三地分别实施了非法侵入计算机信息系统、利用计算机进行盗窃和传播淫秽物品的行为，已构成数罪，然而，由于甲、乙、丙三地分别是非法侵入计算机信息系统罪、盗窃罪和传播淫秽物品罪的犯罪地，甲、乙、丙等三地的公安机关对于该案件都具有管辖权。那么，应当由哪一地的公安机关来立案侦查呢？

《公安机关办理刑事案件程序规定》第 16 条规定：“几个公安机关都有权管辖的刑事案件，由最初受理的公安机关管辖。必要时，可以由主要犯罪地的公安机关管辖。”据此，在上述情形下，原则上应当由最初受理案件的公安机关进行立案侦查；然而在必要时，则可以由主要犯罪地的公安机关进行管辖。这里所谓“必要时”，主要是指当案件中行为人所犯数罪的“主要犯罪地”并非最初受理案件的公安机关所在地时，如果案件仍由最初受理案件的公安机关管辖，则很难查清主要犯罪的事实，即使能够查清，往往也可能延误时间，无法迅速及时地侦查终结，因而需要由主要犯罪地的公安机关来进行立案侦查；这里所谓“主要犯罪地”，应当是指行为人所犯数罪中主罪的发生地，具体而言，即数罪中危害性最严重、应受刑罚处罚最重的犯罪的发生地。其确定的标准，可以参照前述主罪之衡量标准，即：一般情形下，以行为人触犯的数罪名中在《刑法》分则有关条文里所规定的法定最高刑最重之罪的发生地为主要犯罪地；如果行为人触犯的数罪名在《刑法》分则规定中具有同等的法定最高刑，则应以可能实际判处最重刑罚之罪的发生地为主要犯罪发生地。

（2）指定管辖

在司法实践中，有可能由于管辖区域不明或者其他复杂因素，使同级公安机关对于同一案件的立案侦查出现管辖不明的情形。尽管在一定程度上可以采用相互协商予以解决，但发生管辖争议的情形仍不会完全避免，此时就需要通过指定管辖来予以解决。《公安机关办理刑事案件程序规定》第 17 条规定：“对管辖不明确的刑事案件，可以由有关公安机关协商确定管辖。”

（3）级别管辖

《公安机关办理刑事案件程序规定》第 18 条规定：“县级公安机关负责侦查发生在本辖区内的刑事案件；地(市)级以上公安机关负责重大涉外犯罪、重大计算机犯罪、重大集团犯罪和下级公安机关侦破有困难的重大刑事案件的侦查。”这实质上是有关不同级别的公安机关对刑事案件的管辖规定。

应当认为，如果仅就不具有计算机犯罪性质的案件而言，依照这一规定由县级公安机关对本辖区内发生的刑事案件负责侦查，而地(市)级以上公安机关则负责重大涉外犯罪、重大计算机犯罪、重大集团犯罪和下级公安侦破有困难的重大刑事案件的侦查，是适宜的。

如果就计算机犯罪案件而言，无论案件是否属于“重大”或“一般”的涉外犯罪、计算机犯罪、集团犯罪，都将面临着运用高技术侦破力量和手段进行侦查的基本要求。从当前我国公安机关的现状来看，由于种种因素的制约，县级公安机关在人力、物力和财力等方面尚有很大缺口，警员的高科技素质更存在着较大差距，侦破计算机犯罪案件所必须的条件尚未普遍具备，因而从某种意义上说，凡是计算机犯罪案件，都有可能成为“下级公安机关侦破有困难”的刑事案件，而无论其本身性质“重大”与否。相对来说，地(市)级以上公安机关则具备较强的高技术侦破力量和手段。

因此，我们认为，在当前的形势下，对于计算机犯罪案件的级别管辖应当有所变通，即：凡属于下级公安机关在侦破时有困难的计算机犯罪案件，不论触犯何种罪名，也不论是否属于重大刑事案件，均应由地区(市)级以上公安机关负责侦查。

（4）部门管辖

《公安机关办理刑事案件程序规定》第 19 条规定：“公安机关内部对刑事案件的管辖，按照刑事侦查机构的设置及其职责分工确定。”根据这一规定，结合目前公安部和地方公安机关的机构设置及其相关规定，我们可以得出以下结论：

①公共信息网络安全监察部门管辖的案件。公安部于 2000 年 7 月 25 日下发了《关于计算机犯罪案件管辖分工问题的通知》（公通字［2000］63 号），决定将《刑法》规定的非法侵入计算机信息系统案（第二百八十五条）和破坏计算机信息系统案（第二百八十六条）交由公安部公共信息网络安全监察局管辖。在有条件的省级以下公安机关，上述案件交由公共信息网络安全监察部门管辖，刑事侦查部门应予以配合和支持；公共信息网络安全监察部门暂不具备接受上述案件条件的，仍由刑事侦查部门管辖，公共信息网络安全监察部门应积极协助、配合。

各省区（直辖市）公安厅局根据本地实际情况，对计算机犯罪案件的管辖作了具体规定，如有的省厅规定公共信息网络安全监察部门管辖《刑法》第二百八十五条、第二百八十六条所规定的刑事犯罪案件；有的省厅除第二百八十五条、第二百八十六条之外，还将《刑法》所规定的第二百八十七条利用计算机实施的刑事犯罪案件也划归公共信息网络安全监察部门管辖，这主要看当地的公共信息网络安全监察部门是否具有管辖这些案件的条件和能力。

②其他部门管辖的案件。由于地方公安机关网监部门的力量有限，实际上绝大多数地方公安机关在办理利用计算机实施经济犯罪、刑事犯罪、涉毒案件时，还是以经济犯罪侦查、刑事犯罪侦查、禁毒部门等为主，网监部门协助的管辖模式。

7.2.4 网络犯罪的法律适用

我国刑法的犯罪分类原则体现在“刑法总则”和“刑法分则”之中。刑法总则主要依据犯罪构成要件进行犯罪分类。如根据犯罪形态不同，将犯罪划分为个人犯罪和共同犯罪；根据犯罪构成的主观方面，将犯罪划分为故意犯罪和过失犯罪。刑法总则的犯罪分类是制定和追究刑事责任的主要依据。刑法分则是依据犯罪所侵犯的不同客体和对社会所造成的危害程度，对各种具体犯罪进行分类。刑法分则的犯罪分类是分清此罪与彼罪界限的重要依据，有利于正确定罪量刑。刑法分则根据犯罪客体，将现行犯罪划分为十大类：危害国家安全罪，危害公共安全罪，破坏社会主义市场计算机秩序罪，侵犯公民人身权利、民主权利罪，侵犯财产罪，妨害社会管理秩序罪，危害国防利益罪，贪污贿赂罪，渎职罪和军人违反职责罪。

从刑法分则角度看，关于计算机犯罪，我国刑法将其放在“妨害社会管理秩序罪”类，也就是说，计算机犯罪所侵害的总的客体是社会管理秩序。社会管理秩序是一个大范畴，根据具体的犯罪对象还可以继续分类。因而，从刑法学角度看，网络犯罪有多种分类方法，比如犯罪主体分类法、犯罪客体分类法、犯罪对象分类法、犯罪手段分类法、犯罪后果分类法、犯罪动机分类法等。同时，由于犯罪行为的超前发生性和刑法的相对滞后性，在讨论刑法学上的计算机犯罪分类法时，应从两方面考虑：一是根据我国现行刑法的立法原则对犯罪进行分类，可称“我国刑法分类法”。比如，我国刑法规定的“危害国家安全罪”可表述为“一切危害国家主权、领土完整和安全，分裂国家、颠覆人民民主专政的政权和推翻社会主义制度，依照刑法应当受刑罚处罚的危害行为”（参考刑法总则第二章第十三条）；二是从比较刑法的角度对犯罪进行分类，如某一类行为我国刑法尚未规定为“犯罪”，但其他国家刑事法律却规定为“犯罪”，或将来可能被列为犯罪，作为研究可以超前予以表述，可称“比较刑法分类法”。

我国刑法分类法包括总则分类法和分则分类法两个部分。前面已论述，由于总则分类基本上仅对犯罪作抽象的概念性规定，因而在此不作讨论。分则分类的主要标准是犯罪所侵害的客体、具体对象及所造成的社会危害。据此，计算机犯罪可分为以下三类：

1. 非法侵入计算机系统罪

根据第二百八十五条规定，非法侵入计算机信息系统罪是指违反国家规定，侵入国家事务、国防建设、尖端科学技术领域的计算机信息系统的行为。

认定本罪应该注意以下两个问题：

（1）罪与非罪的认定

①本罪行为对象必须是国家事务、国防建设、尖端科学技术领域的计算机信息系统，非法侵入其他计算机信息系统的，不构成本罪。

②本罪是行为犯，必须实施法定的危害行为即非法侵入行为，犯罪人如果试图非法侵入，而实际上没有实现侵入，则不构成本罪。

③本罪主观上是直接故意，如果行为人确实不知侵入的计算机信息系统是这三个领域的计算机信息系统，则不构成本罪；间接故意和过失犯罪不构成本罪。

（2）本罪与其他计算机犯罪的界限

本罪与其他计算机犯罪存在着显著区别：

①犯罪客体、对象不同。本罪侵犯的是国家对计算机信息系统的安全管理秩序和国家事务、国防建设、尖端科学技术领域的正常工作秩序；后者侵犯的是其他社会关系，如利用计算机实施金融诈骗、盗窃、贪污或挪用公款等，其侵入的计算机信息系统不局限于国家事务、国防建设、尖端科学技术领域。

②客观方面表现不同。侵入这三个领域的计算机信息系统的行为，是本罪客观方面唯一的构成要件而侵入计算机信息系统对后者来说仅是犯罪的方法、手段，行为人还须实施其他危害行为，犯罪才能成立。

③犯罪目的、动机不同。本罪在主观方面必须是出于所谓的“黑客”目的和动机，但不能具有其他犯罪目的；如果行为人非法侵入特定计算机信息系统还具有其他犯罪目的，如窃取计算机信息系统中的国家秘密，则构成窃取国家秘密罪。

2. 破坏计算机信息系统罪

对《刑法》第二百八十六条第三款规定的计算机犯罪，“两高”司法解释将它们概括为一个罪名，即破坏计算机信息系统罪。但从更好发挥罪名功能的角度考察，也可以将本条三款规定之罪，分别确定为破坏计算机信息系统功能罪，破坏计算机信息系统数据、应用程序罪和故意制作、传播计算机病毒等破坏性程序罪三个罪名。为了同“两高”司法解释统一，本文仍按一个罪名来表述。所谓破坏计算机信息系统罪，是指违反国家规定，运用计算机技术及其他有关知识，采取一定方法，破坏计算机系统，后果严重的行为。

认定本罪应该注意的问题如下：

（1）罪与非罪的界限

有无严重后果发生，是本罪与非罪行为的分水岭。如果对计算机信息系统功能进行删除、修改、增加、干扰，造成计算机信息系统不能正常运行，或者对计算机信息系统中存储、处理或者传输的数据和应用程序进行删除、修改、增加的操作，但是没有造成严重后果的；或者故意制作、传播计算机病毒等破坏性程序，如果计算机病毒等破坏性程序尚处于潜伏期，虽然可能占用了一定的系统资源，但没有造成严重后果的，不构成本罪。这就是说，从这种高科技犯罪的特点上考察，本罪不存在预备犯、未遂犯和中止犯三种犯罪未完成形态。因为在没有发生严重后果的情况下，认定行为人主观方面的罪过形式存在一定的难度，容易将技术水平不高或操作失误的行为作为犯罪来处理，从而扩大打击面，同时也不利于计算机技术的普及和我国信息产业的发展。

（2）本罪与非法侵入计算机信息系统罪的界限

①侵犯的行为对象不同。本罪的行为对象是所有的计算机信息系统；后者局限于国家事务、国防建设、尖端科学技术领域的计算机信息系统。

②行为的方式和内容不同。本罪可以在合法使用的或非法侵入的计算机信息系统上实施破坏行为，后者的行为只能是非法侵入，不实施破坏计算机信息系统的行为。

③对危害后果要求不同。本罪以后果严重为成立犯罪的必要条件，属于结果犯；后者不要求严重后果发生，属于行为犯。

④犯罪动机、目的不同。本罪行为人在主观上具有破坏系统完整性的目的或放任这一危害结果发生的心理态度，而非法侵入计算机信息系统罪的行为人，则不希望计算机信息系统受到破坏。

⑤本罪具有基本罪和重罪两个构成类型，法定最高刑为十五年有期徒刑；后者是单一的构成类型，法定最高刑为三年有期徒刑。

（3）本罪与利用计算机技术实施敲诈勒索罪的界限

利用破坏计算机信息系统进行敲诈勒索，其侵犯的主要客体是公私财产所有权，次要客体是计算机信息系统安全保护管理秩序和计算机信息系统所有权人的合法权益；在客观方面不仅表现为行为人扬言将对计算机信息系统进行破坏，借以要挟被害人，而且还勒索对方钱财。而本罪只是对计算机信息进行破坏，不具有勒索他人财物的目的。

（4）本罪与破坏生产经营罪的界限

《刑法》第二百七十六条规定：“由于泄愤报复或者其他个人目的，毁坏机器设备、残害耕畜或者以其他方法破坏生产经营的，处三年以下有期徒刑、拘役或者管制；情节严重的，处三年以上七年以下有期徒刑。”当行为人以泄愤报复为动机，破坏计算机信息系统，造成了严重后果时，同时构成破坏计算机信息系统罪与破坏生产经营罪。在这种交叉性的法条竞合中，应按重法条优于轻法条的原则处理。

3. 以计算机作为工具实施的犯罪

《刑法》第二百八十七条规定：“利用计算机实施金融诈骗、盗窃、贪污、挪用公款、窃取国家秘密或者其他犯罪的，依照本法有关规定定罪处罚。”本条所规定的计算机犯罪，是指利用计算机系统的特性，侵犯计算机信息系统以外的其他社会关系的犯罪。

（1）以计算机作为工具实施的犯罪特点

①它们必须是法律不限定犯罪方法的罪名。这就是说，这类犯罪既可以利用计算机实施也可以利用其他方法实施。如果客观方面的构成要件要求以计算机以外的特定犯罪方法实施，就不属于本类犯罪。

②它们必须是利用计算机技术知识可以实施其构成要件的危害行为并且可能侵犯其直接客体的犯罪。如果利用计算机特性根本不能实施其危害行为，也不可能侵犯其直接客体的，不属于本类犯罪。

③这类犯罪在侵犯其他社会关系的同时也危害社会信息交流安全。在计算机信息系统得到广泛应用的信息时代，一些犯罪分子利用计算机实施传统类型的犯罪，必然侵犯国家对计算机信息系统的管理秩序。但是，这类犯罪侵犯的主要客体是计算机信息系统管理秩序以外的其他社会关系，而在犯罪过程中可能侵犯的计算机信息系统管理秩序则是次要客体。例如，随着计算机虚拟技术的发展使远程医疗成为现实，距离千万里的脑外科专家可以通过互联网连接电子手术刀这样的先进医疗设备，给当地的住院病人做开颅手术。如果掌握计算机和电磁攻击技术的人同患者有仇，意图趁机对其进行杀害，则可能利用计算机技术或电磁波技术进行干扰破坏，使手术归于失败，甚至从旁操纵电子手术刀直接杀伤。由此可见，利用计算机特性控制诸如电子手术刀、机器人等机电一体化设备可以实施侵犯人身、财产的犯罪，绝非危言耸听。《刑法》第二百八十七条关于其他计算机犯罪的规定体现了立法者对未来高科技犯罪的远见卓识。

（2）以互联网信息系统为对象进行的犯罪

以互联网信息系统为对象进行的犯罪是指针对互联网信息系统进行的犯罪。主要罪名有：

①非法侵入计算机信息系统罪。主要指非法侵入国家事务、国防建设、尖端科学技术领域的计算机信息系统。

②破坏计算机信息系统罪。指故意制作、传播计算机病毒等破坏性程序，攻击计算机信息系统及通信网络，致使计算机信息系统及通信网络遭受损害。

③擅自中断计算机信息系统罪。指违反国家规定，擅自中断计算机信息系统或者通信服务，造成计算机系统或者通信系统不能正常运行。

④制作、传播计算机病毒等破坏计算机程序罪。

（3）以计算机及其网络为工具进行的犯罪

- 利用计算机及其网络实施危害国家安全罪。主要包括：

①利用计算机及其网络实施煽动分裂国家、颠覆国家政权罪。

②利用计算机及其网络窃取、泄露国家秘密、情报或者军事秘密。

③利用计算机及其网络破坏民族团结罪。

④利用计算机及其网络组织邪教罪。

- 利用计算机及其网络危害公共安全罪。主要包括：

①利用计算机及其网络联系组织、实施恐怖活动罪。

②利用计算机及其网络买卖枪支弹药罪。

● 利用计算机及其网络破坏市场计算机秩序罪。主要包括：

①利用计算机及其网络销售伪劣产品罪。

②利用计算机及其网络对商品、服务作虚假宣传罪。

③利用计算机及其网络损坏他人商业信誉和商品声誉罪。

④利用计算机及其网络侵犯著作权罪。

⑤利用计算机及其网络操纵证券交易价格罪。

⑥利用计算机及其网络编制传播虚假证券信息罪。

⑦利用计算机及其网络非法经营罪。

⑧利用计算机及其网络侵犯商业秘密罪。

● 利用计算机及其网络破坏社会管理秩序罪。主要包括：

①利用计算机及其网络传播淫秽物品罪。

②利用计算机及其网络实施传授犯罪方法罪。

③利用计算机及其网络实施赌博罪。

④利用计算机及其网络非法行医罪。

● 用计算机及其网络实施侵犯公民人身权利、民主权利罪。主要包括：

①利用计算机及其网络实施侮辱、诽谤罪。

②利用计算机及其网络侵犯通信自由罪。

③利用计算机及其网络诱骗实施强奸妇女罪。

④利用计算机及其网络诱骗实施故意伤害罪。

⑤利用计算机及其网络诱骗实施故意杀人罪。

● 利用计算机及其网络实施侵犯财产罪。主要包括：

①利用互联网进行盗窃罪。

②利用互联网进行诈骗罪。

③利用互联网进行敲诈勒索罪。

7.3 网络侦查

7.3.1 工作流程

1. 网络侦查原则

网络犯罪案件的侦查原则即刑事侦查人员在执行任务、进行侦查活动时必须遵循的思想和行为准则。包括以下几个方面：

（1）实事求是

实事求是是我党一贯提倡的思想方法和工作方法，只有坚持实事求是的科学态度，深入调查研究，才能查清案情的真相，获取可靠的证据材料，从而为缉捕罪犯归案，为起诉和审判提供充分可靠的证据。

（2）重证据、不轻信口供、严禁逼供信

这条原则是我国刑事诉讼的一条根本原则，也是每个刑事侦查人员在工作中必须遵循的行为准则。刑事侦查人员在办理刑事案件的过程中，应以证据为中心进行各项诉讼活动。

（3）遵守社会主义法治

刑事侦查人员在侦查过程的每一个环节中都应该严格遵守我国刑法、刑事诉讼法的有关规定。具体来说包括以下几个方面：

①有法必依。在刑事侦查工作中，无论是立案还是破案，侦查人员都必须严格按照刑法、刑事诉讼法的规定，与人民检察院、人民法院分工协作。侦查人员无论是运用侦查措施、侦查手段，还是采取拘留、监视居住、逮捕等强制措施，都必须按照有关法律、法规规定的程序进行，在任何情况下，都不得以“情况特殊”、“工作需要”为借口而不依法办案。

②执法必严。执行法律要严肃认真，不枉不纵。要做到执法必严，就必须忠于事实，坚持以事实为根据，以法律为准绳，坚定不移地坚持法律面前人人平等。

③违法必究。即对一切违法行为都要依法认真追究，使违法者承担相应的法律责任，以便维护法律的尊严，有效打击刑事犯罪分子。

④ 保密。保密应当作为侦查犯罪的一项重要原则。正在追捕罪犯的案件材料是国家机密，这当然不是说，案件的任何情况都应当视为国家机密，在侦查过程中，应当保密的情况是指：

- 只有犯罪分子才知道的犯罪现场的一些细节和特点；
- 证人提供的有关案件的重要情况；
- 证人请求为其保密的情况；
- 案件侦查中的工作部署；
- 案件中使用的各种侦查手段；
- 案件中涉及的其他国家机密；
- 案件中涉及的有关人员的隐私。

2. 网络侦查的程序和流程

网络犯罪案件是一类刑事案件，因而在程序上必须遵守《刑事诉讼法》关于一般刑事案件侦查的程序规定。如图 7.1 所示。但是，由于网络犯罪本身具有智能性、高科技性以及隐蔽性等特点，给犯罪案件的侦查带来了较大的困难，因此如何发现网络犯罪，如何搜集犯罪证据、准确定性量刑是当前公安机关、司法机关的一个重要研究课题。在其每个程序阶段都有一些值得注意的事项。

图 7.1　网络犯罪侦查流程

3. 受案

受案主要分为两种情况：

（1）公民报案

受理公民报网络犯罪案件时，应注意以下几点：

①最好让懂计算机技术，并掌握相关专业知识的民警受理，便于及时问明情况。

②在受理后尽可能请教专家，从技术上弄懂一些环节，从技术上进行先期甄别。

③尽可能组织初查，尽快做出确立案件与否的决定。网络案件往往很难在短时间内判明

案情，影响及时立案。但如果不能及时立案，就不能采取侦查措施，贻误战机。因此，应尽可能组织有关人员进行初查。

（2）平时工作中发现犯罪线索

4. 立案

立案，是指侦查部门对于受理的案件，经过初查，认为有犯罪事实存在，应当追究刑事责任并且属于自己管辖时，依照法定程序，决定立为刑事案件进行侦查的一项侦查活动。刑事立案标准是1997年《刑法》第二百八十五条、第二百八十六条、第二百八十七条关于惩治计算机犯罪方面规定的三条五款。依法立案，可以防止公安机关无根据、任意对他人进行司法追究，保障公民的正常合法权益，同时也可避免无用侦查带来的人、财、物的损失。立案是一项系统工作，包括受理、初查、立案三个环节。由于计算机犯罪具有不同于一般刑事案件的特殊性，所以侦查人员需要重点掌握这类案件的受理、初查、立案工作。

5. 侦查

对于网络犯罪案件，在侦查阶段，应选用懂计算机技术且掌握专业知识的人员进行侦查。

6. 破案

经过侦查，具备以下条件的，经县级以上公安机关负责人批准，可以宣布破案：犯罪事实已有证据证明的，有证据证明犯罪事实是犯罪嫌疑人实施的，犯罪嫌疑人或者主要犯罪嫌疑人已经归案的。

7. 侦查终结

对于犯罪事实清楚，证据确实、充分、法律手续完备，依法应追究刑事责任的案件，应当制作《起诉意见书》，经县级以上公安机关负责人批准后，连同案卷材料、证据，一并移送同级人民检察院审查决定。

7.3.2 现场勘查

网络案件的现场勘查，是指计算机侦查人员依照《公安机关办理刑事案件程序规定》，使用计算机科学技术手段和调查访问的方法，对与网络犯罪有关的场所、物品及犯罪嫌疑人、状告人以及可能隐藏罪证的人的身体进行检查、搜索，并对于和犯罪相关的证据材料扣留封存的一种侦查活动。

我国《刑事诉讼法》第101条作了如下规定："侦查人员对于与犯罪有关的场所、物品、人身、尸体应当进行勘验或者检查。在必要的时候，可以指派或者聘请具有专门知识的人，在侦查人员的主持下进行勘验、检查。"由此可见，计算机现场勘查是公安机关指派侦查人员或在侦查人员主持下进行的一种刑事诉讼活动。现场勘查的范围，不仅是与犯罪有关的场所，而且还应包括与犯罪有关的物品、痕迹的勘验和检查。计算机案件现场勘查的内容包括现场访问、实地勘查、现场搜查、现场分析、现场勘查记录、模拟实验、现场取证、数据恢复等。现场勘查的主体，必须是具有一定的刑事侦查、计算机刑事技术知识和相应的专业知识的人员、计算机案件的现场勘查，是侦破计算机案件的首要侦查措施。

1. 现场保护

犯罪现场一经确定．必须迅速加以保护。保护的方法有：

（1）封锁所有可疑的犯罪现场

包括锁上文件柜、工作台、计算机工作室和进出路线，在门口、窗门设岗看守，不许无

关人员进入室内。对现场内发现的可疑物品、痕迹，可先拍照、记录，并注意保护，但一般不得先提取。

（2）封锁整个计算机区域

包括通信线路、电磁辐射区，重点保护好计算机系统和日志、应用软件备份以及数据备份，以备审计和对比、分析及恢复系统之需要。对犯罪现场不明显，或难以确定的，应适当扩大现场保护范围，划出警戒线，安排人员监视。

（3）使用照相、摄影等方法进行监视、记录有关的犯罪活动

使用此方法时，一般先要在保密的情况下复制机内所有信息资料，这样一方面可避免罪犯毁灭证据；另一方面便于通过分析机内信息或数据的变化来掌握犯罪活动情况，发现犯罪的证据；此外，还有助于维护某些大公司的决策人、股东和债券持有人的经济利益，以防止破产，让他们继续进行日常的计算机操作。此时，只有在适当限制的同时，采用监视的手段。

（4）切断远程控制

例如，要注意检查计算机是否连接有电话线，如果有的话一般应将其拔下；在局域网中要检查是否连接有电缆，如有一般应予以分离；还要注意发现附近有没有无线调制解调器，如果有的话也要把它关掉。上述所做的一切都应详细进行记录。

（5）查封所有涉案物品

例如：磁盘、磁带机、CD-ROM 等存储设备及存储介质；所有的打印输出和打印机色带；路由器、调制解调器等网络部件；录音电话、传真机(Fax)、台历、带定时记录功能的电子日历等；机房中所有文档。

2. 现场访问

现场访问是指依法访问证人。包括访问耳闻目睹案件发生的有关人员和可能知道案件有关情况的群众。目的是发现侦查线索，搜集计算机违法和犯罪证据。它不仅能够弥补实地勘查的不足，印证实地勘查的正误，为现场搜索提供方向和依据，而且往往能够直接发现犯罪分子或犯罪分子的人身形象以及来去踪迹等，对判明案情性质、确定侦查方向有十分重要的意义。

网络犯罪可能发生在各种领域，可能涉及计算机信息网络系统的任何一部分，因此涉及网络犯罪的调查工作必须涵盖计算机信息网络系统的每一环节。调查指执法机关为收集犯罪证据开展的一系列相关活动，是侦查过程中的重要工作。调查访问工作进行的仔细彻底，结合犯罪现场勘查情况，一般都能初步理清下一步的侦查思路，初步划定排查范围，初步确定犯罪嫌疑人。

（1）现场访问的对象

①访问计算机系统管理员。

与计算机系统管理员或最终用户进行详细的调查访问，许多可疑的突发事件最后可以确定性质。尤其对可疑突发事件的报告来自于防火墙日志或某 IDS 的情况下。系统管理员往往能够提供以下信息和可疑的情况，或者指出有什么不对：

- 最近您是否发现异常行为？
- 多少人具有对该系统的管理权限？
- 该系统中哪些应用程序提供远程访问？
- 该系统和网络的日志记录能力如何？
- 目前该系统采取什么样的安全预防措施？

②调查访问单位领导或高层管理人员。

如果可能，应该查询负责受害系统或该系统上数据的主管。主管往往可以提供有关计算机系统的信息，确定有过攻击历史的系统管理员、心怀不满的工人或最近离开公司的职工。调查访问应该集中在以下几个方面：

- 是否存在对系统中的数据和应用程序特别敏感的东西和主管是否具有系统管理员所不具备的对信息的超级访问权？
- 有没有应该注意的人员问题？
- 对该系统或网络有没有得到授权的某种类型的渗入测试？

③调查访问最终用户和其他的知情人。

最终用户可以提供有关信息，尤其是在最终用户报告可疑行为的情况下。最终用户可能通过某种有助于调查员的方式描述针对系统的异常行为。和他们谈话是为了发现问题、寻找线索，因此要求调查人员在问话时有张有弛，注意把握谈话气氛，注意察言观色，抓住问题要穷追不舍，不给对方以喘息之机。

（2）现场情况的调查

调查访问内容是收集犯罪资料的整体框架，调查人员应根据实际情况调整，以达到全面掌握案情情况，获取犯罪线索的目的。

①计算机信息网络工作人员基本情况调查。

这是全面掌握工作人员情况、寻找侦查线索的基础工作。调查人员可以从计算机信息网络工作人员的档案资料入手，看是否完整、有无犯罪前科、是否接受过相关的安全教育、录用审查是否严格等，从中寻找疑点，结合犯罪现场勘查情况，确定下一步的工作方向。

②犯罪技能调查。

计算机的高技术性决定了从事犯罪活动必须有相应的技能。调查作案需要哪些技能支持，作案需要掌握计算机信息网络系统的哪些基本情况，没有计算机信息网络系统内部人员协助能否实现犯罪等内容，然后参照计算机信息网络基本情况，看能否初步确定重点侦查对象。

③作案动机调查。

犯罪后果能直接反映哪些动机？如果明确犯罪动机，很容易和重点侦查对象印证，使侦查目标明朗化。当然调查中应充分注意恶作剧者和以显示高技术为目的的渗透者，否则，侦查工作将事倍功半或陷入僵局。

④计算机信息网络系统安全管理情况调查。

调查工作人员工作职责划分是否妥当，工作关系是否协调，工作过程有无监督、牵制机制；外部人员出入控制是否严格，工作环境中是否存在观察破译密码，是否存在渗透的可能，是否存在利用工作人员疏漏获取信息进行犯罪的可能。

⑤特殊人员调查。

指对具有高级管理权限人员有无作案可能的调查。涉及计算机犯罪活动要突破重重技术关卡，有很高的技术性，而高级管理者通常有特权拥有通关密码，因此从作案可能性调查高级管理者，一方面是侦查工作的首要任务，另一方面也是后继工作的基础，若排除了高级管理者，下一步侦查方向也好划定。当然，有时也把一般操作人员有无作案能力、作案条件、有无反常表现等作为特殊人员进行调查，这主要根据计算机信息网络系统犯罪活动实际情况而定。

⑥外围人员调查。

指非计算机信息网络系统工作人员，但有作案技能、有可能获取机会进行犯罪人员的调查。该调查范围、人员一般认为不好确定，第一步可以从与之有业务联系的人入手，逐步扩展，国内已出现多起外部人员利用值班、学习等借口私配钥匙，侵入计算机系统的案件。

⑦有无内外勾结作案迹象的调查。

对于不存在外部人员单独作案的犯罪案件，应重点调查内外勾结串谋的内应，这样侦查方向既明确又容易突破。当然这些都是建立在确定内外勾结作案的基础之上，因此有无内外勾结作案迹象的调查也是调查的重要工作，它可以在确认犯罪手段后得出结果。

⑧周围环境调查。

计算机信息网络系统工作环境调查的范围应视情况定，有外部渗透迹象的犯罪案件环境调查应作为重点工作进行，主要内容是调查通信线路有无窃听装置、附近有无定向天线、有无可疑现象等。

（3）现场访问的要求

组织指挥人员临场后必须火速组织侦查员深入现场周围，开展现场访问工作。现场访问要求是：

①抓紧时机、及时组织访问。

现场访问指挥，应当以及时、快速、准确、有效为指导原则。临场后，最初的访问显得尤为重要，时间就是效益，任何对访问工作的延误都可能导致侦查工作的失误。因此，现场指挥人员在紧急处置应急情况的同时，必须抓住发案不久，犯罪嫌疑人未及远逃，赃证物尚未脱手，罪证未及毁灭，新的危害尚未形成，群众记忆犹新的有利时机，迅速选定访问对象，组织侦查人员，深入现场及其周围开展现场访问。侦查人员在了解现场和基本案情后，首先组织现场访问，并始终把现场访问与现场勘验检查同步进行。

②抓住战机、抓住实质性问题、抓住关键性问题超前、快速、高效进行。

现场访问必须根据案件类型和性质、危害程度和紧急状况等为出发点，突出访问重点。计算机的技术特点使其中信息瞬息万变，不易固定取证，因此要求调查人员在发现问题时，即时运用技术手段和法律知识取证，否则可能会失去有价值的信息。特别是要坚持现场访问、勘验检查、侦查措施“三同步”。

③安排好现场访问的顺序，灵活机动的调度。

现场访问的对象往往是临场选定的，访问的内容通常是因案制宜的，灵活机动的调度侦查人员，安排访问顺序。为达到预期的谈话目的，因人而异制定有针对性的谈话提纲，提纲中不但要有问话内容，还应考虑某些问话的时机，同时也要预计可能出现问题的对策，做到有的放矢。切记，调查谈话和对犯罪嫌疑人的预审有本质差别，谈话语气不能生硬、粗暴，以免使对方有抵触情绪，不配合工作，使谈话失败。

④领导要靠前指挥、重要的访问对象要亲自询问，亲自上阵。随时掌握访问工作的进展，不断开阔思路，对于重要的访问对象要亲自询问，直接掌握第一手情况，以便做出切合实际的判断和决策。

3. 实地勘察

实地勘察是指计算机技术人员运用计算机技术侦察手段，对计算机违法犯罪的场所、物品及人身所做的勘验和检查。目的在于广泛收集痕迹、物证，为侦查破案提供线索，为揭露犯罪提供证据。

4. 现场搜查

现场搜查是指根据现场提供的部分证据，依法对违法当事人和犯罪嫌疑人使用的计算机及有关场所进行搜查，进一步补充犯罪和违法证据。

5. 现场分析

现场分析是指计算机侦查人员根据现场访问、实地勘查和现场搜查的材料和情况，进行临场分析，以达到确定立案依据，判明案件性质，划定侦查范围，为侦查上作指明方向和目标。

6. 现场勘查记录

现场勘查记录是指侦查人员运用文字、绘图、照相、录像、录音等方法，对现场一切与违法和犯罪有关联的客观事实所进行的客观真实、全面详细的记述，是记录现场勘查结果的法律文书。它不仅是分析案情、验证犯罪人供述的重要依据，现场勘查记录对于确定现场本来面貌，证实犯罪具有重要作用。

7. 模拟实验

模拟实验是指为了研究和判明现场情况，或为证实某一事实的具体情节，在与发案当时相同或相近的条件下，对该事物和行为进行的模拟实验。

8. 现场取证

现场取证是指侦查人员运用科学、实用的方式对现场发现的计算机违法犯罪电子证据，在当事人或犯罪嫌疑人及证明人在场的前提下，全部或部分复制，并当场封存。

9. 数据恢复

数据恢复是指在电子数据被删除、破坏的情况下，运用一定的计算机数据恢复软件，对计算机硬盘及软盘的残存数据进行恢复。

按照《刑事案件现场勘查规则》及《公安机关办理刑事案件程序规定》的规定，现场勘查的任务主要有：尽可能地依据现场情况确定案件的性质，收集犯罪痕迹和其他物证，了解违法当事人和犯罪嫌疑人网上的活动情况和案件形成的过程，划定侦查方向和范围，为惩罚违法和犯罪提供依据和证据。

10. 发现和搜集犯罪证据

发现和搜集证据是现场勘查的基本任务，现场是丰富的犯罪证据源泉，现场勘查是获取证据的主要途径和重要手段。现场勘查中发现和搜集的证据主要有物证、书证；证人证言；被害人陈述；犯罪嫌疑人、被告人供述和辩解；鉴定结论；勘验、检查笔录；视听资料。现场勘查人员除应根据现场物体不同性质，充分运用科学技术手段外，还要有艰苦细致的工作作风，才能全面发现和提取痕迹、物证。

11. 了解判断犯罪分子的个体特点

比如：犯罪分子常上什么网站、上网的目的、网上的联系情况及使用的工具。要掌握上述情况，一方面要对现场及其环境进行观察，对现场各种遗留痕迹、物证及介质进行勘查，另一方面要深入到现场周围的群众中进行调查访问，并把两方面所了解到的材料综合起来加以研究，只有如此，才能对犯罪分子的活动情况获得比较完整的认识和全面刻画犯罪嫌疑人。

分析研究案情，适时采取紧急侦查措施。为避免犯罪后果进一步扩大，及时缉捕犯罪嫌疑人，在计算机犯罪现场勘查阶段，通常采取的紧急措施有现场搜索、网络追踪、恢复计算机系统的正常服务等。

7.3.3　网络取证

区别于现场取证，网络取证主要通过对网络数据流审计、主机系统日志等的实时监控和分析，发现对网络系统的入侵行为，自动记录犯罪证据，并阻止对网络系统的进一步入侵。网络取证同样要求对潜在的、有法律效力的证据的确定与获取，但从当前的研究和应用来看，其更强调对网络的动态信息收集和网络安全的主动防御，同时，网络取证也要应用计算机取证的一些方法和技术，例如，如果我们能够对主机的删除操作进行动态跟踪，就能尽早发现一些试图抹除攻击痕迹的攻击行为并动态恢复、取证。

由于电子证据的特殊性，与传统的取证过程不同，网络取证的原则和步骤有其自身的特点，但也必须符合法学上对证据的要求：即在取证过程中要保证证据的连续性、透明性、可解释性和取证过程及内容的精确性。

远程取证过程主要是围绕电子证据来进行的，因此，电子证据是数字取证技术的核心。对于网络取证，其电子证据主要有：网络数据流；联网设备（包括各类调制解调器、网卡、路由器、集线器、交换机、网线与接口等）；网络安全设备或软件（包括防火墙、网闸、反病毒软件日志、网络系统审计记录、网络流量监控记录等）。

1. 网络取证概述

网络取证(network forensics)概念最早是在 20 世纪 90 年代美国防火墙专家 Marcus Ranum 提出的，借用了法律和犯罪学领域中用来表示犯罪调查的词汇“forensics”，网络取证是指捕获、记录和分析网络事件以发现安全攻击或其他的问题事件的来源。在 2001 年数字取证研究工作组 DFRWS（Digital Forensic Research Workshop)的会议上，明确将网络取证作为会议的四个主题之一进行讨论，并给出了网络取证的定义：“为了揭示与阴谋相关的事实，或者为了成功地检测出那些意在破坏、误用或危及系统构成的未授权行为，使用科学的技术，对来自各种活动事件和传输实体的数字证据进行收集、融合、识别、检查、关联、分析和归档等活动过程。”

按照 Simson Garfinkel 的观点，网络取证包括两种方式：

（1）“catch it as you can”(尽可能地捕捉)

这种方式中所有的数据包都经过一定的节点来捕获，将报文全部保存下来，形成一个完整的网络流量记录，把分析的结果按照批量方式写入存储器。这种方式能保证系统不丢失任何潜在的信息，最大限度地恢复黑客攻击时的现场，但对系统存储容量的要求非常高，通常会用到独立冗余磁盘阵列(RAID)系统。

（2）“stop look and listen”(停、看、听)

这种方式中每个数据包都经过基本的分析，为以后的分析留下基本信息，对存储的要求比较小，但需要一个较快的处理器，以便速度能跟得上输入的网络流。这种方式能减少系统存储容量的需求，但有可能丢失一些潜在的信息，同时过滤进程还会增加系统负荷。

中科院学者指出：“网络取证技术指在网上跟踪犯罪分子或通过网络通信的数据信息资料获取证据的技术，包括 IP 地址和 MAC 地址的获取和识别技术、身份认证技术、电子邮件的取证和鉴定技术、网络侦听和监视技术、数据过滤技术及漏洞扫描技术等。”

目前还没有网络取证的统一标准定义，综上所述，笔者认为，网络取证是指通过计算机网络技术，按照符合法律规范的方式，对网络事件进行可靠的分析和记录，并以此作为法律证据的过程。

2. 网络证据的特点

网络证据是正在网上传输的计算机证据，其实质是网络流。网络证据的获取属于事中取证，即在犯罪事件进行或证据数据的传输途中进行截获。网络流的存在形式依赖于网络传输协议，采用不同的传输协议，网络流的格式也不相同。网络取证的目标就是对网络流进行正确地提取和分析，真实全面地将发生在网络上的所有事件记录下来，为事后的追查提供完整准确的资料，将证据提交给法庭。网络证据具有以下特点：

（1）动态

不同于存储在硬盘等存储设备中的数据，网络数据是正在网上传输的数据，是“流动”的数据。

（2）实时

就网络上传输的一个数据包而言，其传输的过程是有时间限制的，从源地址经由传输介质到达目的地址后就不再属于网络流了。

（3）海量

随着网络带宽的不断增加，网上传输的数据越来越多，形成了海量数据。

（4）多态

网络上传输的数据流有的是文本，有的是视频，有的是音频，其表现形式呈多态性。

3. 与传统静态取证的比较

计算机取证就是对计算机犯罪的证据进行获取保存分析和出示，它实质上是一个详细扫描计算机系统以及重建入侵事件的过程。传统的计算机取证主要是静态取证，即在计算机犯罪发生后，有时甚至时间间隔很长。主要集中在计算机磁盘的分析，通过克隆存储介质生成镜像文件、恢复删除的文件和关键字查找有关证据。由于事后的静态取证处于被动状态，取证工作受计算机犯罪分子留下现场的制约，电子证据的证明力相对较弱，对于证据的提取很不充分，而且不能保证所获得的证据一定有效。另一方面，静态取证过多地依赖人为经验，从海量的数据中根据经验来提取分析。静态在事件发生后借助手工分析网络数据包和主机日志，并利用这些数据重建攻击事件，所涉及的数据量大，数据包和日志的格式复杂，收集和分析这些网络信息非常困难。因此，这种手工分析方式的效率通常很低。另外，这种获取和分析证据的方法通常不严格，从而导致所获得的证据的可信度不高。

网络取证专门针对网络证据的获取与分析，是计算机静态取证的补充。网络取证对所有可能的计算机网络犯罪行为进行实时数据获取和分析，在确保系统安全的情况下获取最大量的证据，并将证据保全、分析和提交的过程。网络取证的数据源是全面、真实地反映客观事实的、海量的且不断更新的。网络取证主要通过对网络流、审计迹、主机系统日志等的实时监控和分析，发现对网络系统的入侵行为，自动记录犯罪证据，并阻止对网络系统的进一步入侵。

4. 研究现状

国外打击计算机犯罪有着 20—30 年的历史，有许多专门的计算机取证部门、实验室和咨询服务公司，开发了许多非常实用的取证产品。虽然我国在计算机取证方面的研究起步较晚，但是经过国家有关部门的不懈努力，我国在计算机取证方面也取得了一定成果，开发出了不少计算机取证工具和系统。中科院高能物理研究所提出了网络取证与分析系统模型提出了一种基于模糊决策树的网络取证分析方法、浙江大学和复旦大学在取证技术、吉林大学在

网络逆向追踪、电子科技大学在网络诱骗、北京航空航天大学在入侵诱骗模型等方面展开了研究工作。

5. 网络取证技术

网络取证作为全新的信息安全技术，不同于已有的网络安全系统的实现技术，网络取证过程充满了复杂性和多样性，使得相关技术既复杂又多样。主要包括：

（1）捕获网络数据：高效截包技术

Libpcap 是网络截包最通用的函数库，适合于多种操作系统平台。目前有许多著名的截包分析程序都建立在 Libpcap 的基础上，如 tcpdump、wireshark、snort 等。这种基于网络数据包的取证系统，如果丢包率太高，后面的会话重建、协议分析将无法进行，取证将失去意义。所以，能否高效截取所有数据包是整个网络取证的基础。

（2）分析获取的数据：会话重建技术

会话重建是网络取证中的重要环节。分析数据包的特征，并基于会话对数据包进行重组，去除协商、应答、重传、包头等网络信息，以获取一条基于完整会话的记录。基于 Libpcap 的截包应用程序截获原始的网络数据包，把捕获到的数据包分离，逐层分析协议和内容，在传输层将其组装起来，在重新组合的过程中可以发现很多有用的证据。例如，数据传输错误，数据丢失，网络的联结方式等。

（3）专家系统

网络的传输速度越来越快，对于计算机内存储的和网络中传输的大量数据，可以应用数据挖掘技术以发现与特定的犯罪有关的数据。有专家提出了 NFAT（Network Forensics Analysis Tools)的设计框架和标准，核心是开发专家系统 ES（Expert System)并配合入侵检测系统或防火墙，对网络流进行实时提取和分析，对发现的异常情况进行可视化报告。

典型的专家系统包括知识库和推理机，将有关的证据知识转化为 if-then 结构的规则，当检测到当前的数据包符合知识库中的 1 个或几个条件时，就将该数据包存入原始证据库以备进一步处理和分析。采用专家系统的优势在于灵活性和可扩充性，在基于规则的系统中很容易使系统的性能和正确性得到持续地检查。专家系统的难点在于知识库的建立，很难全面地从各种犯罪手段中抽象出能够规则化的知识。

（4）数据挖掘技术

实时网络取证不同于静态取证的关键在于它事前就进行实时数据获取，这要求实时网络取证要从海量的数据中及时分析出具有网络犯罪特征的数据，并对具有新特征的数据进行分析判断。这一阶段需要将数据挖掘技术引入数据的分析中。数据挖掘技术主要包括关联规则分析、分类和联系分析等。运用关联规则分析方法可以提取犯罪行为之间的关联特征，挖掘不同犯罪形式的特征、同一事件的不同证据之间的联系；运用分类方法可以从获取的海量数据中找出可能的非法行为，发现各种事件在时间上的先后关系。

6. 存在的问题和发展趋势

网络取证目前在国内刚刚兴起，人们的网络安全意识和法律观念较淡薄，取证技术相对滞后，使得网络取证还面临着一些困难和挑战，主要表现在：

（1）海量的计算机数据给证据收集和分析带来困难

计算机系统和计算机网络中每天产生的数据复杂而庞大，如何及时获取和保存这些海量数据给人们提出了巨大的挑战。如何在海量的数据中审查判断出与案件关联的、反映案件客观事实的计算机证据更是一项艰巨任务。由于计算机数据自身容易修改且不留任何痕迹的特性，使得信息的完整性保护变得非常困难。

（2）没有标准的网络取证流程

由于计算机取证是一门新兴的学科，发展还不完善，还没有统一的、科学的计算机取证过程和步骤，没有统一的、科学的计算机取证工具的评判标准和评判机构；商用和个人的计算机取证工具侧重于事后取证。

（3）相关的法律法规还不完善

现在美国至少有70%的法律部门拥有自己的计算机取证实验室。而目前我国还没有设立计算机取证方面专门的法律法规，还没有专门的取证机构，计算机取证人员的认证也没有实行，律师界对计算机证据的认识还很模糊和肤浅。还需要继续加强计算机和网络安全相关的立法工作。

（4）用户网络安全意识和法律观念淡薄

目前大部分政府部门、企事业单位、学校、中小型公司等联网单位没有经过专业培训的计算机安全技术人员，用户网络安全观念非常淡薄。另外，一些单位为了自身的声誉，在遭受网络攻击或者其他网络违法犯罪侵犯时，没有及时向公安机关报案，使得违法犯罪分子逃避打击，导致更多的网络犯罪发生。

（5）取证专业技术人才严重匮乏

网络取证是一门新兴的交叉学科，涉及法律和计算机专业知识，这就造成网络取证专业人严重匮乏。因此，必须培养这方面的人才，建立相关的资格认证机制，对该类人员进行审核和认证。目前还没有机构对计算机取证人员的资质进行认证，使得取证结果的权威性受到质疑。

（6）反取证技术的发展

目前有不少的黑客从事反取证技术的研究，通过删除、篡改或隐藏证据使得取证失效。例如用数据隐藏技术、数据擦除技术和数据加密等技术削弱取证工作的效果。

7. 发展趋势

未来网络取证技术的发展主要有以下几个方向：

（1）网络取证方法与工具的研究

数据获取技术、数据恢复技术、数据分析技术、数据保存技术、基于数据挖掘的海量数据取证技术。

（2）网络取证规范和标准的研究与制定

研究和制定科学的网络取证步骤和流程，为了保证数字证据在收集、保存、检查和转移等过程中的准确性和可靠性，法律实施组织和取证组织必须建立并维护一个高质量的系统，建立规范的文档、使用广为认可的设备和材料、取证人员的资质认定等。

（3）网络取证相关法律法规的健全

研究网络取证的合法性标准，制定和健全与信息安全、计算机基础设施保护等相关的法律法规，为计算机取证和电子证据的应用打下法律基础。

（4）网络取证机构的设立和认证

取证机构的配置、取证机构的管理、取证机构的资质认证、取证人员的培训和认证等。

（5）无线网络取证技术

随着手机上网、无线上网、3G网络越来越普及，利用手机和无线局域网、CDMA无线

上网犯罪的案件逐年上升，目前涉及无线网络取证的技术正在开发和完善中，已取得了阶段性的成果。

网络取证是一个迅速发展的研究领域，是一门有待标准化和探讨、不断发展的学科，它在网络信息安全和犯罪调查方面有着重要的应用前景。我国在网络取证研究上刚刚起步，这更加显示了网络取证研究的紧迫性，也为今后的研究提供了机遇和空间。

7.4　检验鉴定

7.4.1　电子数据概述

随着计算机技术的发展和普及，以及在此基础上形成的计算机网络的飞速发展，“电子化生存”的风暴席卷了社会生活的各个领域，它充分利用了电子技术进步带来的好处，方便人们进行各种信息检索和交流，提高工作和生活效率，但却冲击和颠覆着传统的法律观念，给法学家们带来了新的难题：电子证据。

电子证据是自电子技术出现及发展以后产生的一种新型的证据类型， 是以储存的电子化信息资料来证明案件真实情况的电子物品或者电子记录。在电子技术出现之前，没有电子证据的概念。随着无线电技术的发明、使用，通过电子设备和电子技术而产生、储存的电子信息逐渐向社会生产生活渗透。法律作为调整社会、政治秩序的工具，也逐渐接受和使用了电子证据这一新型证据。特别是在电子技术相对成熟和飞速发展的今天，电子证据出现的频率越来越高，范围越来越广，已经成为证据系列的一个重要方面。

在对电子证据的研究中，为了避免发生认识上的混乱，需要精确地理解其概念的内涵和外延。从逻辑学的角度来讲，电子证据概念的内涵应当是电子证据所反映的客观事物本质属性的总和；电子证据概念的外延是指具有电子证据内涵的客观事物的总和。逻辑学没有必要明确回答电子证据的内涵和外延到底是什么，但是电子证据学的首要任务就是明确电子证据的概念。如果不能正确掌握电子证据的概念，我们就不能正确制定电子证据的规则、原则，电子证据的可采纳性、证明力、归类及其审查判断等方面的研究也难以做到有的放矢。

电子证据概念如下：

①电子证据是以电子形式存在的、用做证据使用的一切材料及其派生物；或者说，借助电子技术或电子设备而形成的一切证据（何家弘主编：《电子证据法研究》，法律出版社 2002 年版）。

②电子证据是指以储存的电子化信息资料来证明案件真实情况的电子物品或者电子记录（张西安：论计算机证据的几个问题 人民法院报 2000 年 11 月 7 日)。

③网上证据即电子证据，是指在计算机或计算机系统运行过程中产生的以其记录的内容来证明案件事实的电磁记录物（张西安：论计算机证据的几个问题 人民法院报 2000 年 11 月 7 日)。

④电子证据是以通过计算机存储的材料和证据证明案件事实的一种手段，它最大的功能是存储数据，能综合、连续地反映与案件有关的资料数据，是一种介于物证与书证之间的独立证据。

⑤电子证据是存储于磁性介质之中，以电子数据形式存在的诉讼证据。

⑥电子证据是以数字的形式保存在计算机存储器或外部存储介质中、能够证明案件真实情况的数据或信息。

尽管从概念的内涵和外延等角度考量，这几种关于电子证据的本质属性和对象范围的描述仍有认知上的差异，我们还是能够在一定范围内达成共识：首先电子证据的产生、存储和运输离不开计算机技术、存储技术、网络技术的支持，可以说没有电子技术、数字技术或者计算机的存在就不会有电子证据的存在；其次，经过现代化的计算工具和信息处理设备的加工，信息经历了数字化的过程，转换为二进制的机器语言，实现了证据电子化。“电磁记录物”、“数码信息”、“计算机存储的材料”、“电子数据”等用语实际上正说明了电子证据的独特存在形式。再次，根据我国《刑事诉讼法》规定“证明案件真实情况的一切事实，都是证据”。这一规定也为《民事诉讼法》、《行政诉讼法》所默认。而电子证据是能够证明一定案件事实的证据，这是其作为诉讼证据的必要条件。

7.4.2 电子数据的特点

与传统证据相比较，电子物证有以下五个特点：

1. 高科技性

电子物证的高科技性使取证变得便捷和高效，具体表现为收集电子物证快速，保存和固定电子物证便利（电子物证信息量虽大，却占用很小的物理空间并易于保存）。但要求取证技术人员具备与电子物证相关的技术专业知识与技能，并配备 SDII 服务器恢复系统等专业的电子物证勘验取证设备。

2. 存储和提交形式多样性

电子物证以 文本、图形、图像、动画、音频、视频等多种信息形成、存储于计算机硬盘、软盘、光盘、磁带等设备及介质中的，其生成和还原却离不开相关的计算机等电子设备。电子物证的提交形式相应地表现为文书、计算机硬盘、光盘等介质，因而具有与书证、视听资料、物证等证据种类相同或相似的表现形式，并随着科技成果的不断增加，电子物证的提交形式将会更加多样化。

3. 客观实在易变性

电子物证一经生成必然会在 计算机系统、网络系统中留下相关的痕迹或记录并被保存于系统自带日志（系统日志、安全日志等）或第三方软件形成的日志中，客观真实地记录了案件事实情况，但由于计算机数字信息存储、传输不连续和离散，容易被截取、监听、剪接、删除，同时还可能由于计算机系统、网络系统、物理系统的原因，造成其变化且难有痕迹可寻。因此在进行电子物证勘验提取时，必须配备专业的 数据恢复设备以保证电子物证的绝对完整、准确。

4. 存在的广域性

电子物证因行为人使用网络的种类不同或目的不同而存在于局域网或互联网中，而在遍布全球的互联网中的各地网络服务商提供的服务器就会留有电子物证。基于电子物证的这一特性，使人们对电子物证所在地的认识有了新突破，因而，取证活动将常常不局限于一地区、一国界，且由于各地区、各国分属不同的法域，对电子物证的法律规定自然存在差异，必然带来取证的障碍和冲突。

5. 实时准确性

计算机及网络的使用，是一个实时产生电子物证的过程，除了使用者操作下形成的电子物证外，还存在计算机及网络针对使用者的操作活动自动记录的相关电子物证，特别是网络中电子物证都是实时形成的，并可以通过取证获得具体、详细而准确的时间记载以及变化情

况。即使遭到人为篡改或系统故障等外在因素的破坏，仍可以使用SDII服务器恢复系统等专业电子物证勘验设备，通过 数据恢复手段进行电子物证的恢复、固定和提取。电子物证的这一特性决定了其具有其他证据种类难以比肩的优越性。同时也使实时犯罪线索搜集与其他取证活动成为可能并富有成效。

7.4.3　常见电子设备中潜在的电子证据

在实践中电子证据的来源很广，现阶段主要有电子邮件（E-mail，），系统日志，IDS、防火墙、ftp、www和反病毒软件日志，特定的脚本文件，Web浏览器数据缓冲，书签、历史记录或会话日志、实时聊天记录，系统的审计记录(Audit trails)，网络监控流量(Network monitor traffic)， Windows操作系统和数据库的临时文件或隐藏文件，数据库的操作记录，硬盘驱动的交换(swap)分区、slack区和空闲区，软件设置等。在Windows操作系统下的Windows swap(page)file(一般用户不曾意识到它的存在)，大概有20~200M的容量，记录着字符处理、E-mail消息、Internet浏览行为、数据库事务处理以及几乎其他任何有关Windows会话工作的信息。另外，在Windows下还存在着file slack，记录着大量E-mail碎片(Fragments)、字符处理碎片、目录树镜像(snapshot)以及其他潜在的工作会话碎片。这些都是现阶段电子证据实践中的主要对象。基于电子设备的种类将电子证据做出具体分类，将有助于有效收集、提取和分析电子证据。

1. 计算机系统 (Computer Systems)

磁盘及其他存储介质，包括移动存储器（可携带的硬盘、外置硬盘、移动硬盘、U盘、各类软盘、磁带、光盘等）、记忆卡（各类可移动的扩展存储卡，例如MP3播放器、数码相机的扩展存储卡）等，从这些介质中可以发现相关的数字证据。例如：

（1）用户自建的文档

用户自建的文档包括地址簿、E-mail、音/视频文件、图片影像文件、日程表、Internet书签/收藏夹、数据库文件、文本文件等；

（2）用户保护文档

用户保护文档包括压缩文件、改名文件、加密文件、密码保护文件、隐藏文件等；

（3）计算机创建文档

计算机创建文档包括备份文档、日志文件、配置文件、Cookies、交换文件、系统文件、隐藏文件、历史文件、临时文件等；

（4）其他数据区中可能存在的数字证据

其他数据区中可能存在的数字证据包括硬盘上的坏簇、其他分区、Slack空间、计算机系统时间和密码、被删除的文件、软件注册信息、自由空间、隐藏分区、系统数据区、丢失簇、未分配空间；

另外，计算机附加控制设备还有智能卡（Smart Card）、加密狗（Dongles）等，这些设备具有控制计算机输入输出或加密功能，这些设备可能含有用户的身份、权限等重要信息。

2. 自动应答设备（Answering Machine）

如具备留言功能的电话机，可以存储声音信息，可记录留言的时间及当时的录音。其潜在的证据还有：打电话人的身份信息、备忘录、电话号码和名字、被删除的信息、近期电话通话记录、磁带等。

3. 数码相机（Digital Cameras）

包括微型摄像头、视频捕捉卡、可视电话设备，这些设备可能存储有影像、视频、时间日期标记、声音信息等。

4. 手持电子设备（Handheld Devices）

包括个人数字助理（PDA）、电子记事本等，这些设备中可能包含有地址簿、密码、计划任务表、电话号码簿、文本信息、个人文档、声音信息、E-mail、书写笔迹等信息。

5. 联网设备

包括各类调制解调器、网卡、路由器、集线器、交换机、网线与接口等，一方面，这些设备本身就属于物证范畴，另一方面，也可以获取重要的信息，如网卡的MAC地址、一些配置文件等。

6. 寻呼机（Pagers）

寻呼机中的电子证据可能有：地址信息、文本消息、E-mail、声音消息、电话号码等。

7. 打印机（Printers）

包括激光、热敏、喷墨、针式、热升华打印机，现在很多打印机都有缓存装置，当打印时可以接收并存储多页文档，有的甚至还有硬盘装置。从这些设备中可以获取以下资料：打印文档、时间日期标记、网络身份识别信息、用户使用日志等。

8. 扫描仪（Scanners）

根据扫描仪的个体扫描特征可以鉴别出经过其处理的图像的共同特征。

9. 其他电子设备

（1）复印机（Copiers）

一些复印机有缓存装置，可能含有复印文档、用户使用日志、时间信息、预复印文档等。

（2）读卡机（Credit Card Skimmers）

如磁卡读卡机包含信用卡（磁卡）的有效期限、用户名称、卡号、用户地址等。

（3）传真机（Fax）

传真机能储存预先设置的电话号码、传送和接收的历史文档，还有一些具有内存装置，可先存入多页文档，然后在稍后的时间再发送或和输出。

（4）全球定位仪（GPS）

全球定位系统能够提供行程方位、地点定位及名称、出发点位置、预定目的地位置、行程日志等重要信息。

7.4.4 电子证据的检验鉴定方法

电子数据鉴定是 司法鉴定的一种，鉴定的对象是有关电子数据材料。司法鉴定是在诉讼过程中，对于案件中的专门性问题，按诉讼法的规定，经当事人申请，司法机关决定，或司法机关主动决定，指派、聘请具有专门知识的鉴定人，运用科学技术手段，对专门性问题作出判断结论的一种核实证据的活动。司法鉴定就是侦查、起诉、审判等诉讼活动中依法进行的鉴定 司法鉴定是科学技术鉴定中一种特殊的类型。

常用的一些鉴定方法包括：数据恢复技术、数据加解密技术、日志分析技术、对比搜索技术、数据挖掘技术、数据复制技术、证据呈堂技术等。

1. 数据恢复技术

数据复原在计算机取证中指的是对于不同程度上数据的破坏所进行的恢复，以及不可见

区域数据的呈现。在介绍数据复原技术之前，我们有必要对数据恢复的原理进行重申，因为数据复原技术是在数据恢复技术上发展而来的。微机系统，大多采用 FAT、FAT32 或者 NTFS 三种文件系统。以 FAT 文件系统为例，数据文件写到基于该系统的磁盘上以后，会在目录入口和 FAT 表中记录相应信息。目录入口保留我们通常通过资源管理器等工具能看到的文件信息，如文件名称、大小、类型等，它还保留了该文件在 FAT 表（File Allocation Table 文件分配表）中相应记录项的地址。而 FAT 表记录了该文件在磁盘上所占用的各个实际扇区的位置。当我们从磁盘上删除一个文件（并从 Windows 提供的回收站中清除，下同）后，该文件在目录入口中的信息就被清除了，在 FAT 表中记录的该文件所占用的扇区也被标识为空闲，但其实这时保存在磁盘上的实际数据并未被真正清除。只有当其他文件写入，有可能使用该文件占用的扇区时（因为它们已被标识为空闲），该文件才会被真正覆盖掉。

（1）文件被删除或系统被格式化时的恢复

一般的来说，文件删除仅仅是把文件的首字节，改为 E5H，而并不破坏本身，因此可以恢复。但由于对不连续文件要恢复文件链，由于手工交叉恢复对一般计算机用户来说并不容易，用工具处理，如可用 Norton Utilities，可以用它来查找。另外，RECOVERNT 等工具，都是恢复的利器。特别注意的是，千万不要在发现文件丢失后，在本机安装什么恢复工具，你可能恰恰把文件覆盖掉了。特别是你的文件在 C 盘的情况下，如果你发现主要文件被你失手删掉了（比如你按 SHIFT 删除），你应该马上直接关闭电源，用软盘启动进行恢复或把硬盘串接到其他有恢复工具的机器处理。误格式化的情况可以用此方法处理。

（2）文件损坏时的恢复

一般来说，恢复文件损坏需要清楚地了解文件的结构，不是很容易的事情，而这方面的工具也不多。不过一般来说，文件如果字节正常，不能正常打开往往是文件头损坏。就文件恢复举几个简单例子。如 ZIP 文件损坏的情况下可以用一个名为 ZIPFIX 的工具处理。自解压文件无法解压，可能是可执行文件头损坏，可以用对应压缩工具按一般压缩文件解压。DBF 文件死机后无法打开，可能是典型的文件头中的记录数与实际不匹配了，把文件头中的记录数向下调整。

（3）硬盘被加密或变换时的恢复

一定要反解加密算法，或找到被移走的重要扇区。 对于那些加密硬盘数据的病毒，清除时一定要选择能恢复加密数据的可靠杀毒软件。

（4）其他情况下数据恢复策略

①系统不认硬盘。

系统从硬盘无法启动，从 A 盘启动也无法进入 C 盘，使用 CMOS 中的自动监测功能也无法发现硬盘的存在。这种故障大多出现在连接电缆或 IDE 端口上，硬盘本身故障的可能性不大，可通过重新插接硬盘电缆或者改换 IDE 口及电缆等进行替换试验，就会很快发现故障的所在。如果新接上的硬盘也不被接受，一个常见的原因就是硬盘上的主从跳线，如果一条 IDE 硬盘线上接两个硬盘设备，就要分清楚主从关系。

②CMOS 引起的故障。

CMOS 中的硬盘类型正确与否直接影响硬盘的正常使用。现在的机器都支持“IDE Auto Detect”的功能，可自动检测硬盘的类型。当硬盘类型错误时，有时干脆无法启动系统，有时能够启动，但会发生读写错误。比如 CMOS 中的硬盘类型小于实际的硬盘容量，则硬盘后面的扇区将无法读写，如果是多分区状态则个别分区将丢失。还有一个重要的故障原因，由于目前的IDE都支持逻辑参数类型，硬盘可采用“Normal，LBA，Large”等，如果在一般的模式下安装了数据，而又在CMOS中改为其他的模式，则会发生硬盘的读写错误故障，因为其映射关系已经改变，将无法读取原来的正确硬盘位置。

③主引导程序引起的启动故障。

主引导程序位于硬盘的主引导扇区，主要用于检测硬盘分区的正确性，并确定活动分区，负责把引导权移交给活动分区的DOS或其他操作系统。此段程序损坏将无法从硬盘引导，但从软驱或光驱启动之后可对硬盘进行读写。修复此故障的方法较为简单，使用高版本DOS的FDISK最为方便，当带参数/mbr运行时，将直接更换(重写)硬盘的主引导程序。实际上硬盘的主引导扇区正是此程序建立的，FDISK.EXE之中包含有完整的硬盘主引导程序。虽然DOS版本不断更新，但硬盘的主引导程序一直没有变化，从DOS 3.x到Windows 95的DOS，只要找到一种DOS引导盘启动系统并运行此程序即可修复。

④分区表错误引发的启动故障。

分区表错误是硬盘的严重错误，不同的错误程度会造成不同的损失。如果是没有活动分区标志，则计算机无法启动。但从软驱或光驱引导系统后可对硬盘读写，可通过FDISK重置活动分区进行修复。如果是某一分区类型错误，可造成某一分区的丢失。分区表的第四个字节为分区类型值，正常的可引导的大于32MB的基本DOS分区值为06，而扩展的DOS分区值是05。很多人利用此类型值实现单个分区的加密技术，恢复原来的正确类型值即可使该分区恢复正常。分区表中还有其他数据用于记录分区的起始或终止地址。这些数据的损坏将造成该分区的混乱或丢失，可用的方法是用备份的分区表数据重新写回，或者从其他的相同类型的并且分区状况相同的硬盘上获取分区表数据。恢复的工具可采用NU等工具软件，操作非常方便。当然也可采用DEBUG进行操作，但操作繁琐并且具有一定的风险。

⑤分区有效标志错误的故障。

在硬盘主引导扇区中还存在一个重要的部分，那就是其最后的两个字节：“55aa”，此字节为扇区的有效标志。当从硬盘、软盘或光盘启动时，将检测这两个字节，如果存在则认为有硬盘存在，否则将不承认硬盘。此处可用于整个硬盘的加密技术，可采用DEBUG方法进行恢复处理。另外，当DOS引导扇区无引导标志时，系统启动将显示为：“Missing Operating System”。可使用DOS系统通用的修复方法。

⑥DOS引导系统引起的启动故障。

DOS引导系统主要由DOS引导扇区和DOS系统文件组成。系统文件主要包括IO.SYS、MSDOS.SYS、COMMAND.COM，其中COMMAND.COM是DOS的外壳文件，可用其他的同类文件替换，但缺省状态下是DOS启动的必备文件。在Windows 95携带的DOS系统中，MSDOS.SYS是一个文本文件，是启动Windows必需的文件，但只启动DOS时可不用此文件。DOS引导出错时，可从软盘或光盘引导系统后使用SYS C命令传送系统，即可修复故障，包括引导扇区及系统文件都可自动修复到正常状态。

⑦FAT表引起的读写故障。

FAT表记录着硬盘数据的存储地址，每一个文件都有一组FAT链指定其存放的簇地址。FAT表的损坏意味着文件内容的丢失。庆幸的是DOS系统本身提供了两个FAT表，如果目前使用的FAT表损坏，可用第二个进行覆盖修复。但由于不同规格的磁盘其FAT表的长度及第二个FAT表的地址也是不固定的，所以修复时必须正确查找其正确位置，一些工具软件如NU等本身具有这样的修复功能，使用也非常的方便。采用DEBUG也可实现这种操作，

即采用其 m 命令把第二个 FAT 表移到第一个表处即可。如果第二个 FAT 表也损坏了，则也无法把硬盘恢复到原来的状态，但文件的数据仍然存放在硬盘的数据区中，可采用 CHKDSK 或 SCANDISK 命令进行修复，最终得到*.CHK 文件，这便是丢失 FAT 链的扇区数据。如果是文本文件则可从中提取出完整的或部分的文件内容。

⑧目录表损坏引起的引导故障。

目录表记录着硬盘中文件的文件名等数据，其中最重要的一项是该文件的起始簇号。目录表由于没有自动备份功能，所以如果目录损坏将丢失大量的文件。一种减少损失的方法也是采用 CHKDSK 或 SCANDISK 程序恢复的方法，从硬盘中搜索出*.CHK 文件，由于目录表损坏时仅是首簇号丢失，每一个*.CHK 文件即是一个完整的文件，把其改为原来的名字即可恢复大多数文件。

（5）对周围数据的复原

许多人认为计算机犯罪的证据或线索只限于存储在计算机文件中的数据。但是大部分相应的证据或线索是在不为大多数计算机用户所知的不平常位置找到的。在获取的过程中，取得的数据除了以文件形式存放的数据外，还有很大一部分从对用户而言是透明的数据中找到的，通常将它们称为周围数据。可以理解周围数据为物理级的数据信息。

物理级的数据信息指脱离文件系统定义下存储在硬盘、磁盘、闪存等存储设备中的数据信息。它包括存储在逻辑文件空间、碎片空间、空闲空间中的数据。与案件有关的直接线索或间接线索都有可能以数据的形式存储在这些空间的任意位置上。因此物理级的数据信息是侦查取证中最直接、最普遍也是最重要的环节。它能直接或取出目标计算机在近期使用浏览器浏览过的网上的特定信息，近期使用 WORD 等字处理程序编辑过即使未保存的文档信息，以及文件系统中包括的用户通常不可见的特殊信息，如系统临时指定的特殊文件名等。

①未分配磁盘空间（Unallocated File Space）。

未分配磁盘空间虽然目前没有被使用，尽管这些簇是被操作系统释放，以便新的文件数据需要时使用，但簇上可能包含有先前的数据残留。这些数据存储空间就称为“未分配的空间”。未分配的空间有可能保存着完整的文件、文件的残余部分、子目录以及由一些应用软件或操作系统生成并删除的临时文件等。所有这些都是获取计算机证据或线索的重要来源。在计算机的使用过程中，有很多种情况都会造成一些曾经存储过有价值信息的簇变成“未分配空间”。比如以下情况都会在未分配磁盘空间留下痕迹：

当用户向一个目标驱动器写入文件时，如果文件容量大于磁盘的剩余空间，操作系统就会提示存储空间不够的信息。检查软盘目录也显示没有这个已部分写入的文件。这是因为 DOS/Windows 生成一个新的文件并将其写入可利用的未分配的空间，当它发现没有足够的空间写入剩余的部分文件时，它就“删除”了这个新生成的文件，但是已写入的数据还继续保留在软盘的“未分配的空间”中。

当用户要打印一个存储在移动介质中的字处理文件，连接打印机时，DOS / Windows 在硬盘上生成对这个文件拷贝的一个临时文件。文件打印完成后，系统将这个临时文件“删除”，这个临时文件就存储在硬盘的“未分配的空间”中。

当用户淘汰一台旧的计算机时，对计算机硬盘用 FORMAT 命令进行格式化。但是 FORMAT 命令无法对硬盘作物理格式化，不改写硬盘上的原有数据，原有数据存储在“未分配的空间”。

用户用 FDISK 或诸如 Partition Magic 之类的程序对硬盘重新分区并重新安装操作系统，

在此之前，硬盘上存储着大量的商业交易信息和E-mail用户没有意识到这些原始的数据仍保留在硬盘的"未分配的空间"中。

"未分配的存储空间"在DOS/Windows下能够被特别的软件工具读取，是重要的计算机证据来源之一。

②文件中的碎片空间（File Slack）。

如果文件的长度不是簇长度的整数倍，那么分配给文件的最后一簇中，会有未被当前文件使用的剩余空间，因此，在一个数据文件的最后通常有未用的空间。这些从文件尾部到分配给文件的簇结束的存储空间被称为"File Slack"。File Slack又分为RAM Slack 和Drive Slack。

由于磁盘对数据的读写操作是对整个扇区进行，当文件的数据不足以填满最后一个扇区时，DOS/Windows 随机地从内存缓冲区中选取数据填充在扇区中，这些从内存中随机选取的数据就称为"RAM Slack"。RAM Slack可能包含在此次开机的工作过程中已经查看过的数据、修改的文件内容、下载或拷贝的数据中。因此，File Slack中包含有在本次开机过程中内存中保存的其他重要数据。

RAM Slack只是存在文件的最后一个扇区中，如果在分配给文件的最后一个簇中还有其他剩余的扇区，那么就产生了File Slack的另一种形式Drive Slack。与RAM Slack不同的是，Drive Slack不是来自内存，而是保留了原来存储于此的文件数据。

File Slack中潜在地包含计算机内存的随机转储数据，它可能用于确认网络登录名、口令及其他一些计算机用户的敏感数据，从前的E-mail信息或字处理文件的碎片都有可能在其中找到。在一个大的硬盘上，它的总数可以达到700M字节，甚至更多。随着计算机存储能力的增长，它也随之增加。因此，File Slack是计算机犯罪侦查人员的重要发掘线索之一。

③Windows 交换文件（Windows swap file）。

交换文件是用来帮助解决内存溢出问题的。如果系统需要大的内存空间，而内存又都被占用，那么系统就会拿出一定的硬盘空间作为内存的副本。作为一个巨大的数据缓存区，许多数据碎片甚至整个的字处理文件都可能保留在交换文件中。

交换文件一般比较大，而且对用户而言，它是透明的。在启动Windows后，本系统的Swap File是不可读的，只有通过其他方式引导(如软盘启动)，才可能对它进行操作。这些文件的大小可以在10M字节到200M字节之间，这些潜在的巨大的文件中可能包含字处理文件的残留部分、E-mail信息、Internet浏览信息、数据库记录以及本次开机过程中所做的其他工作。因为这些数据保留在交换文件中，而不为计算机用户所知，所以它也是重要的计算机证据形式。在作为计算机证据保存时，需要引起特别注意的是每次启动Windows时都会造成它的改写。

④临时文件（temp file）。

字处理和数据库程序通常在软件操作过程中产生一种副产品——临时文件，它们具有与正在操作的文件相同的内容，在程序工作结束时被程序删除。然而，当程序非正常结束时，它会保留在计算机上，从而造成某些信息的泄露。对侦查人员而言，包含在这些被删除文件中的数据是很有用的，特别是在原文件进行了加密处理或者字处理文件打印后并未存盘的情况下，它们是关于这些文件的重要线索。

数据复原技术在侦查人员在实际办案当中起到了非常重要的辅助作用。1998年6月，王某结伙他人商议成立"中国民主党"，决定率先在某省成立"中国民主党筹备委员会"，拟定了公然诽谤、诬蔑我国国家政权和社会主义制度的"中国民主党章程（草案）"和"中国民主党筹备委员会成立公开宣言"。6月25日上午，王某通过国际互联网向美国、香港等地的组

织及个人发送载有“章程”、“宣言”内容的电子邮件 18 封，并要求接收方广为传播。6 月 30 日上午，由其同伙携带“宣言”印刷件在某市进行散发。

1998 年 7 月，该市公安局成立由相关单位组成的专案组，并于 7 月 10 日晚将以王某为首的“中国民主党筹备委员会”几个主要成员刑事拘留，并对他们的住处进行了搜查，扣押了他们使用的电脑。

在此案中，计通处主要负责从王某使用的电脑中查找证据，这是破案的关键。通过检查，办案人员在其电脑中发现了大量煽动颠覆国家政权的文章，但其中有部分文档加了密码；此外，办案人员还发现该电脑中电子邮件收发软件的发件箱已被清空。为此，对电脑中的加密文档进行解密和对被删除的信息进行恢复是办案人员主要任务。

根据 1998 年 6 月 26 日，在“北美自由论坛”等国外反动网站上已经出现了“中国民主党章程（草案）”和“中国民主党筹备委员会成立公开宣言”这一情况，办案人员觉得有可能是王某在此之前通过该电脑将“章程”和“宣言”发给了国内外的敌对组织和个人，然后又将发件箱清空。为了证明办案人员的设想，找到将王某绳之以法的有力证据，侦查人员克服各种困难，积极探索数据恢复技术，终于找回了发件箱中被删除的信息，掌握了确凿的证据：王某于 1998 年 6 月 25 日上午，使用该电脑通过国际互联网向境外的敌对组织和个人发送了 18 封载有“章程”、“宣言”内容的电子邮件。

在进行数据恢复的同时，办案人员也着手进行密码破解工作。加密的文档肯定是王某不想让别人轻易打开的文档，其中很可能有证明王某犯罪的证据。面对解密技术难度高、工作量大，办案人员毫不畏惧，在公安部、省厅的指导和帮助下，经长时间的反复尝试和复杂计算，终于将密码破解，这些加密的文档正是“章程”和“宣言”。数据恢复和密码破解的成功，使该案终告侦破。

本案的成功告破，关键在于恢复了被删除的数据和破译了密码。作为公共信息网络安全监察部门的侦查人员必须既要掌握公安传统刑事案件的侦破技能，又要具备过硬的计算机技术，特别是数据恢复、解破密码、网络分析等计算机技术。同时，公共信息网络安全监察部门必须掌握丰富的、最新的计算机工具软件和装备高性能的计算机硬件设施，才能迅速、高效破获技术性高、隐蔽性能强、证据获取难的网络犯罪案件。

2. 数据加解密技术

（1） 数据加密

数据加密的基本过程就是对原来的文件或数据，通常称为“明文”，按某种算法进行处理，使其成为不可读的一段代码，通常称为“密文”，使其只能在利用相应的密钥处理之后才能看出本来的内容，这个过程称为解密。通过这样的途径来达到保护数据不被非法人窃取、阅读的目的。数据加密的逆过程为解密，即将该编码信息恢复为其原来数据的过程。

加解密过程可由图 7.2 简单地描述，其中 Plaintext 为原文件，记为 P，Ciphertext 为加密后的文件，记为 C，Encryption 为加密算法，记为 E，则有 E（P）= C，即 P 经过加密后变成 C，若我们将 Decrytion，即解密算法记为 D，则 D（C）= P，即 C 经过解密变成 P，整个过程可写成 D（E（P））= P

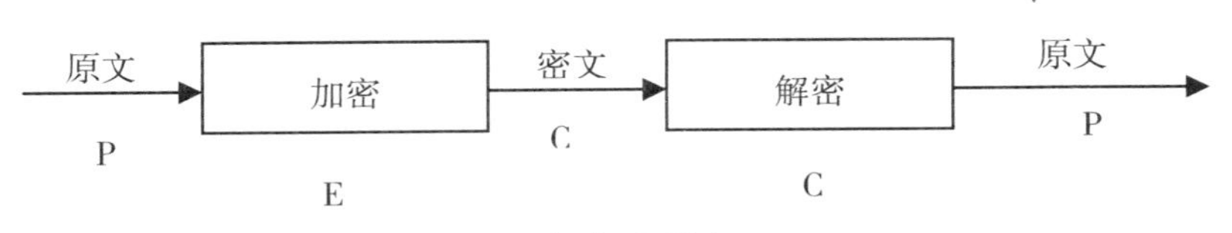

图 7.2　加密过程图

数据加密的目的是保护网内的数据、文件、口令和控制信息在存储和传输过程中的保密性安全威胁。所谓加密就是数据经过一种特殊处理使其看起来毫无意义，同时保持可以对其恢复成原始数据的途径。对信息进行加密可以防御网络监听，保护信息的机密性。同时，高强度的信息加密技术极大地抑制了密码破译攻击的成功实施，尤其是采取了算法保密等非技术措施后，企图采用技术手段破译加密系统是极其困难的。另外，加密既可以作为身份认证的一种实现方式，又可以为认证安全提供保障，因而在一定程度上也能够防止欺骗攻击的发生。

一般的数据加密可以在通信的三个层次上来实现：链路加密、节点加密、端到端加密。

①链路加密。对于在两个网络节点间的某一次通信链路，链路层加密为相邻链路节点间的点对点通信提供传输安全保证。对于链路加密，所有消息在被传输之前进行加密，在每一个节点对接收到的信息进行解密，然后先使用下一个链路的密钥对信息进行加密，再进行传输。在到达目的地之前，一条消息可能要经过许多通信链路的传输。

由于在每一个中间传输节点消息均被解密后重新进行加密，因此包括路由信息在内的链路上的所有数据均以密文形式出现。这样，链路加密就掩盖了被传输消息的源点与终点。由于填充技术的使用以及填充字符在不需要传输数据的情况下就可以进行加密，这使得消息的频率和长度特性得以掩盖，从而可以防止对通信业务进行分析。

尽管链路加密在计算机网络环境中使用的相当普遍，但也存在一些问题。链路加密通常用在点对点的同步或异步线路上，它要求先对在链路两端的加密设备进行同步，然后使用一种链模式对链路上传输的数据进行加密。这就给网络的性能和可管理性带来了副作用。

在一个网络节点上，链路加密仅在通信链路上提供安全性，消息以明文形式存在，因此，所有节点在物理上必须是安全的，否则就会泄漏明文的内容。然而保证每一个节点的安全性需要较高的费用，为每一个节点提供加密硬件设备和一个安全的物理环境所需要的费用由以下几个部分组成：保护节点物理安全的雇员开销、为确保安全策略和程序的正确执行而进行审计时的费用以及防止安全性被破坏时带来损失而参加的保险的费用。

在传统的加密算法中，由于解密消息的密钥与用于加密的密钥是相同的 ，该密钥必须被秘密保存，并按一定规则进行变化。这样密钥分配在链路加密系统中就成了一个问题，因为每一个节点必须存储与其相连接的所有链路的加密密钥，这就需要对密钥进行物理传送或者建立专用网络设施。而网络节点地理分布的广阔性使得这一过程变得复杂，同时增加了密钥连续分配时的费用。

②节点加密。尽管节点加密能给网络数据提供较高的安全性，但它在操作方式上与链路加密是类似的：两者均在通信链路上为传输的消息提供安全性；都在中间节点上先对消息进行解密，然后进行加密；因为要对所有传输的数据进行加密，所以加密过程对用户是透明的。

然而与链路加密的不同点是：节点加密不允许消息在网络节点以明文形式存在，它先把收到的消息进行解密，然后采用另一个不同的密钥进行加密，这一过程是在节点上的一个安全模块中进行。

节点加密要求报头和路由信息以明文形式传输，以便中间节点能得到如何处理消息的信息。因此这种方法对于防止攻击者分析通信业务是脆弱的。

③端到端加密。端到端加密语序数据从源点到终点的传输过程中始终以密文形式存在。采用端到端加密，消息在被传输是到达终点之前不进行解密，因为消息在整个传输过程中均受到保护，所以即使有节点被损坏也不会使消息泄露。

端到端加密系统的价格便宜些，并且与链路加密和节点加密相比更可靠，而且更容易设计、实现和维护。端到端加密还避免了其他加密系统所固有的同步问题，因为每个报文包均是独立被加密的，所以一个报文包所发生的传输错误不会影响后续的报文包。此外，从用户对安全需求的直觉上讲，端到端加密更自然些。单个用户可能会选用这种加密方法，以便不影响网络上的其他用户，此方法只需要源和目的节点是保密的即可。

端到端加密系统通常不允许对消息的目的地址进行加密，这是因为每一个消息所经过的节点都要用此地址来确定如何传输消息。由于这种加密方法不能掩盖被传输消息的源点与终点，因此对于防止攻击者分析通信业务是脆弱的。

（2）密码技术

密码技术有古典和现代的区分。古典密码是密码技术的基础，但是这些密码大多简单，经受不住现代攻击手段的攻击，已经很少使用，所以我们主要介绍现代密码技术，现代加密技术有两类基本的方法，对称加密技术和非对称加密技术。

①对称加密技术。在对称加密技术中，加密和解密过程使用同一个密钥。也被称为保密密钥或者单钥加密方法。这类方法有 DES 和 IDEA。

这种加密算法的问题是：用户必须让接收方知道自己所使用的密钥，这个密钥需要双方共同保密，任何一方的失误都会导致机密的泄露。而且在告诉接收方密钥的过程中，还需要防止任何人发现或偷听密钥，这个过程被称为密钥发布。有些认证系统在会话初期用明文传送密钥，这就存在密钥被截获的可能性。

对称加密算法的优点是速度快、保密性强，且经受得住时间的检验和攻击，但前提条件是其密钥必须通过安全的途径传送。因此其密钥管理成为系统安全的重要因素。

传统的加密技术就是使用对称加密技术进行加密的，这种方法加密和解密时使用的是同一把钥匙。这样在公用信道传送加密的文件时，还必须找一条非公用的安全信道用来传送解密的密钥。要是存在这样的信道的话就没有必要对信息进行加密了。所以人们想出了使用非对称（公开/私有密钥）的方法。

②非对成密钥（公开/私有密钥）技术。非对称密码术与单独的密钥不同，它使用在数学上相互关联的一对密钥，一个是公开密钥，任何人都可以知道，另一个是私有密钥，只有拥有该对密钥的人知道。非对称密码体制提供的安全性取决于难以解决的数学问题。如果有人发信给这个人，他就用他的私有密钥进行解密，而且只有他持有的私有密钥可以解密。这种加密方式的好处显而易见，密钥只有一个人持有，也就更加容易进行保密，因为不需在网络上传送私人密钥，也就不用担心别人在认证会话初期劫持密钥。用公开/私有钥技术对信息进行加密，下面把公开/私有密钥技术总结为以下几点：公开钥/私有密钥有两个相互关联的密钥，公开密钥加密的文件只有私有密钥能解开，私有密钥加密的文件只有公开密钥能解开，这一特点被用于 PGP（pretty good privacy）。

在非对称加密技术中，接收方和发送方使用不同的密钥：公开密钥和私有密钥。从公钥推导出密钥需要超大的计算量，实际上是不可行的。RSA 算法就是一种常见的公开密钥加密算法，它能抵抗到目前为止已知的所有密码攻击。

非对称密码的优点是：可以适应网络的开放性要求，且密钥管理问题较为简单，尤其可以方便地实现数字签名和验证。但其算法复杂、加密数据的速率较低。

当我们把证据放到证据库后，为了保证证据不被篡改，需要使用加密技术。磁盘加密的主要方法有固化部分程序、激光穿孔加密、掩膜加密和芯片加密等，还可利用修改磁盘参数表（如扇区间隙、空闲的高磁道）来实现磁盘的加密。另外，还可采用堆栈溢出保护技术，防止黑客使用堆栈溢出的方法对系统进行攻击。

在数据传输的过程中，为了保证证据不被非法窃取，还应该在证据传输到证据库的过程中也采取加密措施。采用加密技术如 IP 加密、VPN 加密、SSLAD 加密等协议标准，保证数据的安全传输。另外，通过使用消息鉴别编码（MAC）保证数据在传输过程中的完整性，MAC 算法同时也被认为是加密算法，即从目标机器发送一列所支持的 MAC 算法，取证系统在返回的 Hello 消息中标出所选的算法。

③密码破译技术。密码破译技术是数据加密技术逆过程。计算机犯罪的极高隐蔽特性，犯罪人员更是利用加密软件对数据进行加密，给侦查人员带来了很多困难。如果案犯的计算机中有加密的文件和数据，在犯罪嫌疑人不愿提供时，可以采用解密技术进行破解，以得到相关的证据。所以有必要深入研究密码破译技术，主要研究软件加密数据的搜索、提示、提取技术，包括加密数据的自动识别和提取算法；各类常用软件加密文件的类型识别技术；常用软件中的中低强度的各类标准加密算法生成的加密文件的解读和还原技术、常用系统加密口令文件的提取技术等关键技术。开发一个可供基层案件调查人员使用的常用软件加密数据的搜索、提示、提取工具软硬件系统，同时提交详细技术文档和用户手册等报告，从而实现对常用办公类软件如 Office 下的 word、excel、access 等，常用的压缩工具类软件如 winzip、winRAR，常用的安全电子邮件类软件等加密生成文件的解读、还原和存储。对用于现场勘查、线索追查、嫌疑人搜查及电子监测中获取的常用软件加密生成文件的解读和还原，对遗留存储设备中和经由网络的加密数据进行搜索和提取，以便进行分析和研究，以便于查明案情、证实犯罪或排除嫌疑。

（3）电子证据鉴定中加密文件的破解

①对加密文件采用"暴力破解"法。

暴力破解是指在不知道使用文件的口令时，进行各种符号组合实验的方法达到打开和使用文件的目的。

人工"暴力破解"：是根据加密人的特点等因素，用想象的密码尝试进入加密文件。如根据加密人的通信号码（电话号码，手机号码）、特殊日期（如生日）、特殊地质（如门牌号、房间号）等。还可以根据犯罪现场的特定环境猜测，如有一个案例，在破获一个赌博网站时，由于赌博用的服务器键盘很脏，只有12345几个键清晰可见，因此，将12345进行组合显现了密码破解。虽然该方法带有一定的偶然性，但由于该方法方便易行，也不失为一种好方法。

工具软件"暴力破解"：采用流行的强力破解软件工具就行破解。目前在网络上有大量的暴力破解工具软件可以使用，对破解密码意义重大。如office密码破解工具软件officepwd，winzip密码破解软件 Ultimate Zip Cracker等。该方法具有破解速度快，准确等优点。

②对可执行程序口令用脱壳软件破解。

"脱壳"是跳过可执行程序的口令判断部分的程序段，使得程序不具有程序判断能力。该方法的重点是如何找到脱壳入口点。该方法难度相对交大，需要多个软件配合，以及较深的计算机编程知识。

③对用公共加密软件进行文件内容加密的破解。

对这类文件的破解首先需要判断是通过何种加密软件进行的加密，知道了加密文件所用的软件，可以有针对性的搜集相关的加密软件的破解软件。另外，在解密的过程中，需要提

供密钥口令，也可以结合脱壳软件共同完成破解工作。

④对嵌入式文件加密和伪装加密的破解。

对这类文件的破解也主要是判断是何种加密软件进行的加密。知道了加密文件所用的软件，就可以有针对性的搜集相关加密软件的破解软件。

3. 日志分析技术

大多数的计算机系统目前都可以提供系统日志、安全日志和应用程序日志，对于系统中的网络安全组件，如防火墙（Firewall）、入侵检测系统（Intrusion Detection System，IDS），防病毒系统等也都提供相应的日志。所谓日志，是根据一定的策略记录系统的活动，这些记录足以重构、评估、审查环境和活动的次序，这些环境和活动在一项事务的开始到最后结束期间能够围绕或导致一项操作、一个过程或一个事件。

日志为系统管理员了解引擎工作状态提供参考，可以分析引擎分时段负荷、系统时延、用户使用习惯、IP 来源追踪、恶意访问提示等，为进行决策分析提供了依据。系统的日志数据能够提供一些有用的源地址信息，因此系统日志数据是重要的证据，包括系统审计数据、防火墙日志数据、来自监视器或入侵检测工具的数据等。这些日志一般都包括以下信息：访问开始和结束时间、被访问的端口、执行的任务名、修改许可权的尝试、被访问的文件等。

日志分析（log Analysis）技术的研究重点是构建常用操作系统、数据库和应用系统日志、安全组件（如防火墙、入侵检测系统等）的组成结构和知识库，形成通用的日志形式化描述方法，对日志非正常配置与篡改、删除等操作的判别，日志文件的完整性和一致性检查分析，网络和服务端口关联日志的搜索和描述，基于内容的日志过滤与提取技术，假冒 IP、假冒账号等异常行为的识别（identification），特定对象的网络行为和实施的动作查证技术，以及日志信息的数据挖掘。日志的记录工具多种多样，因此日志分析工具的种类也很多。例如目前常用的 Web server 有 Apache、Nerscape enterprise server、MS IIS 等，其日志记录也不尽相同，因此不同的日志分析工具应用场合也有选择，不同的情况下使用不同的分析工具。现在常用的工具有 Webtrends Tools、FWlogQry、tcpreplay、tcpshow、Swatch 等。

2003 年 11 月 5 日下午，某市公安局网监处接到该市广播电视大学报案：称其校园网络遭到攻击，造成网络瘫痪三天，怀疑有人故意攻击该校网络，请求帮助破案。接报后，立即成立专案组并迅速赶到该市广播电视大学，在校方的配合下展开调查取证工作，经过实地取证和技术定位，首先把破坏源定位在学校局域网内部。为了尽快破案，恢复网络畅通、挽回学校损失，专案组人员最后确定该校家属楼的雷某（男，1973 年 8 月 30 日出生，无固定职业）有重大作案嫌疑。通过对雷某家中的三台电脑进行勘查，发现其电脑中有利用黑客软件对学校网络进行攻击日志记录，在大量证据面前，雷某对其攻击电大网络的行为供认不讳。经查雷某利用黑客软件的管理功能对学校局域网内的其他上网用户进行管理，共使用黑客软件三天，限制管理和禁止了学校内 65 个 IP 共 445 次。致使学校的代理服务器设置于其电脑发生冲突，无法正常工作。

雷某这一行为导致了学校网络服务器的瘫痪，大量用户不能上网，许多教师所作的课件及学员们的注册信息等大量数据的丢失，给学校造成了恶劣的影响和重大经济损失。市网监处依法对雷某进行了处理，并督促和指导邢台广播电视大学加强了网络安全建设，防止此类事件再次发生。

在此案的破获过程中，侦查人员对系统路由器的日志文件进行了排查，确定具有嫌疑的

IP，并根据此IP确定相应的犯罪嫌疑人，将犯罪嫌疑人电脑内的日志文件作为其犯罪的有力证据。

4. 对比搜索技术

在计算机茫茫的数据海洋里，要找到需要的信息并不是件易事，我们针对不同的需求采取了不同的技术来解决这些问题，如若知道某一信息的特性，根据此特性查找我们获得的数据，这样可降低普通查找的时间，于是对比技术应运而生。对比顾名思义是二者或二者以上之间事物的对比，如，若计算机系统文件或应用程序文件遭到破坏，但又一时不清楚是哪部分被篡改，则可用被损坏的磁盘与另一个完好的与原来系统及应用软件都一样的系统磁盘进行比对，找出被篡改的部分。又如，若想证明某一计算机是否感染病毒，则可用该病毒的关键字进行比对查找，把该关键字作为种子，与系统内的文件进行比对即可判断出是否感染了该病毒。

"某热线"网站是该市市电信分公司主办的，有新闻、娱乐、论坛、网上购物等栏目，系综合性网站。在2001年9月16日10时许，该网站遭黑客侵入，首页被修改为"千里之堤，毁于蚁穴。本网站存在安全隐患！希望网管能及时补全漏洞，以免落入他国网客之手。(署名)某乡巴佬"等字样内容。几分钟后，电信公司的技术人员发现首页被修改后立即检查系统，并通过日志查出黑客侵入时的IP为210.140.241.150。经分析该IP来自日本。由于黑客侵入系统后已拥有ROOT权限，并删除了相应的日志记录，因此很难跟踪黑客行迹。电信公司只是简单地采取了一定的防范措施，将主页进行了恢复，整个过程持续了十几分钟。对于这次攻击事件，该市电信分公司未能及时向该市市公安局报告。市局网监部门在工作中获悉此事后，立即要求电信公司报告网络被攻击的有关情况，并着手进行调查。

调查还未结束，2001年9月20日上午，该市市电信分公司又向办案人员报告，声称"某热线"再次受到黑客攻击。这次攻击发生于9月19日晚19时28分，首页被篡改，且留下"前几天已经在热线主页警告过网管本站存在漏洞，可是网管却置之不理！某热线网管压根儿就不是一个合格的'网管'，为了留住面子，居然还任意删除人家发表于论坛的帖子！太可恶了！平时在IRC乱踢人，横行霸道！既然这些都没人管，只好上来改改网页了"等文字，署名还是"某乡巴佬"。经电信部门配合查实，此次攻击遗留下"c101.h203149201.is.com.tw"的记录痕迹。两次攻击造成了某热线网站一段时间的瘫痪，在网民中造成了一定的负面影响，媒体也都对此进行了报道。

市公安局网络监察部门就此事件立案侦查。网警首先全面分析两次攻击情况：黑客既胆大妄为，计算机技术又高超；从破坏程度看，两次攻击均只修改了首页，并保留了到原网页的连接，系统结构和文件没有遭到修改或删除；从作案痕迹看，两次攻击只留下分别来自日本和中国台湾的IP地址痕迹。如果单单从该IP地址来分析、查找作案人，整个案侦工作将陷入困境。因此，网警将黑客的地理位置和作案动机引入重要侦查视线。当时正值中美黑客大战期间，如果系海外黑客所为，那他懂中文的复杂文字内容可能性较小，由此基本可以确定系华裔人士或精通汉字的人所为。从修改后的网页署名分析，每次都自称"某乡巴佬"，则可认为该黑客与该市有一定的关联。办案人员还特别注意到黑客提到的"网管为了留住面子，居然还任意删除人家发表于论坛的帖子！太可恶了！平时在IRC乱踢人，横行霸道！既然这些都没人管，只好上来改改网页了"这段话，从中可判定该黑客应经常光顾该市论坛和IRC活动。综合以上因素，认为两次攻击系该市本地的同一黑客作案可能性较大，而日本和中国

台湾的计算机可能只是跳板工具而已。

基于这个认识，侦查人员决定在该市本地用户中进行排摸嫌疑对象，从而确定了初步的侦查方向。一方面，对该市本地在"某热线"两次被黑的两个时间段中上网的用户进行排查；另一方面则积极收集该市论坛和 IRC 中的有关情报。经搜寻，电信公司该市论坛技术人员提供了一条重要信息，该市一网名为"hellfire"的网民曾于 2001 年 9 月 1 日在论坛上发表过一幅帖子，说过"某热线服务器存在死穴，迟早玩完!"这类话。此信息立即引起侦查人员高度重视，当即向电信部门提取了发表该文章的 IP 地址。经查，该用户的上网主叫电话号码为"8878****"，上网卡号为 eba3209***@net，户主为该市某有限公司。结合上网记录进行对比排查，证实该用户均在"某热线"两次被黑的时间段内上过网。由于黑客第二次入侵时使用的用户权限较小，无法删除 19 日的 WEB 访问记录，因此估计黑客可能在攻击破坏成功后的第一时间，会首先访问被修改后的"某热线"首页。为此，侦查人员又在当日访问 WEB 的日志记录中进行仔细查找。果然，在大量的访问日志中，发现了该用户的 IP 访问记录。以上种种迹象表明，通过该有限公司的电话上网的用户与该案有重大关联。

经周密调查分析，侦查人员决定立即对该有限公司展开侦查。9 月 20 日上午 10 时许，即赶赴该有限公司。经了解，该公司是通过局域网上互联网，上网电脑共 7 台，而上网人员又比较多。该公司负责人介绍，计算机网络平时主要由外贸业务员林某负责。林某计算机技术较好，而其他计算机操作人员则一般。为避免作案人毁灭作案证据，侦查人员立即对该公司所有计算机、尤其是林某所使用的计算机进行仔细检查。同时，将所有计算机操作人员进行集中，由专人看管，防范这些人员再接触计算机。在准备对该公司的计算机实施全面检查时，突然发现已被控制的林某朝其所使用的计算机方向跑去。办案人员立即追踪而至，当场制止了林某企图操作计算机的举动。经查，发现林某使用的计算机上有 eba3209***@net 上网卡使用记录，并装有黑客攻击工具软件，在其硬盘上还发现存有"某热线"服务器上下载的大量 163 用户的计费信息文件。林某有重大作案嫌疑。

5. 数据挖掘技术

数据挖掘（Data Mining）就是从大量的、不完全的、有噪声的、模糊的、随机的数据中提取隐含在其中的、人们事先不知道的、但又是潜在有用的信息知识的过程。这些数据可以是结构化的，如关系数据库中的数据，也可以是半结构化的，如文本，图形，图像数据，甚至是分布在网络上的异构型数据。发现知识的方法可以是数学的，也可以是非数学的，可以是演绎的也可以是归纳的。发现了的知识可以进行数据自身的维护。数据挖掘截取了多年来数理统计技术和人工智能以及知识工程等领域的研究成果构建自己的理论体系，是一个交叉学科领域，可以集成数据数据库、人工智能（Artificial Intelligence）、数理统计、可视化（Visualization）、并行计算（parallel compute）技术。数据挖掘主要的功能有特征化、区分、关联、聚类、预测（Prediction）、分类和演变分析。每一个功能都可根据不同的要求为计算机取证所用，下面我们简介几种功能在计算机取证中的应用。

（1）关联规则分析

关联规则（Association Rule）是反映一个事物与其他事物之间的相互依存性和关联性。其思想是如果两个或者多个事物之间存在一定的关联关系，那么其中一个事物就能通过其他事物预测到。而关联规则分析就是对于给定的数据项集，根据用户指定的置信度和支持度，以规则的形式给出隐藏在数据文件或信息间的相互关系。在侦查活动中，我们可以运用关联规则分析发现一个事件的发生和哪种或哪些事件是有关系的。如我们在得到证据数据库中应用关联规则分析，可能发现这样有趣的信息，在对主机进行大量扫描的之后，会有木马或后门的植入。

（2）聚类分析

聚类（Clustering）是指将物理或抽象对象的集合分组成为由类似的对象组成的多个类的过程。由聚类所生成的簇（Cluster）是一组数据对象的集合，这些对象与同一个簇中的对象彼此相似，与其他簇中的对象相异。在许多应用中，可以将一个簇中的数据对象作为一个整体来对待。聚类的典型应用有以下几种，如在商务上，聚类能帮助市场分析人员从客户基本库中发现不同的客户群，并且用购买模式来刻画不同的客户群的特征。在计算机犯罪侦查上，可以从大量的连接信息或日志中分辨出哪些是正常的事物连接，哪些是攻击连接。

聚类分析能作为一个独立工具来获得数据分布的情况，观察每个簇的特点，集中对特定的某些簇做进一步的分析。此外，聚类分析可以作为其他算法（如特征和分类等）的预处理步骤，这些算法再在生成的簇上进行处理。

（3） 分类分析

分类（Classification）是这样一个过程，它找出描述并区分数据类或概念的模型（或函数），以便能够使用模型预测类标记未知的对象类。分类可采用神经元网络算法和决策树（Decision Tree）算法。例如，给定一个顾客信用信息的数据库，可以学习分类规则，根据他们的信誉度优良或相当好来识别顾客。在侦查当中，如根据聚类我们已经把攻击信息与正常的信息区分开来，那么我们要判断到底发生了哪些攻击呢，我们可以应用分类分析，对攻击信息进行具体的分类。

6. 数据复制技术

在计算机犯罪侦查取证中所涉及的数据复制指的是将所要调查的设备上的数据拷贝到另外一个或几个用于保存这些数据或将来要进行分析的设备上，从而保证源数据与目标数据中指定数据的一致性。在计算机犯罪侦查过程中，数据复制是非常重要的，因为我们对电子证据进行的分析不可以直接在被调查的设备上直接进行，倘若发生错误的操作，将导致原始电子证据的错误、丢失、篡改等，这些对电子数据的破坏将会影响我们以后的取证工作，以至于损坏了证据的完整性，从而很难在法庭上起到具有说服力的效果。为避免这一切后果的发生，我们需要对被调查设备上的数据进行数据的复制。

数据复制可包括数据备份、数据镜像、快照等技术。对于前两种技术大家都很熟悉，在这里不做赘述。对于快照技术有这样的解释，存储快照创建一个数据“指针”的单独的集合，可以作为其他主机的一个卷或者文件系统来安装，并可以为原始数据的一个完整复制。快照的创建是很快的，主要是索引。当改变原始数据时，未改变的块在写之前先进行复制，保存快照状态，并在更新的初始卷之前先进行复制。例如，快照允许非破坏性的数据库的测试，或者万一软件故障时，能够快速恢复。对于后者，可以实现一个自动化的经常性的快照调度方案。

数据复制可以根据侦查工作具体的需要进行全部的复制和定项的复制。如可把被调查机器硬盘的数据全部的复制到拷贝机上，也通过设置侦查工具的某些选项可以把指定某一个盘符上的内容复制到拷贝机上进行分析。根据复制的时实性，数据复制可以分为同步数据复制和异步数据复制。同步数据复制是指将被调查设备上的数据以完全同步的方式复制到另一设

备上，每一个被调查设备上的任务需等待远程复制的完成方予以释放。异步数据复制则是指将被调查设备上的数据以后台同步的方式复制到其他设备，每一个被调查设备上的任务均正常释放，无需等待远程复制的完成。同步复制时实性强，被调查设备上的数据与复制设备上的数据完全同步，利于事中时实取证侦查的调查。但这种方式受带宽影响较大，数据传输距离较短。异步复制不影响被调查设备上的任务的执行，传输距离长，但其数据比被调查设备上的数据略有延迟。在异步复制环境中，对于所有应用最关键的就是要确保数据的一致性。

7. 证据呈堂技术

证据呈堂工作除了律师之外可能谁也不会喜欢，这也是大多数人最缺乏经验的地方，但是这恰恰是案件工作中至关重要的步骤之一。如果不是必须在法庭上出示证据，那还有什么用来判断的标准呢？你必须不断提醒自己你也许必须在法官和陪审团面前解释你所做的一切。如果你能解释清楚你做了什么、为什么这么做以及这样做的合理性，你就不会遇到什么麻烦。

数据呈堂是指客观、有条不紊、清晰、准确地报告事实。该类技术涉及将结论提交给法庭的规范。数据呈堂在数字取证过程中的最后阶段，应整理取证侦查分析的结果供法庭作为诉讼证据。主要对涉及计算机犯罪的日期和时间、硬盘的分区情况、操作系统和版本、运行取证工具时数据和操作系统的完整性、病毒评估情况、文件种类、软件许可证以及取证专家对电子证据的分析结果和评估报告等进行归档处理。尤其值得注意的是，在处理电子证据的过程中，为保证证据的可信度，必须对各个步骤的情况进行归档以使证据经得起法庭的质询[4]。此过程纯技术因素较少，典型的程序环节有归档（Documentation）、专家证明（Expert Testimony）、负面影响陈述（Mission Impact Statement）、建议应对措施（Recommended Countermeasure）、统计性解释（Statistical Interpretation）以及证据监督链（Chanin of Custoday）等。

（1） 专家证明

在美国的联邦证据规则 702 规定，为了使专家证据具有资格性，专家必须具备专业知识、专业技术、经验、训练、或者相关的教育等因素。

（2） 证据监督链（Chain of Custody）

“监督链”对那些很熟悉法律工作的读者可能并不陌生，但对其他大多数读者而言这将是一个全新的概念。监督链的目的不仅是要保护证据的完整性，更重要的是：它使得辩护方律师很难说明证据在你的监管过程中被篡改过。监督链是一个简单而且有效的过程，它记录了证据在案件周期内证据的完整经历，包括以下问题；谁收集的证据；在什么地点、怎样收集的；谁拥有该证据；证据是如何存储的，怎样受到保护；谁将证据从存储设备中取出，他这样做的原因是什么。

任何拥有过证据的人员，以及他们取走证据和归还的时间、使用证据的目的都必须完整地记录下来。案件的辩护律师总是会仔细审查这些记录，并且将其他相关文件档进行比较，希望从中发现可以利用的矛盾之处，以达到为其客户辩护的目的。

证据监督链是取证侦查过程中至关重要的一步，关于这方面的例子很多。根据 MSNBC 在 2000 年 6 月 8 日的报道，CD Universe 网站入侵案件的调查工作在证物保管方面出了一些问题。MSNBC 引证两个对调查工作较为熟悉的人员的指证，“调查过程中没有正确地创建证据监督链”。另据一人称“这和 O.J.Simpson 的案子类似，即使已经找到了罪魁祸首，但是证据已经被破坏，依次无法起诉”。MSNBC 并没有明确地指出证据受到了怎样的破坏，但是据其报道：当 FBI 探员和另外三家计算机安全公司的工作人员到达 CD Universe 公司总部，对其网站被入侵者盗走的超过 300000 个信用卡号一案展开调查时，发现证据已经受到了明显的损害。

Encase 软件的证据链信息可以自动的产生获取的时间并不断的自检。时间和日期的获取、检查人员的计算机的系统时钟、MD5 哈希值、检查者的名字和其他信息都会被保存在 Encase 证据文件的头部。这个重要的证据链信息不会被 EnCase 软件所改变，如果案件信息以某种方式被改动，该软件会自动的报告检测误差。如图 7.3 所示。

EnCase Report

Case: **CIN Investigation**

Evidence Number “2000-11-2” Alias “Quantum”

File "C:\EnCase\Quantum.E01" was acquired by Sheldon at 05/22/00 05:50:44PM.
The computer system clock read: 05/22/00 05:50:46PM.

Acquisition Notes:
Copyright 2000 Guidance Software, Inc..

File Integrity:
Completely Verified, 0 Errors.
Acquisition Hash: 7E76AB527359602453305 33EAA246A6A
Verification Hash: 7E76AB527359602453305 33EAA246A6A

图 7.3 Encase 自动生成报告的证据链信息

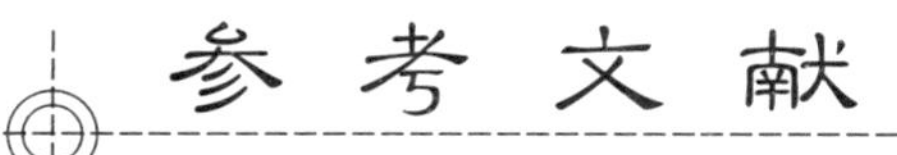

参考文献

[1] 张香萍．“网络水军”的传播学分析及其治理，宜宾学院学报[J]，2012（10）：117-121.
[2] 张彦，赵靓等.高校网络舆情的传播途径及传播特点分析，教育时空[J]，2010（2）：157
[3] 孙俊．论网络公关不正当竞争行为的监管[D]，江西财经大学，2010
[4] 陈辛．论网络黑社会犯罪[D]，烟台大学，2011
[5] 余红．网络时政论坛舆论领袖研究[D]，华中科技大学，2007
[6] 涂怡俊．网络推手的法律规制[D]，华南理工大学，2011
[7] 谢光辉．络意见领袖作用机制研究[D]，华中师范大学，2011
[8] 王小燕．政府对网络舆情的应对与引导[D]，吉林大学，2011
[9] 吴绍忠，李淑华．互联网络舆情预警机制研究[J],中国人民公安大学学报（自然科学版），2008（3）：38-42
[10] 纪红．互联网舆情的形成发展与引导管理研究[D]，华中科技大学，2009
[11] 方付建．突发事件网络舆情演变研究[D]，华中科技大学，2011
[12] 马荔．突发事件网络舆情政府治理研究[D]，北京邮电大学，2010
[13] 郭昭如．网络舆情对公共政策的影响[D]，复旦大学，2008
[14] 张玉强．网络舆情危机的政府适度反应研究[D]， 中央民族学院，2011
[15] 程传超．危机管理视角的网络舆情监管研究[D]，兰州大学，2008
[16] 唐喜亮．我国突发公共事件的网络舆情研究[D]，电子科技大学，2008
[17] 秦璐．网络舆情引导方法研究[D]，广西师范大学，2010
[18] 许鑫，章成志．互联网舆情分析及应用研究,情报科学[J]，2008（8）：1194-1200
[19] 彭知辉．伦群体性事件与网络舆情，上海公安高等专科学校学报[J]，2008（2）：46-50
[20] 高岩．涉警突发事件网络舆情引导，中国人民公安大学（社会科学版）[J]，2010（4）：47-51
[21] 兰月新．突发事件网络舆情安全评估指标体系构建，情报杂志[J]，2011（7）：73-80
[22] 徐晓日．网络舆情事件的应急处理研究，华北电力大学学报（社会科学版）[J]，2007(1)：89-93
[23] 兰月新，邓新元．突发事件网络舆情演进规律模型研究，情报杂志[J]，2011（8）：47-50
[24] 陈纯柱，敖永春．网络环境下高校舆情的传播及引导机制研究，重庆大学学报[J]，2011（17）：154-159
[25] 王子文，马静．网络舆情中的“网络推手”问题研究，政治学研究[J]，2011（2）：52-56
[26] 刘志明，刘鲁．微博网络舆情中的意见领袖识别及分析，系统工程[J]，2011（6）：8-16
[27] 王玉琳．公共突发事件与应急指挥系统分析，党政干部论坛[J]，2003（9）
[28] 沈琪霞．论网络媒体在突发事件中的地位和作用[D]，四川省社会科学院，2007
[29] 苑庆涛．网络安全事件应急响应联动系统研究[D]，吉林大学，2007

[30] 冯涛．网络安全事件应急响应联动系统研究[D]，西安电子科技大学，2004
[31] 张燕军．强化紧急警务处置训练提高处置群体突发事件能力，江苏警官学院学报[J]，2006（2）：171-176
[32] 高娜娜，陈昕．关于内网安全应急响应管理的技术探讨，网络安全[J]，2009（5）：44-47
[33] 覃润梅．广西互联网网络安全应急响应问题及其对策,广西通信技术[J]，200（2）：7-10
[34] 汪立东．国家电子政务网络安全应急处理体系的探讨，电子政务[J]，2003（7）：51-53
[35] 傅翀，王娟，秦志光，钱伟中．宏观网络安全预警与应急响应系统，电子科技大学学报[J]，2006（8）：702-705
[36] 陆霞．基于入侵管理技术的网络响应体系，研究与探索[J]，2007（11）：9-11
[37] 陈锦华．计算机网络应急响应研究，计算机安全[J]，2007（12）：50-52
[38] 孙崇勇，秦启文．突发事件的两个基本理论问题探讨，西南师范大学（人文社会科学版）[J]，2005（3）：50-53
[39] 冯涛，张玉清，高有行．网络安全事件应急响应联动系统模型，计算机工程[J]，2004（7）：101-103
[40] 安喜锋，李伟华，刘尊．网络安全预警定位与快速隔离控制技术研究，计算机工程与设计[J]，2008（4）：1942-1945
[41] 张健．网络钓鱼现状与对策，信息网络安全[J]，2006（5）：45-46
[42] 张帆，刘智．网络安全事件的应急响应措施讨论，2008（4）：38-40
[43] 王斌君等编著．信息安全体系，高等教育出版社，2008
[44] 顾广聚．网络入侵源主动追踪机制研究[D]，吉林大学，2007
[45] 吴国斌．突发公共事件扩散机理研究[D]，武汉理工大学，2006
[46] 谢希仁．计算机网络[M]，电子工业出版社，2008
[47] 程道才．有线电视的起源与发展，声屏世界，1996年第10期
[48] 邬贺铨．物联网的应用与挑战综述 [J]，重庆邮电大学学报（自然科学版），2010
[49] 彭知辉．我国情报概念研究述评 [J]，情报资料工作，2006
[50] 大数据及其智能处理技术．http://it.msn.com.cn/server/137157/270319112303b.shtml
[51] 韩家炜，堪博．数据挖掘概念与技术，机械工业出版社 2007
[52] 社会计算：服务群体社会的大数据科学．http://www.donews.com/it/201307/1540058.shtm
[53] 公安情报工作对维护治安的意义．http://wenku.baidu.com/view/ 42f37582b9d528ea81c779ba. html
[54] 网络情报作战．http://bbs.qstheory.cn/viewnews-9433.html
[55] 欧三任．关于网络犯罪情报搜集的思考，湖南公安高等专科学校学报，2006年第18卷
[56] 高巍．基于互联网环境下公开军事情报的搜集策略，科技信息，2013年第10期
[57] 杨永川．计算机犯罪侦查，中国人民公安大学出版社，2006年